高等学校信息技术类新方向新动能新形态系列规划教材

教育部高等学校计算机类专业教学指导委员会 –Arm 中国产学合作项目成果

Arm 中国教育计划官方指定教材

arm 中国

物联网通信技术

陈彦辉 ◉ 主编

许卫东 胡云 康槿 ◉ 副主编

U0277724

人民邮电出版社

北 京

图书在版编目（CIP）数据

物联网通信技术 / 陈彦辉主编. -- 北京 ： 人民邮
电出版社，2021.2
高等学校信息技术类新方向新动能新形态系列规划教
材
ISBN 978-7-115-54444-5

Ⅰ. ①物… Ⅱ. ①陈… Ⅲ. ①互联网络－应用－高等
学校－教材②智能技术－应用－高等学校－教材 Ⅳ.
①TP393.4②TP18

中国版本图书馆CIP数据核字(2020)第133558号

内 容 提 要

本书共 7 章，第 01 章以物联网通信系统为主线，介绍了物联网的基本概念与网络体系架构；第
02～05 章详细介绍了通信系统的基带传输、频带传输、链路传输和网络传输的基本原理；第 06 章以
ZigBee 和 NB-IoT 系统为例，介绍了通信系统的构建方法与应用示例；第 07 章提供了使用仿真工具对
关键技术进行仿真的实验教学案例。本书重视原理与应用、技术与系统的融合，阐明了物联网通信系
统的基本原理与实用技术，是一本理论联系实际、能够帮助读者学以致用的物联网通信技术教程。

本书可作为高等院校电子信息、通信工程以及物联网工程等专业的理论与实验教材，也可供相关
专业的研究生和教师学习使用，还可作为其他专业学者以及工程技术人员学习物联网通信系统及具体
技术实现的参考用书。

◆ 主　　编　陈彦辉
　　副 主 编　许卫东　胡　云　康　槿
　　责任编辑　祝智敏
　　责任印制　王　郁　马振武

◆ 人民邮电出版社出版发行　北京市丰台区成寿寺路 11 号
　　邮编　100164　电子邮件　315@ptpress.com.cn
　　网址　https://www.ptpress.com.cn
　　固安县铭成印刷有限公司印刷

◆ 开本：787×1092　1/16
　　印张：16　　　　　　　　2021 年 2 月第 1 版
　　字数：377 千字　　　　　2025 年 1 月河北第 6 次印刷

定价：59.80 元

读者服务热线：(010)81055256　印装质量热线：(010)81055316
反盗版热线：(010)81055315
广告经营许可证：京东市监广登字 20170147 号

编委会

拥抱万亿智能互联未来

在生命刚刚起源的时候,一些最最古老的生物就已经拥有了感知外部世界的能力。例如,很多原生单细胞生物能够感受周围的化学物质,对葡萄糖等分子有趋化行为;并且很多原生单细胞生物还能够感知周围的光线。然而,在生物开始形成大脑之前,这种对外部世界的感知更像是一种"反射"。随着生物的大脑在漫长的进化过程中不断发展,或者说直到人类出现,各种感知才真正变得"智能",通过感知收集的关于外部世界的信息开始经过大脑的分析作用于生物本身的生存和发展。简而言之,是大脑让感知变得真正有意义。

这是自然进化的规律和结果。有幸的是,我们正在见证一场类似的技术变革。

过去十年,物联网技术和应用得到了突飞猛进的发展,物联网技术也被普遍认为将是下一种给人类生活带来颠覆性变革的技术。物联网设备通常具有通过各种不同类别的传感器收集数据的能力,就好像赋予了各种机器类似生命感知的能力,由此促成了整个世界数据化的实现。而伴随着 5G 的成熟和即将到来的商业化,物联网设备所收集的数据也将拥有一个全新的、高速的传输渠道。但是,就像生物的感知在没有大脑时只是一种"反射"一样,这些没有经过任何处理的数据的收集和传输并不能带来真正进化意义上的突变,甚至非常可能在物联网设备数量以几何级数增长以及巨量数据传输的情况下,造成 5G 网络等传输网络拥堵甚至瘫痪。

如何应对这个挑战?如何赋予物联网设备所具备的感知能力以"智能"?我们的答案是:人工智能技术。

人工智能技术并不是一个新生事物,它在最近几年引起全球性关注并得到飞速发展的主要原因,在于它的三个基本要素(算法、数据、算力)的迅猛发展,其中又以数据和算力的发展尤为重要。物联网技术和应用的蓬勃发展使得数据累计的难度越来越低;而芯片算力的不断提升使得过去只能通过云计算才能完成的人工智能运算现在已经可以下沉到最普通的设备之上完成。这使得在端侧实现人工智能功能的难度和成本都得以大幅降低,从而让物联网设备拥有"智能"的感知能力变得真正可行。

物联网技术为机器带来了感知能力,而人工智能则通过计算算力为机器带来了决策能力。二者的结合,正如感知和大脑对自然生命进化所起到的必然性决定作用,其趋势将无可阻挡,并且必将为人类生活带来巨大变革。

　　未来十五年，或许是这场变革最最关键的阶段。业界预测到 2035 年，将有超过一万亿个智能设备实现互联。这一万亿个互联的智能设备将具有极大的多样性，它们共同构成了一个极端多样化的计算世界。而能够支撑起这样一个设备数量庞大、极端多样化的智能物联网世界的技术基础，就是 Arm。正是在这样的背景下，Arm 中国立足中国，依托全球最大的 Arm 技术生态，全力打造先进的人工智能物联网技术和解决方案，立志成为中国智能科技生态的领航者。

　　万亿智能互联最终还是需要通过人来实现，具备人工智能物联网 AIoT 相关知识的人才，在今后将会有更广阔的发展前景。如何为中国培养这样的人才，解决目前人才短缺的问题，也正是我们一直关心的。通过和专业人士的沟通发现，教材是解决问题的突破口，一套高质量、体系化的教材，将起到事半功倍的效果，能让更多的人成长为智能互联领域的人才。此次，在教育部计算机类专业教学指导委员会的指导下，Arm 中国能联合人民邮电出版社来一起打造这套智能互联丛书——高等学校信息技术类新方向新动能新形态系列规划教材，感到非常的荣幸。我们期望借此宝贵机会，和广大读者分享我们在 AIoT 领域的一些收获、心得以及发现的问题；同时渗透并融合中国智能类专业的人才培养要求，既反映当前最新技术成果，又体现产学合作新成效。希望这套丛书能够帮助读者解决在学习和工作中遇到的困难，为读者提供更多的启发和帮助，并为读者的成功添砖加瓦。

　　荀子曾经说过：“不积跬步，无以至千里。”这套丛书可能只是帮助读者在学习中跨出一小步，但是我们期待着各位读者能在此基础上励志前行，找到自己的成功之路。

安谋科技（中国）有限公司执行董事长兼 CEO　吴雄昂

2019 年 5 月

序二

人工智能是引领未来发展的战略性技术，是新一轮科技革命和产业变革的重要驱动力量，将深刻地改变人类社会生活、改变世界。促进人工智能和实体经济的深度融合，构建数据驱动、人机协同、跨界融合、共创分享的智能经济形态，更是推动质量变革、效率变革、动力变革的重要途径。

近几年来，我国人工智能新技术、新产品、新业态持续涌现，与农业、制造业、服务业等各行业的融合步伐明显加快，在技术创新、应用推广、产业发展等方面成效初显。但是，我国人工智能专业人才储备严重不足，人工智能人才缺口大，结构性矛盾突出，具有国际化视野、专业学科背景、产学研用能力贯通的领军型人才、基础科研人才、应用人才极其匮乏。为此，2018 年 4 月，教育部印发了《高等学校人工智能创新行动计划》，旨在引导高校瞄准世界科技前沿，强化基础研究，实现前瞻性基础研究和引领性原创成果的重大突破，进一步提升高校人工智能领域科技创新、人才培养和服务国家需求的能力。由人民邮电出版社和 Arm 中国联合推出的"高等学校信息技术类新方向新动能新形态系列规划教材"旨在贯彻落实《高等学校人工智能创新行动计划》，以加快我国人工智能领域科技成果及产业进展向教育教学转化为目标，不断完善我国人工智能领域人才培养体系和人工智能教材建设体系。

"高等学校信息技术类新方向新动能新形态系列规划教材"包含 AI 和 AIoT 两大核心模块。其中，AI 模块涉及人工智能导论、脑科学导论、大数据导论、计算智能、自然语言处理、计算机视觉、机器学习、深度学习、知识图谱、GPU 编程、智能机器人等人工智能基础理论和核心技术；AIoT 模块涉及物联网概论、嵌入式系统导论、物联网通信技术、RFID 原理及应用、窄带物联网原理及应用、工业物联网技术、智慧交通信息服务系统、智能家居设计、智能嵌入式系统开发、物联网智能控制、物联网信息安全与隐私保护等智能互联应用技术及原理。

综合来看，"高等学校信息技术类新方向新动能新形态系列规划教材"具有三方面突出亮点。

第一，编写团队和编写过程充分体现了教育部深入推进产学合作协同育人项目的思想，既反映最新技术成果，又体现产学合作成果。在贯彻国家人工智能发展战略要求的基础上，以"共搭平台、共建团队、整体策划、共筑资源、生态优化"的全新模式，打造人工智能专业建设和人工智能人才培养系列出版物。知名半导体知识产权（IP）提供商 Arm 中国在教材编写方面给予了全面支持。丛书主要编委来自清华大学、北京大学、北京航空航天大学、北京邮电大学、南开大学、哈尔滨工业大学、同济大学、武汉大学、西安交通大学、西安电子科技大学、南京大学、南京邮电大学、厦门大学等众多国内知名高校人工智能教育领域。

从结果来看，"高等学校信息技术类新方向新动能新形态系列规划教材"的编写紧密结合了教育部关于高等教育"新工科"建设方针和推进产学合作协同育人思想，将人工智能、物联网、嵌入式、计算机等专业的人才培养要求融入了教材内容和教学过程。

第二，以产业和技术发展的最新需求推动高校人才培养改革，将人工智能基础理论与产业界最新实践融为一体。 众所周知，Arm 公司作为全球最核心、最重要的半导体知识产权提供商，其产品广泛应用于移动通信、移动办公、智能传感、穿戴式设备、物联网，以及数据中心、大数据管理、云计算、人工智能等各个领域，相关市场占有率在全世界范围内达到 90%以上。Arm 技术被合作伙伴广泛应用在芯片、模块模组、软件解决方案、整机制造、应用开发和云服务等人工智能产业生态的各个领域，为教材编写注入了教育领域的研究成果和行业标杆企业的宝贵经验。同时，作为 Arm 中国协同育人项目的重要成果之一，"高等学校信息技术类新方向新动能新形态系列规划教材"的推出，将高等教育机构与丰富的 Arm 产品联系起来，通过将 Arm 技术用于教育领域，为教育工作者、学生和研究人员提供教学资料、硬件平台、软件开发工具、IP 和资源，未来有望基于本套丛书，实现人工智能相关领域的课程及教材体系化建设。

第三，教学模式和学习形式丰富。 "高等学校信息技术类新方向新动能新形态系列规划教材"提供丰富的线上线下教学资源，更适应现代教学需求，学生和读者可以通过扫描二维码或登录资源平台的方式获得教学辅助资料，进行书网互动、移动学习、翻转课堂学习等。同时，"高等学校信息技术类新方向新动能新形态系列规划教材"配套提供了多媒体课件、源代码、教学大纲、电子教案、实验实训等教学辅助资源，便于教师教学和学生学习，辅助提升教学效果。

希望"高等学校信息技术类新方向新动能新形态系列规划教材"的出版能够加快人工智能领域科技成果和资源向教育教学转化，推动人工智能重要方向的教材体系和在线课程建设，特别是人工智能导论、机器学习、计算智能、计算机视觉、知识工程、自然语言处理、人工智能产业应用等主干课程的建设。希望基于"高等学校信息技术类新方向新动能新形态系列规划教材"的编写和出版，能够加速建设一批具有国际一流水平的本科生、研究生教材和国家级精品在线课程，并将人工智能纳入大学计算机基础教学内容，为我国人工智能产业发展打造多层次的创新人才队伍。

教育部人工智能科技创新专家组专家

教育部科技委学部委员　　　　　　　　　焦李成

IEEE/IET/CAAI Fellow　　　　　　　　　2019 年 6 月

中国人工智能学会副理事长

前言

物联网技术已成为当今世界科技领域的热点。基于物联网技术的"万物互联"可以助力人类构建智能社会生活，为人类描绘了一幅梦幻般的美景。万物互联的实现离不开物联网通信技术。基于物联网通信技术可以搭建先进的通信系统，通过该通信系统，信息可以从任何地方传输到另一个地方，从而实现任意物体之间的信息交换。例如，传感器、嵌入式系统、因特网、数据处理中心等原本关系生疏的技术领域，被通信系统"联"在一起，即可构成一个万物互联的物联网，且支持信息的"智能"处理。因此，可将通信系统看作物联网的神经组织，要想理解物联网，须先看懂面向"物联"的通信系统。

本书以物联网通信系统为核心，将通信原理、网络原理、现代物联网主流技术等融为一体，采用理论与实例、技术与系统相融合的模式，重点向读者介绍物联网通信技术的基本原理与应用系统，并通过实践指导使读者充分理解物联网技术。

本书共 7 章，各章内容如下。

第 01 章 物联网通信概述，主要介绍物联网的基本概念、基本通信问题、相应的协议架构以及目前常用的物联网通信技术。

第 02 章 基带传输技术，主要介绍基带信号波形、最佳收发设计、时域信道均衡、信道编码、同步等关键技术的原理与应用。

第 03 章 频带传输技术，主要介绍数字调制、无线信道、抗多径、扩频等关键技术的原理与应用。

第 04 章 链路传输技术，主要介绍用于链路控制的分段、检错和用于介质接入的多址协议等关键技术的原理与应用。

第 05 章 网络传输技术，主要介绍路由算法和网络拓扑控制等关键技术的原理与应用。

第 06 章 典型物联网通信系统，简单介绍 ZigBee 系统和 NB-IoT 系统，以及与第 02~05 章相关的技术细节或参数。

第 07 章 通信系统设计实践，主要开展基带传输、频带传输、链路传输和网络传输相关技术的应用仿真。

本书以通信网络系统为主线，通过理论与应用相结合的形式，由浅入深地讲解了物联网通信系统的关键技术原理及应用。本书的特色如下：

（1）先讲原理，后给实例，有助于读者树立问题观；

（2）先讲技术，后讲系统，有助于读者构建系统观；

（3）先讲理论，后做仿真，有助于读者提升工程观。

本书第 01、05、06 章由陈彦辉和胡云编写，第 02、03 章由陈彦辉和许卫东编写，第 04 章由陈彦辉和康槿编写，第 07 章由许卫东和康槿编写；全书由陈彦辉统筹定稿。

　　本书编者长期从事移动通信网络与物联网的研究和教学工作，具有丰富的理论研究与实践经验。建议读者通过分析实际的通信系统理解关键技术的原理与应用。此外，本书各章的课后习题具有较强的综合性，有助于读者理解相关原理并学会基本应用的设计方法。

　　在编写本书的过程中，编者力求精益求精，但由于水平有限，书中有不足之处在所难免。在此，编者由衷希望广大读者朋友和专家学者能够拨冗提出宝贵的修改建议。修改建议敬请直接反馈至编者的电子邮箱：yhchen@mail.xidian.edu.cn。

编者

2020 年 11 月于西安

CONTENTS

07

通信系统设计实践

附录：仿真代码

01 chapter

物联网通信概述

　　物联网是具有全面感知、可靠传送、智能处理等特征的连接物理世界的网络。作为新一代信息通信技术的典型代表，物联网使人类可以通过更加精细和动态的方式管理生产和生活，从而提高整个社会的信息化能力。通信技术是物联网系统的关键技术之一，新的通信技术使物联网得到了更为广泛的应用。

　　本章首先简要介绍了物联网的起源与定义，以及物联网的特征和体系架构，接着从物联网的基本通信问题出发介绍了物联网通信体系架构，最后简要介绍了几种常用的通信协议。

　　本章学习目标：

　　（1）了解物联网的来源，掌握物联网的基本定义、特征与体系架构；

　　（2）了解物联网通信问题，理解和掌握通信协议体系架构；

　　（3）了解物联网常用通信协议的应用场景，掌握这些协议的主要特点。

1.1 物联网的起源与定义

1999 年，在美国召开的移动计算和网络国际会议上，美国麻省理工学院自动识别中心的凯文·阿什顿（Kevin Ashton）教授在研究射频识别（Radio Frequency Identify，RFID）技术时，结合物品编码、RFID 和互联网技术的解决方案首次提出了"物联网"的概念，他也因此被称为"物联网之父"。

2005 年，在突尼斯举行的信息社会世界峰会上，国际电信联盟（International Telecommunication Union，ITU）发布《ITU 互联网报告 2005：物联网》。报告中给出了较为公认的"物联网"的定义，并指出无所不在的"物联网"通信时代即将来临。物联网所要实现的是物与物之间的互联、共享、互通，又被称为"物物相联的互联网"。

2008 年 11 月，IBM 提出"智慧地球"的概念，即"智慧地球=互联网+物联网"，本质是"以互联构建物联获取信息，以物联支撑互联提升智慧"。前者是把新一代的信息技术、互联网技术充分运用到各行各业，把感应器嵌入、装备到全球的医院、电网、铁路、桥梁、隧道、公路、建筑、供水系统、大坝、油气管道，通过互联网形成"物联网"。而后者通过超级计算机和云计算对信息数据进行分析处理，使得人类以更加精细、动态的方式工作和生活，从而在世界范围内提升"智慧水平"。

2009 年 9 月，在北京举办的物联网与企业环境中欧研讨会上，欧盟委员会信息和社会媒体司 RFID 部门负责人给出了欧盟对物联网的定义：物联网是一个动态的全球网络基础设施，它具有基于标准和互操作通信协议的自组织能力，其中物理的和虚拟的"物"具有身份标识、物理属性、虚拟的特性和智能的接口，并与信息网络无缝整合。

图 1-1　物联网应用概念图

物联网是一个系统，它通过传感器、射频识别、全球定位系统等技术，实时采集任何需要监控、连接、互动的物体或过程，采集其声、光、热、电、力学、化学、生物、位置等各种需要的信息，并通过各种可能的网络接入，实现物与物、物与人的泛在链接，实现对物品和过程的智能化感知、识别和管理。图 1-1 是物联网的应用概念图。

物联网中的"物"之所以能够被纳入"物联网"的范围，是因为它们能够满足以下要求：具有接收信息的接收器；具有数据传输通路；有的物体需要有一定的存储功能或者相应的操作系统；部分专用物联网中的物体有专门的应用程序；可以发送接收数据；传输数据时遵循物联网的通信协议；物体接入网络中需要具有世界网络中可被识别的唯一编号。

通俗地讲，物联网是指将无处不在的末端设备和设施通过各种无线、有线的通信网络实现互联互通，应用大数据及云计算等技术在各种互联网络环境下实现对"万物"的"高效、节能、安全、环保"的"管、控、营"一体化。

由此可见，物联网本身是一个多学科融合而成的开放式复杂应用系统。物联网将与媒体互联网、服务互联网和企业互联网共同构成未来互联网。

1.2 物联网的特征与体系架构

物联网有 3 个主要特征：全面感知、可靠传输、智能处理，如图 1-2 所示。

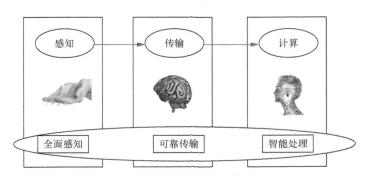

图 1-2 物联网的 3 个主要特征

（1）全面感知：利用传感器、RFID 电子标签、二维码、摄像头等能够随时随地获取物体的各种信息。

（2）可靠传输：通过各种电信网络和互联网的融合，将感知的各种信息进行实时准确的传递。

（3）智能处理：利用云计算、数据挖掘等智能计算技术，及时对海量数据和信息进行分析和处理，对物体实施智能化管理。

目前，业界公认的物联网体系架构主要由 3 层组成：感知层（感知控制层）、网络层和应用层，如图 1-3 所示。

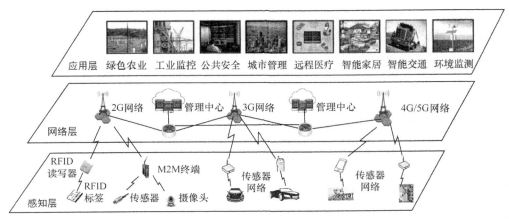

图 1-3 物联网体系架构

1. 感知层

感知层是物联网体系架构的最底层。传感器系统、标识系统、卫星定位系统以及相应的信息化支撑设备组成了感知层的基础部件，其功能主要是采集物理世界中发生的物理事件和数据，包括各类物理量、标识、音频和视频数据等。感知层的关键技术包括传感器技术、RFID 技术和传感器网络技术等。

2. 网络层

网络层将来自感知层的信息通过各种承载网络传送到应用层。承载网络由各种私有网络、互联网、有线和无线通信网、网络管理系统和云计算平台等组成，在物联网中负责传递和处理感知层获取的信息。

网络层包括 2G/3G/4G/5G 通信网络、Wi-Fi、互联网等，信息可以经由任何一种网络或几种网络组合的形式进行传输。网络层还包括物联网的管理中心和信息中心，这些部门有助于提升对信息的传输和经营能力。

网络层的关键技术包括高/低速、近/远距离无线通信技术，低功耗路由技术，自组织通信技术，IP 承载、网络传送技术，异构网络融合接入技术，以及认知无线电技术。

3. 应用层

应用层位于物联网体系架构的最上层，主要功能是为用户提供智能应用。应用层是物联网和用户的接口，包括物联网应用基础设施、中间件、运行环境和集成框架、通用的基础构件库和行业化的应用套件等，它与行业需求相结合，实现物联网的智能应用。应用层的关键技术包括云计算、数据挖掘和面向服务的架构（Service-Oriented Architecture，SOA）技术。

1.3 物联网通信体系架构

1.3.1 通信问题算法

任何一个通信系统都离不开 3 个要素：信源、信道、信宿。通信过程就是信源产生信息，并通过信道将信息传输到信宿，进行信息处理。通信信道所用的介质是多样的，最为常用的有通信电缆、无线电波、光纤。由于信道上只能传输模拟信号波形，因此，每个信道两端都要有专用的设备来完成信息与信号之间的转换以及两个设备之间的数据收发的过程控制。这些设备统称为通信设备。

系统含有大量通信设备，如传感器设备、无线电收发设备、数据中继交换设备、信息计算设备。系统通过无线或有线的方式将这些设备连接在一起构成一个复杂的通信网络。

通信系统通常把具有数据收发及控制功能的设备称为节点。节点按照其功能分为 3 类：第 1 类称为通信终端，它只是用来产生或处理信息数据并能进行数据通信；第 2 类称为接入点，它只用来与通信终端进行数据传输并将通信终端的数据中继给其他通信设备，其本身并不产生信息数据；第 3 类称为交换机或路由器，它只是用来中继不同去向的数据，将数据送达目的接入点。

如果两个节点之间可以直接通过收发器进行数据传输，那么相应的数据传输及控制过程称为链路。链路常用来表示两个节点之间点到点的数据传输。

网络是由多个通信节点构成的，存在大量的通信链路。大多信源无法直接通过链路传输到信宿，需要多个通信节点中继才能到达。由多个节点组成通信的通道称为路径，发现及维护路径的过程称为路由。

图 1-4 所示是常用的物联网通信系统架构示意图。从网络结构上看，该通信系统由传感器节点、无线传感器网、局域网、无线局域网、无线城域网、无线广域网（移动通信网）、无线自组网、因特网、信息计算服务器等通信设施组成。从节点功能来分，物联网的通信系统由 3 个部分组成，分别是测量系统（信源）、传输系统（信道）和处理系统（信宿）。

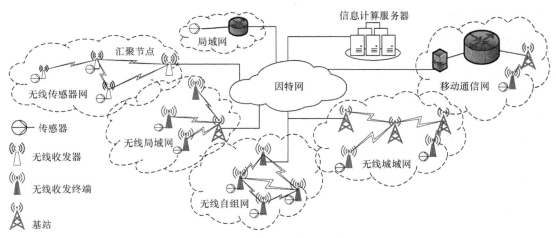

图 1-4 物联网通信系统架构示意图

测量系统的主要功能是实现数据测量，可以由单个传感器完成测量，也可以由多个传感器构成的无线传感器网络完成。无线传感器网络中有多个无线传感器和一个汇聚节点，每个无线传感器都产生测量数据，并直接或通过其他传感器中继到汇聚节点，汇聚节点融合各节点的测量结果并生成最终的测量数据。对于物联网来说，无线传感器网只相当于一个测量节点。

传输系统由接入子系统和交换子系统构成，分别承载点到点通信和多对多通信。接入子系统主要由接入点构成，完成测量系统的通信终端与网络之间的数据传输。接入点可以是有线设备，如路由器、交换机或专用互联网关设备；也可以是无线设备，如无线接入点、通信基站等。交换子系统主要由交换机/路由器构成，完成接入点之间的数据传输路由功能。路由器通常是有线通信设备，采用光纤和网线连接；也可以是具有路由功能的无线通信设备，如无线城域网的基站和无线自组织网络的节点。

处理系统的主要功能是实现信息接收控制以及信息的分析与处理，通常由计算服务器完成，面向系统功能，由用户来开发完成。

在物联网通信系统中，测量数据的传输是系统核心功能，也是系统的本质。有的传感器可以通过有线直接进入因特网；有的传感器需要通过诸如无线局域网、无线城域网、无线广域网等无线网络的接入点进入因特网；有的传感器还需要用户自行架设的无线自组织网进入因特网；还有的传感器需要组成无线传感器网来进入因特网。

从数据通信角度来看，局域网、无线传感器网络、无线局域网、无线城域网、移动通信网、无线自组网都是传感器传输数据的通道，只是数据的用途不同。无线传感器网传输网络测量的内部数据，其目标是汇聚节点，而其他网络都是用来接入因特网以实现信息共享。

无论是哪种通信网络，都要解决以下 3 个问题。

（1）采用何种介质连接通信节点，用何种电信号能够高效地实现数据传输。

（2）网络中多个节点如何占用信道资源进行收发信息。由于各节点是相对独立的，用怎样的机制来确保它们尽可能地减少碰撞。

（3）如何将数据有效地传输到目的地。

1.3.2 协议体系

1. 分层架构

网络由节点构成。节点有信息传输需求时，通过特定的介质来传输信息数据。

节点所要传输的信息称为业务。业务采用比特来描述形成数据，不同业务采用不同格式的数据。这种带格式的数据称为数据分组，有时简称分组。节点可以将分组中的比特流按一定规则变成通信波形信号，也可以将通信波形信号按照相应的规则变成比特流，并进一步生成帧。发送方把通信波形信号发射到具体的介质中，信号在介质中传播，最终到达接收方，从而完成两个节点之间的数据传输。

通信是一个复杂的过程，中间涉及多种操作。采用何种方法来更加方便快捷地描述这些操作是网络通信首要解决的问题。

每个节点可以有多种业务，每种业务需要多种操作协同完成，每种操作需要多个操作规程，每个规程需要多个运输，每个运输需要多个节点组成路由，每条路由需要多条点到点的链路首尾相连，每条链路需要节点通过物理介质进行相应波形信号的传播。

如果信源和信宿可以直接通信，那么信源和信宿作为信息的发送方和接收方，它们之间的通信流程可分为 7 个阶段，即业务、操作、规程、运输、路由、链路、传播，如图 1-5（a）所示。发送方的流程是从业务到传播，而接收方的流程则恰好相反，是从传播到业务。

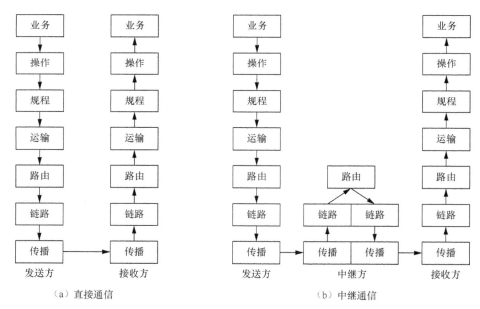

（a）直接通信　　　　　　　　（b）中继通信

图 1-5　通信流程示意图

如果信源与信宿之间无法直接通信，那么整个通信过程需要其他节点中继。中继方的通信流程需要 5 个阶段，即传播（接收）→链路→路由→链路→传播（发送），如图 1-5（b）所示。

在通信流程中，每个阶段都有相对独立的专属功能，一方面为前阶段工作提供服务，另一方面根据需要，要求后阶段为其工作提供服务。

将每个阶段的功能作为一个模块，整个通信流程就分成了 7 个模块。这些模块又按照流程进行，即有前后顺序，所以这些模块又是分层的。为了方便描述，规定业务模块处于最高层，传播模块处于最低层。只有相邻层的模块才能进行互动操作，每个模块只为比之高一层的模块提供服务。

2. 开放系统互联（Open System Interconnection，OSI）参考模型

各种网络的体系架构基本都是按照分层模块的思想建立的。一个模块就是一个特定的功能体，若干个模块可组成一个完整的系统功能。模块提供的功能通常被称为服务。

通信网络体系架构由若干层构成，如图 1-6 所示。每一层向上一层提供特定的服务，同时把如何实现这些服务的细节对上一层加以屏蔽，可以被视为一种仅向上层提供特定服务的虚拟设备。

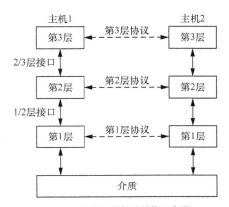

图 1-6　通信网络协议结构示意图

通信双方中相同层的模块被称为对等体或对等过程。对等体之间的会话约定被称为协议，第 n 层的对等体进行对话所使用的规则与约定统称为第 n 层协议。

相邻两层之间存在的交互通道称为接口，它定义了下层向上层提供的服务及相应的原语（即操作）。上层使用原语来访问下层所提供的服务，原语通知服务要执行某个动作或将对等实体所执行的动作报告给上层。

服务由某层向其上一层提供的原语构成，它只是定义了该层准备执行哪些操作，并不涉及如何实现这些操作。协议是一组规则，规定了对等体之间所交换的报文及其格式与含义。对等体利用协议来定义它们的服务，协议是可以根据实际需求而自由改变的，但不能改变对上层所提供的服务。服务与协议是两个完全不同的概念，简单说，服务是上层给下层安排工作，协议是指挥对等体完成工作。服务涉及层与层之间的接口，协议涉及通信双方对等体之间收发操作。

国际标准化组织（International Organization for Standardization，ISO）给出了 OSI 参考模型，如图 1-7 所示。该模型分为 7 层：物理层、数据链路层、网络层、运输层、会话层、表示层和应用层。

第 1 层：物理层（Physical Layer）。

在由物理信道连接的任一对节点之间，提供一个传送比特流（比特序列）的虚拟比特管道。在发送端它将高层接收的比特流变成适合于物理信道传输的信号，在接收端它再将信号恢复成所传输的比特流。物理层提供的仅仅是原始数字比特流传送服务，并不进行差错保护。物理层的数据描述基本单位是比特。

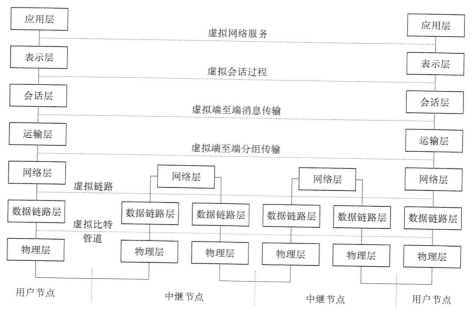

图 1-7　OSI 协议结构模型

第 2 层：数据链路层（Data Link Layer）。

数据链路层负责数据块（帧）的传送，并进行必要的同步控制、差错控制和流量控制，为网络层提供可靠的点到点的通信链路。该层的数据描述基本单位是帧。

对于多节点共享信道构成的广播式通信网络来说，数据链路层还需要一个特殊子层用来处理信道访问的问题，这个子层称为介质访问控制（Medium Access Control，MAC）子层。面向数据帧的传输控制构成另一个子层，称为数据链路控制（Data Link Control，DLC）子层，它负责组帧、差错控制及流量控制等操作。

第 3 层：网络层（Network Layer）。

网络层的基本功能是把网络中的节点和数据链路有效地组织起来，为终端系统提供透明的传输通路（也称路径）。该层的数据描述基本单位是数据包，也称为分组。

网络层通常分为两个子层：网内子层和网际子层。网内子层解决子网内分组的路由、寻址和传输问题；网际子层解决分组跨越不同子网的路由选择、寻址和传输问题。

第 4 层：运输层（Transport Layer）。

运输层可以看成是用户与网络之间的联络员。它利用低 3 层所提供的网络服务向高层提供可靠的端到端透明数据传送。它根据发端和收端的地址定义一个跨过多个网络的逻辑连接，并完成端到端的差错校验和流量控制，使两个终端之间传送的数据单元准确无误地到达对方。该层的数据描述基本单位是数据单元，即运输数据单元。

第 5 层：会话层（Session Layer）。

会话层负责控制两个系统的应用程序之间的通信，它的基本功能是为两个协作的应用程序提供建立和使用连接的方法，而这种表示层之间的连接叫作会话。

第 6 层：表示层（Presentation Layer）。

表示层负责定义信息的表示方法，并向应用程序和终端处理程序提供一系列的数据转换服务，以使两个系统用共同的语言来进行通信。

第 7 层: 应用层(Application Layer)。

应用层是最高层,直接向用户提供服务,它为用户进入开放系统互联环境提供了一个窗口。

以上 7 层的功能按其特点分为两类,即低层功能和高层功能。低层功能包括了第 1~3 层的全部功能,其目的是保证系统之间跨越网络的可靠数据传输。高层功能是指第 4~7 层,是一些面向应用的信息处理和通信功能。

目前,因特网的传输控制协议/网际协议(Tronsmission Control Protocol/Internet Protocol,TCP/IP)参考模型只涉及应用层、传输层和网络层(网际子层)。所有通信网络都可以构建自己的网络层(子网子层)、链路层和物理层。

参考模型是按照数据通信的流程进行分层的,而物联网架构的感测层、网络层和应用层是按照数据的操作进行分层的。物联网的各层都涉及通信问题,特别是网络层和感测层。物联网的网络层是面向传感数据的运输,而感测层则是面向传感数据的测量通信。

由于互联网、移动通信网络、无线局/城域网都是成熟的专项技术,本书只是简单提及,不做深入介绍。传感测量数据的传输与互联网的接入是本书重点关注的内容。

1.4 物联网通信技术

在物联网中,通信系统的主要作用是将信息安全可靠地传送到目的地。由于物联网具有异构性的特点,所以,物联网所采用的通信方式和通信系统也同样具有异构性和复杂性。

根据接入介质的不同,把物联网通信技术分为有线通信和无线通信,又可以根据传输距离的远近,将无线通信分为短距离通信和远距离通信。图 1-8 所示是物联网常见的通信技术。

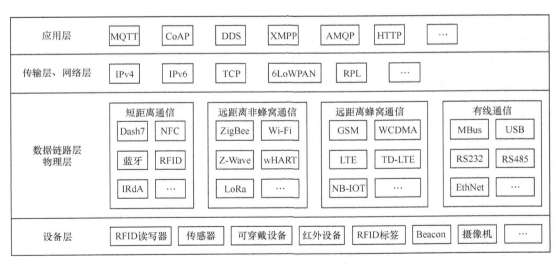

图 1-8 物联网常见的通信技术

1.4.1 有线通信

1. 仪表总线

仪表总线(Meter Bus,MBus)是欧洲标准的 2 线的二总线,通常用于构建各类仪表或相关装置的能耗类智能管理系统。该系统含有一个主站和若干个从站,主站和从站之间通过

MBus 连接，如图 1-9 所示。MBus 串行通信方式的总线型拓扑结构非常符合公用事业仪表的可靠、低成本的组网要求，可以在几千米的距离上连接几百个从设备。MBus 的信息传送量是专门为满足其应用而限定好的，它能够使用价格低廉的电缆且进行长距离传送。

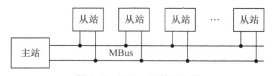

图 1-9　MBus 系统示意图

MBus 是一个层次化的系统，由一个主站、若干从站和一对连接线缆组成，所有从站并行连接在总线上，由主站控制总线上的所有串行通信进程。MBus 只有在主站发出询问的情况下，才能够在主站和从站之间执行数据交换，即各个从站在主站发出指令后才能够提供数据。从物理角度来看，各从站之间是不会产生数据交换的。这种方式可以满足由电池供电或远程供电的计量仪表的特殊要求。计量仪表收到数据发送请求时，将当前测量的数据发送到主站。主站定期读取已安装的计量仪表的数据。

总线所用的两线电缆通常采用标准电话双绞线，没有正负极之分。主站到从站的比特流传输通过总线电平切换实现，而从站到主站的比特流传输通过电流调制实现。采用异步串行信号传输方式，波特率为 300~9600Bd/s。总线空闲时为高电位，字节的传输共用 11 位，其中至少有一个高电位，这样才可以满足从站的供电要求。

2. 以太网

以太网（Ethernet）是目前应用最为普遍的局域网技术。以太网中所有节点在通信上都是平等的，没有主站和从站之分，采用总线型拓扑结构。

以太网使用载波监听多路访问及冲突检测（Carrier Sense Multiple Access with Collision Detection，CSMA/CD）技术，可以避免发送分组冲突，并可以运行在多种类型的电缆上。每个节点在发送数据之前，先侦听信道上是否有其他节点发送的载波信号。若有，说明信道正在忙，继续侦听；若没有，说明信道是空闲的，随机退避后发送。

以太网主要有两种传输介质，即双绞线和同轴电缆。链路协议 IEEE 802.3 确定了以太网各项标准及规范，规定了包括物理层的连线、电信号和介质访问控制子层协议的内容。常见的以太网有：10Mbit/s 的 10Base-T（铜线 UTP 模式）、100Mbit/s 的 100Base-TX（铜线 UTP 模式）和 100Base-FX（光纤线）、1000Mbit/s 的 1000Base-T（铜线 UTP 模式），其中 UTP 是非屏蔽双绞线（Unshielded Twisted Pair）的缩写。

为了减少冲突、提高网络速度和实现使用效率最大化，目前的快速以太网（100BASE-T、1000BASE-T）使用集线器来进行网络连接和组织。虽然以太网的拓扑结构为星形，但是在逻辑上以太网仍然使用总线型拓扑和 CSMA/CD 的总线技术。

1.4.2　无线通信

1. RFID

RFID 是一种短距离传输技术。它首先在产品中嵌入电子芯片（也称电子标签），然后通过射频信号自动将产品的信息发送给读写器进行识别。RFID 采用无线射频方式，能够实现双向的数据通信，识别目标对象继而获取相关数据。借助 RFID，人们可以轻易地对各类物品进行标识和信息获取。RFID 识别过程无须人工干预，可工作于各种恶劣环境，识别高速运动的物体，可同时识别多个标签，操作快捷方便。这些优点使 RFID 迅速成为物联网的关键技术之一。

如图 1-10 所示，RFID 系统主要由 3 部分组成：电子标签（Tag）、读写器（Reader）和天线（Antenna）。

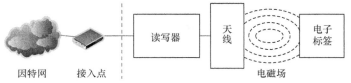

图 1-10　RFID 系统组成

（1）电子标签也称射频标签或应答器，它内部含有芯片，芯片内有数据存储区，用于存储待识别物品的标识信息。这些标识性信息是射频识别系统的数据载体。它们嵌入或附着在物品中，实现对物品的追踪和定位。电子标签具有存取信息时间短、读取信息距离远等优点。此外，由于电子标签的信息存取均有密码保护，所以它的安全性得到了保证。

（2）读写器将约定格式的待识别物品的标识信息写入电子标签的存储区中（写入功能），或在读写器的阅读范围内以无接触的方式将电子标签内保存的信息读取出来（读出功能）。它的主要任务是控制射频模块向标签发射读取信号并接收标签的应答，对标签的对象标识信息进行解码，并将对象标识信息连带标签上其他相关信息传输到主机以供处理。

（3）天线用于发射和接收射频信号，是标签与读写器之间传输数据的收发部件。在实际产品中，天线通常被内置在电子标签和读写器中。

射频识别系统的运行原理：电子标签进入天线磁场后，一旦接收到读写器发出的特殊射频信号，它就能凭借感应电流所获得的能量发送出存储在芯片中的产品信息（无源标签），或者主动发送某一频率的信号（有源标签）；读写器接收到电子标签发来的射频信号，从中解出信息，并送至中央信息系统进行相关数据处理。

读写器与标签之间通信可以根据射频信号的耦合方式分为电感耦合通信和电磁反向散射耦合通信两种。电感耦合通信主要应用在低频（Low Frequency，LF）、中频（Medium Frequency，MF）波段，主要依赖短距离的感应方式来读取信息；电磁反向散射耦合通信主要应用在高频（High Frequency，HF）、超高频（Ultra High Frequency，UHF）波段，主要依赖电子标签对接收到的部分电磁波进行调制并反射至读写器的方式来读取信息。

2. 短距离通信

近距离无线通信（Near Field Communication，NFC）是一种短距离的高频无线通信技术，允许电子设备之间进行非接触式点对点数据传输交换数据。电磁辐射源产生的交变电磁场可分为性质不同的两部分：一部分电磁场能量在辐射源周围空间及辐射源之间周期性地来回流动，不向外发射，称为感应场（近场）；另一部分电磁场能量脱离辐射体，以电磁波的形式向外发射，称为辐射场（远场）。NFC 采用电磁辐射的感应场的变化来实现通信，它的通信频率为 13.56 MHz，通信距离最大 10 cm 左右，支持主动和被动两种工作模式及多种传输数据速率。目前的数据传输速率通常为 106 kbit/s、212 kbit/s 和 424 kbit/s。

在主动模式下，每台设备在向其他设备发送数据时必须先产生自己的射频场，即主叫和被叫都需要各自发出射频场来激活通信。NFC 主动通信模式如图 1-11 所示，该工作模式可以快速地建立连接。

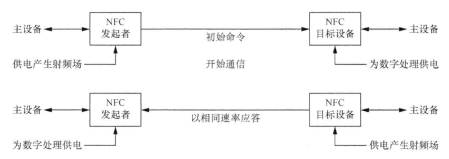

图 1-11　NFC 主动通信模式

在被动模式下，NFC 终端像 RFID 标签一样作为一个被动设备，其工作能量从通信发起者传输的磁场中获得。NFC 被动通信模式如图 1-12 所示。NFC 发起设备可以选择 106kbit/s、212kbit/s 或 424kbit/s 中的一种速度将数据发送到另一台设备。NFC 终端使用负载调制技术，从发起设备的射频场中获取能量，再以相同的速率将数据传回发起设备。在被动通信模式中，NFC 设备不需要产生射频场，可以大幅降低功耗，从而储备电量用于其他操作。

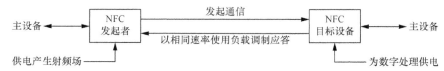

图 1-12　NFC 被动通信模式

3. 蓝牙

蓝牙（Bluetooth）技术是一种无线数据与语音通信的开放性全球规范，工作在全球通用的 2.4 GHz ISM（即工业、科学、医学）频段，使用 IEEE 802.15 协议，数据传输速率为 1 MB/s，其目的是提供一种短距离、低成本的无线传输应用，使移动设备之间可以进行无线信息交换。

蓝牙系统架构如图 1-13 所示，蓝牙通信有主站和从站之分。通信时，必须由主站进行查找并发起配对。双方建链成功后即可收发数据。理论上，一个蓝牙主站可同时与 7 个蓝牙从站进行通信。

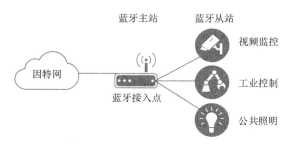

图 1-13　蓝牙系统架构图

一个具备蓝牙通信功能的设备可以在主站和从站这两个模式间切换：平时工作在从站模式，等待其他主站来连接；需要时，可以转换为主站模式，向其他设备发起呼叫。

蓝牙主站发起呼叫时，首先是查找并找出周围处于可被查找的蓝牙设备。主站找到从站后与从站进行配对，此时需要输入从站的 PIN 码，也有的从站不需要输入 PIN 码。配对完成后，从站会记录主站的信任信息，此时主站即可向从站发起呼叫，已配对的从站在下次呼叫时，不再需要重新配对。已配对的设备，作为从站的语音设备也可以发起建链请求，但进行数据通信的从站一般不发起呼叫。链路建立成功后，主从两站之间即可进行双向的数据或语音通信。在通信状态下，主端和从端设备都可以发起断链请求来断开正在通信的蓝牙链路。

蓝牙可同时传输语音和数据：蓝牙采用电路交换和分组交换技术，支持异步数据信道、三路语音信道以及异步数据与同步语音同时传输的信道。每个语音信道数据速率为 64 kbit/s，语音信号编码采用脉冲编码调制或连续可变斜率增量调制方法。当采用非对称信道传输数据时，速率最高为 721 kbit/s，反向速率为 57.6 kbit/s；当采用对称信道传输数据时，速率最高为 342.6 kbit/s。

蓝牙可以建立临时性的对等连接。由主站主动发起连接请求，几个从站加入连接，组成一个皮网（Piconet）。皮网是蓝牙最基本的一种网络形式，如图 1-14 所示。每个皮网由 1 个主节点和最多 7 个激活的从节点组成。

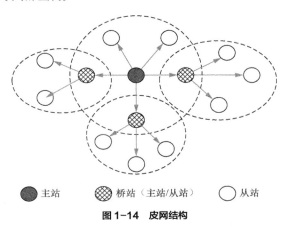

图 1-14　皮网结构

通过时分复用技术，一个蓝牙设备可以同时与几个不同的皮网保持同步。具体来说，一个蓝牙设备按照一定的时间顺序参与不同的皮网，即某一时刻参与某一皮网，而下一时刻参与另一个皮网。蓝牙具有很好的抗干扰能力。工作在 ISM 频段的无线电设备有很多种，为了很好地抵抗来自这些设备的干扰，蓝牙采用了跳频方式来扩展频谱。蓝牙系统将 2.402～2.48 GHz 频段分成 79 个频点，相邻频点间隔 1 MHz。设备通信时，在某个频点发送数据之后，再跳到另一个频点发送，而频点的排列顺序又是伪随机的，每秒频率改变 1600 次，每个频率持续 625 μs。发送数据时对数据编码生成校验数据，并将原始数据和校验数据分散在不同的频率上传输。接收方通过对不同频率收到的数据进行译码就可以恢复出原始数据，即使某几个频率受到干扰也可以恢复出来。

4. ZigBee

ZigBee（也称紫蜂）是一种短距离、低功耗、高可靠的无线数传网络，是 IEEE 802.15.4 协议的代名词，是一个由可多到 65 000 个无线节点组成的无线网络平台。在整个网络范围内，每个节点之间可以相互通信，因此通过节点中继可有扩展信息数据传输的范围，传输距离从标准的 75 m 到几百米、几千米，并且支持无限扩展。

ZigBee 可工作在 3 个频段上，分别是 2.4GHz 的公共通用频段、欧洲的 868MHz 频段和美国的 915MHz 频段，分别具有最高 250kbit/s、20kbit/s 和 40kbit/s 的传输速率，它的传输距离在 10~75 m。ZigBee 主要应用在短距离范围并且数据传输速率不高的各种电子设备之间。与蓝牙相比，ZigBee 更简单、速率更慢、功率及费用也更低。同时，由于 ZigBee 技术的低速率和通信范围较小的特点，也决定了它只适合承载数据流量较小的业务。ZigBee 广泛应用在家居、建筑物、公共场所、工厂、码头等场所。图 1-15 所示是一个 ZigBee 网络应用在家居中的系统示例。

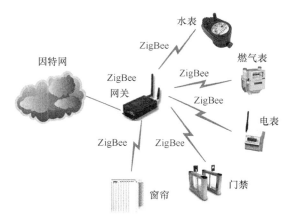

图 1-15 ZigBee 家居网络应用示例

ZigBee 网络的节点主要包含 3 个：终端节点（End Device）、路由器节点（Router）、协调器节点（Co-ordinator）。

ZigBee 根据网络结构可分为 3 种：星形网络、树形网络和网状网络。

（1）星形网络在 ZigBee 网络中属于最为简单的网络拓扑结构，由一个协调器、若干个路由器和终端组成，如图 1-16（a）所示。在该网络结构中，每个节点只能与协调器通信，即两个普通节点之间通信必须经过协调器进行数据转发。

（2）树形网络由 1 个协调器、若干个路由器和终端组成，如图 1-16（b）所示。它可以看作由多个星形网络组成，每个树分支处（带节点的路由器）可看作组成星形网络的"中心节点"，每个子设备只能与其父节点通信，最高级的父节点为协调器。在树形网络中，协调器将整个网络搭建起来，由路由器作为承接点，将网络以树形向外扩散。节点与节点之间通过中间的路由器形成"多跳通信"。

（3）网状网络建立在 ZigBee 树形网络结构上，除了满足 ZigBee 树形网络的所有功能之外，其相邻路由器之间也存在通信关系，如图 1-16（c）所示。网状结构使得网络的动态分布更为灵活，路由能力更加稳定可靠，可充分发挥出 ZigBee 网络的自组织优势。

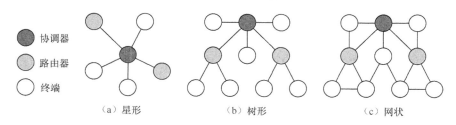

图 1-16 ZigBee 网络拓扑结构

IEEE 802.15.4 定义了两个物理层标准，分别是 2.4GHz 物理层和 868/915MHz 物理层，两者均基于直接序列扩频技术。868MHz 只有一个信道，传输速率为 20 KB/s；在 902～928 MHz 频段共有 10 个信道，信道间隔为 2 MHz，传输速率为 40 KB/s。在 2.4～2.4835 GHz 频段共有

16 个信道，信道间隔为 5 MHz，能够提供 250 KB/s 的传输速率。

网络中节点在信道占用上没有主从之分，地位平等，共享信道。为了减少节点之间的碰撞，采用带有冲突避免的载波质听多路访问（Carrier Sense Multiple Access with Collision Avoidance，CSMA-CA）接入协议来实现高吞吐量的信道传输。由于发送节点是半双工通信，所以节点发送时无法知道是否有其他节点在发送，容易产生碰撞。采用载波侦听可以有效地减少碰撞。为了进一步解决无线信道监听受距离限制，采用碰撞避免策略来提高信道传输效率。

5. 窄带物联网

窄带物联网（Narrow Band Internet of Things，NB-IoT）建立在移动通信系统之上，主要基于长期演进（Long Term Evolution，LTE）技术（3GPP Release 13），工作于授权频谱。它是运营商级的物联网低功耗、广覆盖标准，主要解决物联网终端（Ultimate Equipment，UE）"最后一公里"的通信问题。

NB-IoT 着眼于低功耗、广域覆盖的通信应用。终端的通信机制相对简单，无线通信的耗电量相对较低，适合小数据量、低吞吐率的信息上传，信号覆盖的范围则与普通的移动网络技术基本一样，行业内将此类技术统称为"低功耗广域网（Low Power Wide Area Network，LPWAN）"。

NB-IoT 对原有的 4G 网络进行了技术优化，其对网络特性和终端特性进行了适当的平衡，以适应物联网应用的需求。为了保证"距离"上的广域覆盖，采用半双工的通信模式，不支持高带宽的数据传送，不支持切换等移动性管理。这些改变可以也降低终端的通信"能耗"，并可以通过简化通信模块的复杂度来降低"成本"。

NB-IoT 总体解决方案架构如图 1-17 所示。

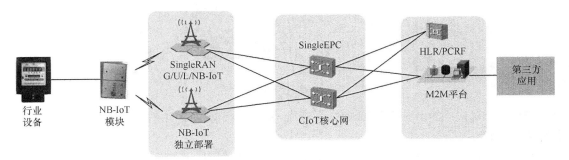

图 1-17　NB-IoT 总体解决方案架构

NB-IoT 提供改进的室内覆盖，在同样的频段下，NB-IoT 相比于现有的网络有 20dB 的增益，相当于提升了 100 倍覆盖区域的能力；在无线接入方面，仅需支持半双工，具有单独的同步信号。

下行采用正交频分多址（Orthogonal Frequency Division Multiple Access，OFDMA），子载波间隔 15 kHz。上行采用单载波频分多址（Single Carrier – Frequency Division Multiple Access，SC-FDMA），3.75 kHz/15 kHz 的单音（Single-tone）和 15 kHz 的多音（Multi-tone）两种方式。接入及管理等处理基于已有的 LTE 流程和协议，物理层进行相关优化，提高数据收发成功率。

NB-IoT 支持 3 种网络部署模式，分别是独立（Standalone）部署、保护带（Guard-Band）部署、带内（In-Band）部署，如图 1-18 所示。

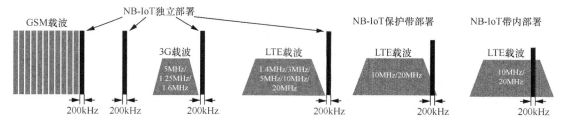

图1-18 NB-IoT 的网络部署模式

独立部署模式中系统带宽为 200kHz。保护带部署模式中可以在 5MHz、10MHz、15MHz、20MHz 的 LTE 系统带宽下部署。带内部署模式中可以在 3MHz、5MHz、10MHz、15MHz、20MHz 的 LTE 系统带宽下部署。

6. LoRaWAN

Semtech 公司创建的低功耗局域网无线通信技术（Long Range，LoRa）最大的特点就是在同样的功耗条件下比其他无线方式传播的距离更远。它实现了低功耗和远距离的统一，在同样的功耗下比传统的无线射频通信距离扩大 3~5 倍。LORA 的传输距离在城镇可达 2~5 km，在郊区可达 15 km。

LoRa 广域网（LoRa Wide Area Network，LoRaWAN）的整体网络结构分为终端、网关、网络服务、应用服务几个功能，如图 1-19 所示。

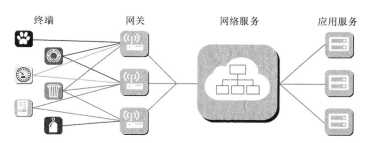

图1-19 LoRa 网络结构示意图

终端节点可以同时发送给多个基站，一般 LoRa 终端和网关之间可以通过 LoRa 无线技术进行数据传输。

网关和核心网或广域网之间的交互可以通过 TCP/IP 来完成，可以是有线连接的以太网，也可以为 3G/4G 类的无线连接。

LoRa 工作频率采用 ISM 频段，包括 433MHz、868MHz、915MHz 等。执行标准为 IEEE 802.15.4g，调制方式是基于线性调制扩频（Chirp Spread Spectrum，CSS）的一个变种，具有前向纠错（Forward Error Correction，FEC）能力。传输速率从几百 bit/s 到几万 bit/s，速率越低传输距离越长。一个 LoRa 网关可以连接成千上万个 LoRa 节点，电池寿命长达 10 年。

基于 LoRa 可以构建多种拓扑的通信网络，其网络协议体系分为 3 层，即应用层、MAC 层和物理层，如图 1-20 所示。

在该协议层中，应用层由用户自行定义，MAC 层的 LoRaMAC 由 LORA 联盟定义，物理层则由 Semtech 公司提供私有的专利技术。

LoRaMAC 协议主要包括 3 个层次的通信实体：LoRa 终端、LoRa 网关和 LoRa 服务器。它定义的终端类型有：Class A、Class B、Class C。它们的主要差别是：Class A 上行触发下行接收窗口，只有在上行发送了数据的情形下才能打开下行接收窗口；Class B 定义 ping 周期，周期性进行下行数据监测；Class C 尽可能多地监测下行接收，基本只有在上行发送时刻停止下行接收。协议要求每个终端必须支持 Class A，而 Class B、Class C 为可选功能，同时在支持 Class C 功能的终端上无须支持 Class B。

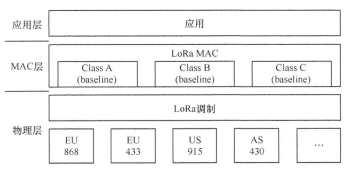

图 1-20　LoRa 网络协议体系

1.5　本章小结

　　本章重点介绍了物联网通信系统的基础概念。首先介绍了物联网的来源，给出了不同时期的物联网定义和描述，突出物物互联；其次介绍了物联网的特征和网络体系架构，对物联网网络系统的层次结构进行描述，并列举出其功能；再次针对物联网通信系统所要解决的问题，给出了系统架构的设计理念，并对网络通信系统所采用的开放互联参考模型进行了详细介绍；最后简要介绍了 MBus、以太网、RFID、NFC、蓝牙、ZigBee、NB-IoT、LoRaWAN 等通信协议的用途、场景及关键参数。

　　通过本章的学习，读者可以掌握物联网的基本概念和体系架构，理解通信系统所要解决的问题以及关键技术，掌握通信系统协议架构及其作用，了解目前常规的物联网通信协议及其参数和应用场景，帮助读者学习后续所有章节的内容并建立起通信系统的概念和体系架构，为掌握后续专业知识奠定基础。

1.6　习题

1. 结合物联网定义，设计智能家居的概念网络架构。
2. 结合 OSI 模型，描述智能家居的通信网络协议结构及其功能。
3. 本章介绍的多种通信技术是否可以组合应用？简述原因。
4. ZigBee 可以组成哪些类型的网络？从日常生活中找出适合这些类型的实际案例。
5. 某物联网络采用 RFID 读取流水线上的物品信息，采用 ZigBee 完成不同分拣口读取信息的收集，采用 NB-IoT 接入因特网。设计出该物联网络的整体结构，标注出关键设备名称，并简述该物联网络的功能和工作流程。

基带传输技术

数字基带传输的基本理论不仅适用于基带传输，而且还适用于频带传输，因为频带传输系统可通过其等效基带传输系统的理论分析及计算机仿真来研究它的性能，因而掌握数字基带传输的基本理论十分重要，它在数字通信系统中具有普遍意义。

本章主要介绍物联网通信系统中的数字基带传输技术，对数字基带信号波形及其功率谱、基带传输信道特性、最佳收发设计、信道均衡、信道编码及同步等关键技术进行阐述。

本章学习目标：

（1）深入理解基带传输信道的最佳收发设计的基本原理；

（2）熟练掌握数字基带传输最佳收发设计分析以及性能计算方法；

（3）熟练掌握信道均衡、信道编码以及同步关键技术的原理与应用。

2.1 综述

数字信息是以比特形式出现的，而信道传输的信号却须是模拟信号。如何将数字信息转换成模拟信号以使其可以在信道中传输，这是通信首要解决的问题。

本章及第 03 章主要介绍二进制序列在信道中传输的基本技术。离散数字信息首先映射成符号 I_n，再形成功率谱密度是低通型的基带信号 $s(t)$。若通信信道的传递函数是低通型的，则称此信道为基带信道，又称为低通信道，如同轴电缆和双绞线有线信道均属基带信道。将数字基带信号通过基带信道传输，则称此传输系统为数字基带传输系统。

数字基带传输系统的基本结构如图 2-1 所示。它主要由比特映射器、脉冲成型器、信道、匹配滤波器和抽样判决器等组成。

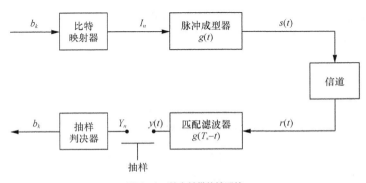

图 2-1 数字基带传输系统

基带信号可以用下面的公式来表达：

$$s(t) = \sum_n I_n g(t - nT_s) \tag{2-1}$$

比特映射器将二进制比特 b_k 映射成符号 I_n。时间被划分成长度为 T_s 的片段，每个片段被称为一个符号（Symbol），T_s 称作符号周期（Symbol Period），而 $1/T_s$ 称作符号速率（Symbol Rate）：$R_s = \dfrac{1}{T_s}$，I_n 是第 n 个要发送的符号。可以取 M 个离散值，从而一个符号可以表示 $\log_2 M$ 比特（bit），比特速率为 $R_b = \log_2 M \cdot R_s = \dfrac{\log_2 M}{T_s}$。

脉冲成型器把符号 I_n 变换成适合于信道传输的基带信号 $s(t)$；$g(t)$ 是一个实函数，称作脉冲成形（Pulse Shaping）函数，起到基带滤波和控制带外泄漏的作用。每个符号通过 $g(t)$ 产生一个波形，把所有符号的波形按照时间顺序累加起来，就得到了基带信号 $s(t)$。

信道是允许基带信号通过的介质，信道的传输特性通常不满足无失真传输条件。另外，信道中还会存在噪声。

匹配滤波器的输出是输入信号的自相关函数，可以获得最大的信噪比。

抽样判决器在传输特性不理想及噪声背景下，在规定时刻（由位定时脉冲控制）对匹配滤波器的输出波形进行抽样判决，以恢复或再生离散数字序列。

2.2 数字基带信号波形

数字基带信号是数字信息的电波形表示，它可以用不同的电平或脉冲来表示相应的代码。采用相应的波形来表示数字信息称为编码，所用的波形称为码元波形。

数字信息以 0 和 1 的比特流来表示，数字信号与 0 和 1 组合的二进制数值相对应。若每个比特用一个波形来表示，则需要两个不同波形分别表示 0 和 1。若每 2 个比特用一个波形表示，则需要 4 个不同波形分别表示 00、01、10 和 11。依此类推，若每 m 个比特用一个波形来表示，则需要 $M = 2^m$ 个不同波形分别与 m 个比特构成的二进制数值对应。采用一种波形来表示 1 或 0，这个波形被称为码元。

1. 不归零码

不归零（Not Return to Zero，NRZ）码最为直接的表示是采用高电平表示 1，低电平表示 0。该波形为单极性，即正电平与零电平（地），如图 2-2 所示。

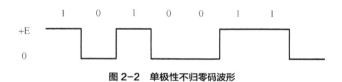

图 2-2　单极性不归零码波形

在 0 和 1 均匀分布的情况下，这种波形的平均电平不为 0，所以含有直流分量，因此很难在低频传输特性比较差的有线信道进行传输。由于接收单极性不归零码的判决电平一般取为高电平的一半，因此在信道特性发生变化时，容易导致接收波形的振幅和宽度发生变化，使得判决电平不能稳定在最佳电平，从而引起错误。此外，单极性不归零码还不能直接用于提取同步信号。

为了解决直流分量问题，可以采用正电平表示 1，负电平表示 0。该波形为双极性，如图 2-3 所示。

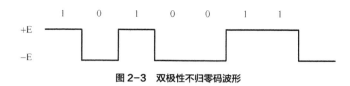

图 2-3　双极性不归零码波形

从统计结果来看，该码型信号在 1 和 0 的数目各占一半时无直流分量，并且接收时判决电平为 0，容易设置并且稳定，因此抗干扰能力强。此外，其可以在电缆等无接地的传输线上传输，因此应用极广且常用于低速数字通信。其不足是：与单极性不归零码一样，不能直接从双极性不归零码中提取同步信号，并且 1 码和 0 码不等概时，仍有直流分量。

2. 归零码

为了可以直接从码元中提取同步信号，在整个码元期间高电平只维持一段时间，其余时间返回零电平，即采用正脉冲表示 1，如图 2-4 所示。由于每个脉冲均在还没有到一个码元终止时就回到零值，故称其为归零码。

图 2-4　单极性归零码波形

该类型码的主要优点是可以直接提取同步信号。但与单极性不归零码一样都有直流分量，不适合直接在信道上传输。但它却是其他码型提取同步信号时采用的一个过渡码型。

同样，也可以采用双极性编码，即 0 采用负脉冲，如图 2-5 所示。

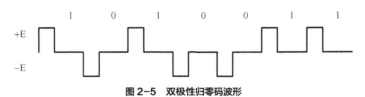

图 2-5　双极性归零码波形

在接收端根据接收波形归于零电平便可知道比特信息已接收完毕，以便准备下一比特信息的接收。所以，在发送端不必按一定的周期发送信息。将正负脉冲前沿作为启动，后沿作为终止，可以独立译出每个码元。

双极性归零码在 0 和 1 分布不均时仍有直流分量，可以采用边沿来表示 1 和 0，即正边沿（由低变高）表示 1，负边沿（由高变低）表示 0，其中的高低电平各占半个码元周期。这种编码通常称为分相码（Split-Phase Coding）或曼彻斯特（Manchester）码，如图 2-6 所示。

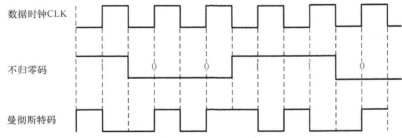

图 2-6　曼彻斯特码波形及其与不归零码的波形关系

因为曼彻斯特（Manchester）码在每个码元周期的中心点都存在电平跳变，所以富含码元定时信息。又因为这种码的正负电平各半，所以无直流分量。

3. 密勒码

密勒（Miller）码半个码元周期内的任意边沿均表示二进制"1"，而经过下一个码元周期时不变的电平表示二进制"0"。一连串的码元周期开始时会产生电平交变。密勒码的逻辑"0"的电平和前一个码元有关，逻辑"1"虽然在码元中间有跳变，但是上跳还是下跳取决于前一个码元结束时的电平。密勒码的编码规则如表 2-1 所示，波形如图 2-7 所示。

表 2-1　密勒码的编码规则

bit($i-1$)	bit(i)	编码规则
x（任意信号）	1	bit i 的起始位置不变化，中间位置跳变
0	0	bit i 的起始位置跳变，中间位置不跳变
1	0	bit i 的起始位置不跳变，中间位置不跳变

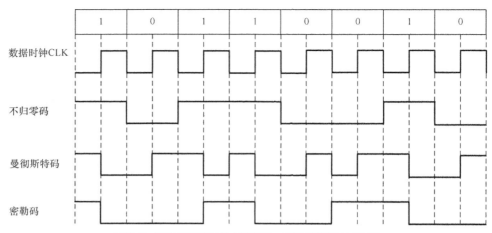

图 2-7 密勒码波形及其与不归零码、曼彻斯特码的波形关系

4. 修正密勒码

修正密勒（Modified Miller）码相对于密勒码来说，将其每个边沿都用负脉冲代替。修正密勒码的波形如图 2-8 所示。

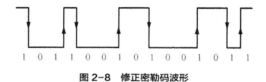

1 0 1 1 0 0 1 0 1 0 1 0 0 1 0 1 1

图 2-8　修正密勒码波形

5. 差动双相码

差动双相码半个码元周期中的任意边沿均表示二进制 "0"，而没有边沿就表示二进制 "1"，如图 2-9 所示。此外在每个码元周期开始时，电平都要反相。因此，对于接收器来说，码元节拍比较容易重建。

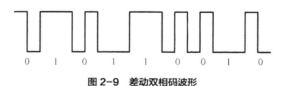

0 1 0 1 1 0 0 1 0

图 2-9　差动双相码波形

6. 脉冲-间歇码

脉冲-间歇码在下一个脉冲前的暂停持续时间 t 表示二进制 "1"，而下一个脉冲前的暂停持续时间 $2t$ 表示二进制 "0"。脉冲-间歇码的波形如图 2-10 所示。

1 0 0 1 1 0 0 1 0

图 2-10　脉冲-间歇码波形

7. FM0 码

FM0 码又称双相间隔（Bi-Phase Space）码，某比特位的值是由该码元周期内电平的变化来表示的。如果电平从码元的起始处翻转，则表示二进制 "1"，如果电平除了在码元的起始处

翻转外，还会在半个码元周期时翻转，则表示二进制"0"，如图 2-11 所示。

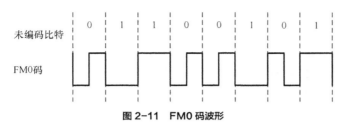

图 2-11　FM0 码波形

8．多电平码

多电平码是一种多进制编码，其本质是以脉冲的电平值坐标为编码对象。例如，若令两个比特 00 对应+3E，01 对应+E，10 对应−E，11 对应−3E，则所得波形为 4 电平波形，如图 2-12 所示。在高数据速率传输系统中，采用这种信号形式是适宜的。

9．脉冲位置调制码

脉冲位置调制（Pulse Position Modulation，PPM）码也是一种多进制编码，其本质是以脉冲的时间坐标为编码对象。脉冲位置调制码与脉冲-间歇码类似，不同的是，脉冲位置调制码的每个数据码元的宽度是一致的。

例如，图 2-13 中脉冲在第 1 个时间段表示"00"，在第 2 个时间段表示"01"，在第 3 个时间段表示"10"，在第 4 个时间段表示"11"。

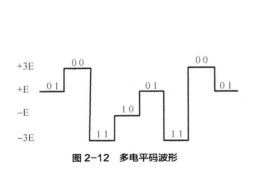

图 2-12　多电平码波形

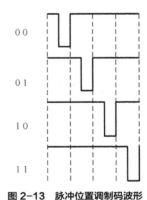

图 2-13　脉冲位置调制码波形

2.3 基带波形频谱

假定 $s_i^m(t)$ 为 m 位二进制值 i 的信息对应的波形，被称为码元波形，所有 $M=2^m$ 个码元波形所组成的集合为 $S^M=\left\{s_i^m(t)\,|\,i=0,1,\cdots,M-1\right\}$。

发送长度为 $K×m$ 位的比特流时，将比特流以 m 位为一组构成长度为 K 的二进制数值序列 U：$U=\{u_k\,|\,k=0,1,\cdots,K-1\}$，其中 $u_k\in0,1,\cdots,M-1$。

对于基带信号来说，每个码元都是有一定的时长的，设其为 T_s，在 $t=kT_s$ 时，假定 $u_k=i$，则此时产生波形 $s_k(t)$：

$$s_k(t)=s_i^m(t-kT_s) \tag{2-2}$$

发送信号由 K 个波形组合而成，即：

$$s(t) = \sum_{k=0}^{K-1} s_k(t - kT_s) \qquad (2\text{-}3)$$

为了使分析更具有扩展性，下面以多电平调制和固定码元周期为例来分析信号的频谱。

假定数字基带波形通常采用相同的有限长函数波形（电平值不同）来构造。采用 M 个不同的电平值 $\{I_0^m, I_1^m, \cdots, I_{M-1}^m\}$ 来表示数值 $0 \sim (M-1)$，其波形 $g(t)$ 的长度为 LT_s，即：

$$g(t) = \begin{cases} g(t) & 0 \leqslant t < LT_s \\ 0 & \text{其他} \end{cases} \qquad (2\text{-}4)$$

将二进制值 u_k 先映射为电平值 I_k，再将 I_k 与波形 $g(t)$ 相乘以构建 u_k 所对应的波形，即：

$$s_k(t) = I_k g(t - kT_s) \qquad (2\text{-}5)$$

发送信号 $s(t)$ 由 K 个波形构成，即：

$$s(t) = \sum_{k=0}^{K-1} I_k g(t - kT_s) = \left[\sum_{k=0}^{K-1} I_k \delta(t - kT_s) \right] g(t) \qquad (2\text{-}6)$$

由此可见，码元波形可以被视为由一组数字序列 $\{I_k\}$ 通过一个成型滤波器 $g(t)$ 而产生的。相应的发送信号 $s(t)$ 可以被视为由一个随机信号 $I(t)$ 通过成型滤波器 $g(t)$ 而产生的，即：

$$s(t) = I(t) * g(t) \qquad (2\text{-}7)$$

这里，

$$I(t) = \sum_{k=-\infty}^{+\infty} I_k \delta(t - kT_s) \qquad (2\text{-}8)$$

基带信号的功率谱密度 $P_s(\Omega)$ 为：

$$P_s(\Omega) = \frac{\sigma_I^2}{T_s} |G(\Omega)|^2 + \frac{2\pi m_I^2}{T_s^2} \sum_{k=-\infty}^{+\infty} G\left(\frac{2k\pi}{T_s}\right) \delta\left(\Omega - \frac{2k\pi}{T_s}\right) \qquad (2\text{-}9)$$

这里，$\Omega = 2\pi f$ 为模拟角频率。

由此可见，均值不为 0 且 $G(2k\pi/T_s)$ 不为 0 的波形在频率 $1/T_s$ 处出现离散谱线，这表明可以直接从信号中提取定时信号。

2.4 基带传输信道特性

2.4.1 有损传输

信道的特性决定了信息在信道上传输的形式，而信道的特性取决于传输介质。按照传输特性来分，信道可分为恒定参量信道（简称恒参信道）和随机参量信道（简称随参信道）。恒参信道是指对信号的影响是固定的或变化极为缓慢的信道，随参信道是指随时间随机快速变化的信道。

本节主要以恒参信道为分析对象，随参信道在随后的频带传输中再加以分析。

为了方便分析，将基带传输的信道等效为一根传输导线。

基带信号通过传输导线从发送方传到接收方，接收方根据预定的码元波形进行译码判决。实际传输导线并不是理想的，存在阻值、寄生电容和电感等因素。基带传输信道等效电路结构如图 2-14 所示。

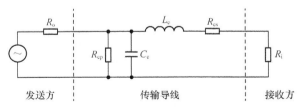

图 2-14　基带传输信道等效电路结构

从基带传输信道的等效电路可以看出以下几点。

（1）传输有衰减

由于存在电阻，能量总要损耗，并且接收方输入电阻不一定与整个传输电路匹配，所以无法达到最大功率，这些功率会白白消耗在传输路径上。

导线具有低通特性且存在传输损耗。

（2）带宽受限

实际传输线路总是带宽受限的，这是由于传输线上的寄生电容、寄生电感及电阻组合产生的，主要呈现出低通特性。信道可以采用一个单边带宽为 $B/2$ 或双边带宽为 B 的低通滤波器，其信道的冲激响应波形如图 2-15 所示，定义为 $h(t)$。图 2-15 中展现了具有不同 B（分别为 100Hz、10Hz、2Hz、1Hz）的冲激响应波形，由该图可以看出，B 越大，其波形越接近冲激函数，B 越小，其信号波动越大且范围越宽。

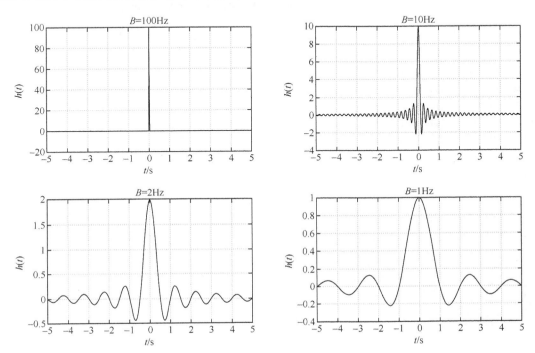

图 2-15　不同带宽信道的冲激响应波形

发送的信号 $s(t)$ 通过该信道后，接收方收到的信号 $r(t)$ 被视为 $s(t)$ 与 $h(t)$ 的卷积运算结果，即 $r(t) = s(t) * h(t)$。

图 2-16 是一个单极性不归零二进制码元信号通过不同带宽（分别为 100Hz、10Hz、2Hz、1Hz）信道的输出结果。图 2-17 是多个单极性不归零二进制码元信号通过不同带宽（分别为 100Hz、10Hz、2Hz、1Hz）信道的输出结果。

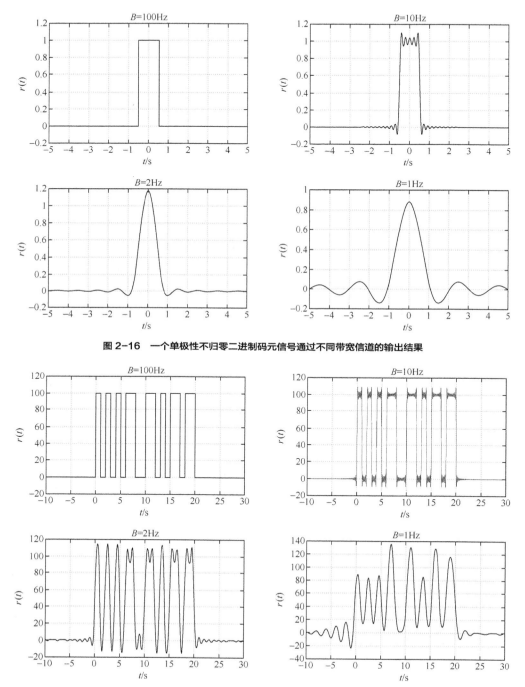

图 2-16　一个单极性不归零二进制码元信号通过不同带宽信道的输出结果

图 2-17　多个单极性不归零二进制码元信号通过不同带宽信道的输出结果

由此可以看出，带宽越小，波形畸变越严重，主要是波形会变宽，这会导致前后码元波形相互交叠。

如何来分析这种变化对码元的影响呢？将每个码元的波形叠放在一起，构成一个可以分辨发送码元的图形。图 2-18 是将前面信号中的每个码元叠放在一起的图形。

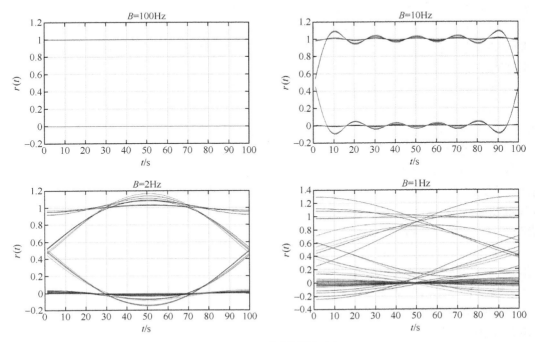

图 2-18　不同带宽信道的眼图

从图 2-18 中可以看出，带宽变小后，通过码元两边的区域不能正确判定当前码元值，只有中间部分可以判定。这个图很像人的眼，所以被称为眼图。带宽越大，无波形通过的中间部分面积越大，相当于眼睛睁得越大。因此，选取眼睛睁开最大的时刻来判定码元值是最佳的判定方式。

眼图可以反映出系统的最佳抽样时刻、对定时误差的灵敏度、噪声容限、信号幅度的畸变范围以及判决门限电平，如图 2-19 所示，因此通常用眼图来观察基带传输系统的好坏。

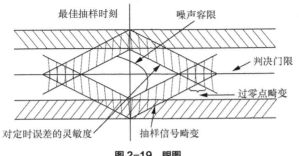

图 2-19　眼图

2.4.2　加性噪声

信道的加性噪声同样会对信号传输产生影响。加性噪声与信号相互独立，并且始终存在，实际中只能通过采取某些措施来减小加性噪声的影响，而不能彻底消除加性噪声。

根据噪声的性质，噪声可分为单频噪声、脉冲噪声和起伏噪声。这 3 种噪声都是随机噪声。单频噪声主要是由无线电干扰造成的，其可以通过合理设计系统来避免。

脉冲噪声是指在时间上无规则的突发脉冲波形，主要包括工业干扰中的电火花、汽车点火噪声、雷电等。其脉冲很窄、频谱很宽，但是随着频率的提高，频谱强度逐渐减弱。因此，可以通过选择合适的工作频率、远离脉冲源等措施来减小或避免脉冲噪声的干扰。

起伏噪声是一种连续波随机噪声，包括热噪声、散弹噪声和宇宙噪声。对其特性的表征可以采用随机过程的分析方法。起伏噪声的特点是具有很宽的频带，并且始终存在，它是影响通信系统性能的主要因素。

热噪声是在电阻类导体中，由自由电子的布朗运动引起的噪声。导体中的每一个自由电子由于其热能而运动。由于和其他粒子碰撞，电子运动的途径是随机的和曲折的，即呈现布朗运动。所有电子运动的总结果形成了通过导体的电流。电流的方向是随机的，因而其平均值为零。然而，电子的这种随机运动还会产生一个交流电流成分，这个交流电流成分被称为热噪声。

根据热噪声的物理性质不难看出，它是服从高斯分布的，因为它满足中心极限定理的条件。而且，分析和测量都表明，在从直流到微波（$<10^{13}$Hz）的频率范围内，电阻或导体的热噪声具有均匀的功率谱密度 $2kTG$，其中 k 为玻尔兹曼常数（$k = 1.3805 \times 10^{-23}$J/K），$T$ 为热噪声源的绝对温度，G 为电阻 R 的电导。

散弹噪声是由半导体器件中电子的发射不均匀性引起的。因此，发射电子所形成的电流并不是固定不变的，而是在一个平均值上起伏变化。总电流便是相当多的独立小电流之和，于是，根据中心极限定理可知，总电流是一个高斯随机过程。

宇宙噪声是指天体辐射波对接收机形成的噪声。它在整个空间的分布是不均匀的，最强的噪声来自银河系的中部，其强度与季节、频率等因素有关。实测表明，在 20~300MHz 的频率范围内，它的强度与频率的三次方成反比。因而，当工作频率低于 300MHz 时，就要考虑它的影响。实践证明，宇宙噪声也是服从高斯分布的，在一般的工作频率范围内，它也具有平坦的功率谱密度。

综上所述，无论是热噪声、散弹噪声，还是宇宙噪声，它们都可以被认为是一种高斯噪声，且在相当宽的频率范围内具有平坦的功率谱密度。如果噪声在整个频率范围内具有平坦的功率谱密度，则称其为白噪声。因此，上述 3 种起伏噪声常常被近似地表述成高斯白噪声。

有必要指出，通信系统模型中的噪声源是分散在通信系统各处的噪声的集中表示，因此，我们把加性噪声的主要代表——起伏噪声，同样理解成散弹噪声、热噪声、宇宙噪声等的集中表示，而不再详加区分。而且为了使今后分析问题的方法简单明了，一律把起伏噪声定义为高斯白噪声。

高斯白噪声的双边功率谱密度 $P_n(f)$ 为：

$$P_n(f) = \frac{n_0}{2}(\text{W/Hz}) \tag{2-10}$$

其自相关函数 $R_n(\tau)$ 为：

$$R_n(\tau) = \frac{n_0}{2}\delta(\tau) \tag{2-11}$$

起伏噪声本身是一种频谱很宽的噪声，其在通过通信系统时，会受到通信信道及各种处理的影响，使其频谱特性发生变化。由于基带信号呈现为低通特性且通道中的各种滤波器都是低通型的，所以基带信号叠加的噪声为低通型噪声。

低通型噪声的频谱具有一定的宽度，噪声的带宽可以用不同的定义来描述。为了使噪声功率的分析相对容易，通常用噪声等效带宽来描述。设低通型噪声的功率谱密度为 $P_n(f)$，如图2-20 所示，则噪声等效带宽 B_n 可被定义为：

$$B_n = \frac{\int_{-\infty}^{+\infty} P_n(f) \mathrm{d}f}{2P_n(0)} = \frac{\int_0^{+\infty} P_n(f) \mathrm{d}f}{P_n(0)} \tag{2-12}$$

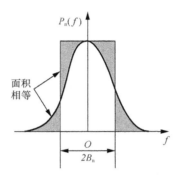

图 2-20　低通型噪声的功率谱密度

接收到的信号 $r(t)$ 可以被描述为：

$$r(t) = s(t) * h(t) + n(t) \tag{2-13}$$

其中，$h(t)$ 为信道的冲激响应，$n(t)$ 为高斯白噪声。

由于接收到的信号中存在噪声，噪声的功率影响着接收性能，通常采用信噪比来表征加入噪声后的信道对接收性能的影响。

信噪比（S/N 或 SNR）是指信号功率 P_s 与噪声功率 P_n 的比：

$$\mathrm{SNR} = \frac{P_s}{P_n} \tag{2-14}$$

信号功率 $P_s = E_s / T_s$，其中，T_s 为每个码元的时长，E_s 为每个码元的能量。噪声功率 $P_n = N_0 B$，其中 B 为等效接收带宽。

$$\mathrm{SNR} = \frac{P_s}{P_n} = \frac{E_s / T_s}{N_0 B} \tag{2-15}$$

如果等效接收带宽 $B = 1/T_s$，那么：

$$\mathrm{SNR} = \frac{E_s / T_s}{N_0 B} = \frac{E_s}{N_0} \tag{2-16}$$

E_s / N_0 是每个符号的能量与噪声功率谱密度之比。1 个符号通常表示 m 个比特，每个比特的能量为 E_b，则有：

$$\mathrm{SNR} = \frac{E_s / T_s}{N_0 B} = \frac{E_s}{N_0} = \frac{m E_b}{N_0} \tag{2-17}$$

E_b / N_0 是每比特能量与噪声功率谱密度之比。

将矩形窗函数作为码元波形的做法在一些带宽受限的信道上的传输效果是不理想的。对于矩形波形信号，如果要使边沿位置准确，那么信道至少提供 10 倍以上的带宽，其实质就是允许矩形窗信号频谱中一定数量的旁瓣无衰减地通过信道。这样，传输就能使信道的频谱利用率降低，即本可以更高速率传输数据，但因为要保证矩形窗失真小，而只能低速传输数据。

在有限带宽内采用什么样的波形来传输以及以什么方式达到最佳接收效果，是高效基带传输波形设计需要首先思考的问题。

有什么样的接收，就需要什么样的发送。何种波形最佳，这不能从发送方来讨论，而要从信宿（即接收方）来讨论。

2.5.1　最佳接收

接收方收到发送来的信号，要判定此时发送的码元波形是何种波形，进而判决出所发送的比特信息。其基本思想是将当前接收的波形与本地同时产生的 M 个参考波形进行对比，相差最小的参考波形会被判为发送波形，从而得到所发送的比特。

先考虑无噪情况：

$$r(t) = s(t) = \sum_{k=0}^{K-1} s_k (t - kT_s) \tag{2-18}$$

在信号处理中，通常采用信号的欧氏距离来表示两者之间的差距，因此在判定第 k 次发送的波形时，可计算接收信号 $r(t)$ 与本地第 k 次产生的参考波形 $s_i^m (t - kT_s)$ 之间的距离 $d_{k,i}$：

$$d_{k,i} = \int_{-\infty}^{+\infty} \left| r(t) - s_i^m (t - kT_s) \right|^2 \mathrm{d}t \tag{2-19}$$

接收判决准则是 M 个参考波形中与当前信号的距离最小的参考波形，即若：

$$d_{k,j} = \min_i d_{k,i} \tag{2-20}$$

则判发送波形为 $s_j^m (t - kT_s)$，从而进一步判发送比特值为 j。

对式（2-19）进一步展开：

$$d_{k,i} = \int_{-\infty}^{+\infty} \left| r(t) \right|^2 \mathrm{d}t + \int_{-\infty}^{+\infty} \left| s_i^m (t - kT_s) \right|^2 \mathrm{d}t - 2\mathrm{Re}\left[\int_{-\infty}^{+\infty} r(t) s_i^{m*} (t - kT_s) \mathrm{d}t \right] \tag{2-21}$$

令接收信号能量为：

$$E_r = \int_{-\infty}^{+\infty} \left| r(t) \right|^2 \mathrm{d}t \tag{2-22}$$

令第 k 次产生的参考波形 $s_i^m (t - kT_s)$ 的能量为：

$$\varepsilon_i = \int_{-\infty}^{+\infty} \left| s_i^m \left(t - kT_s \right) \right|^2 \mathrm{d}t \tag{2-23}$$

由于信号参量 E_r 与参考波形无关，因此可以构造一个新的测度 $\rho_{k,i}$：

$$\rho_{k,i} = \int_{-\infty}^{+\infty} \left| s_i^m \left(t - kT_s \right) \right|^2 \mathrm{d}t - 2\mathrm{Re}\left[\int_{-\infty}^{+\infty} r(t) s_i^{m*} (t - kT_s) \mathrm{d}t \right] \tag{2-24}$$

$\rho_{k,i}$ 最小时，$d_{k,i}$ 一定最小。

相应的最佳接收框图如图 2-21 所示，共分为 K 条支路，每条支路求相应的 $\rho_{k,i}$，取最小值支路 i 所对应的符号 I_i^m 作为当前码元 I_k 的值输出。

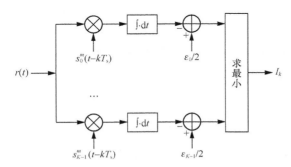

图 2-21　最佳接收框图

下面通过推导来说明该接收判决方法可以实现正确接收。

对式（2-24）进一步展开：

$$\rho_{k,i} = \int_{-\infty}^{+\infty} \left| s_i^m \left(t - kT_s \right) \right|^2 \mathrm{d}t - 2\mathrm{Re}\left[\int_{-\infty}^{+\infty} r(t) s_i^{m*} (t - kT_s) \mathrm{d}t \right] \tag{2-25}$$

$$= \int_{-\infty}^{+\infty} \left| s_i^m \left(t - kT_s \right) \right|^2 \mathrm{d}t - 2\sum_{l=0}^{K-1}\mathrm{Re}\left[\int_{-\infty}^{+\infty} s_l(t) s_i^{m*} (t - kT_s) \mathrm{d}t \right]$$

$$= \int_{-\infty}^{+\infty} \left| s_i^m \left(t - kT_s \right) \right|^2 \mathrm{d}t - 2\mathrm{Re}\left[\int_{-\infty}^{+\infty} s_k(t) s_i^{m*} (t - kT_s) \mathrm{d}t \right] - 2\sum_{l=0,l\neq k}^{K-1}\mathrm{Re}\left[\int_{-\infty}^{+\infty} s_l(t) s_i^{m*} (t - kT_s) \mathrm{d}t \right] \tag{2-26}$$

这里，$\sum_{l=0,l\neq k}^{K-1}\mathrm{Re}\left[\int_{-\infty}^{+\infty} s_l(t) s_i^{m*} (t - kT_s) \mathrm{d}t \right]$ 表征了其他时刻产生的波形与第 k 次产生的参考波形之间的相关程度，对于判定来说，希望非本次码元波形对当前计算的影响为 0，故在选定码元波形时通常要求两个不同码元周期的波形相互影响为 0，即：

$$\int_{-\infty}^{+\infty} s_j^m \left(t - lT_s \right) s_i^{m*} (t - kT_s) = 0, \quad l \neq k \tag{2-27}$$

利用该关系，距离表达式变为：

$$\rho_{k,i} = \int_{-\infty}^{+\infty} \left| s_i^m \left(t - kT_s \right) \right|^2 \mathrm{d}t - 2\mathrm{Re}\left[\int_{-\infty}^{+\infty} s_k(t) s_i^{m*} (t - kT_s) \mathrm{d}t \right]$$

$$= \int_{-\infty}^{+\infty} \left| s_k(t) - s_i^m(t - kT_s) \right|^2 \mathrm{d}t - \int_{-\infty}^{+\infty} \left| s_k(t) \right|^2 \mathrm{d}t \quad (2\text{-}28)$$

仅当 $s_i^m(t - kT_s) = s_k(t)$ 时，$\rho_{k,i}$ 最小。

假定发送方第 k 次产生的波形为 $s_j^m(t - kT_s)$，则：

$$\rho_{k,j} = \min_i \rho_{k,i} \quad (2\text{-}29)$$

由此可见，这种接收结构可以正确判决出发送波形。

由于：

$$\left[r(t), s_i^m(t - kT_s) \right] = \int_{-\infty}^{+\infty} r(t) s_i^{m*}(t - kT_s) \mathrm{d}t \quad (2\text{-}30)$$

实质是用内积运算计算两者的相关值，故这种接收结构也被称为相关接收。

$$\int_{-\infty}^{+\infty} r(\tau) s_i^{m*}(\tau - kT_s) \mathrm{d}\tau = \int_{-\infty}^{+\infty} r(\tau) s_i^{m*}\left[-(kT_s - \tau) \right] \mathrm{d}\tau$$
$$= r(t) * s_i^{m*}(-t) \big|_{t = kT_s} \quad (2\text{-}31)$$

相关运算可采用一个滤波器与 kT_s 时刻抽样的抽样器级联构成。该滤波器的冲激响应 $h(t)$ 为：

$$h(t) = s_i^{m*}(-t) \quad (2\text{-}32)$$

该滤波器也被称为匹配滤波器。

考虑物理可实现性，即 $h(t)=0$，$t<0$。所以通常采用以下方式构建匹配滤波器：

$$h(t) = s_i^{m*}(\tau_0 - t) \quad (2\text{-}33)$$

抽样时刻 $t = \tau_0 + kT_s$。

采用匹配滤波器构建的接收结构称为匹配接收，如图 2-22 所示，其实质与相关接收是一致的，共分为 K 条支路，每条支路求相应的 $\rho_{k,i}$，取最小值支路 i 所对应的符号 I_i^m 作为当前码元 I_k 的值输出。

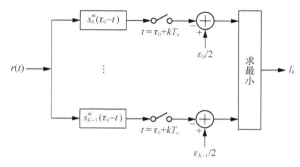

图 2-22　匹配接收框图

最佳接收可以使加性噪声信道下的传输获得最大接收信噪比。

2.5.2　波形设计

由前述内容可知，接收匹配滤波器系统函数 $g_r(t)$ 与发送成型滤波器系统函数 $g(t)$ 之间的关系是：

$$g_r(t) = g^*(\tau_0 - t) \tag{2-34}$$

考虑到 $g(t)$ 的长度为 LT_s 个码元长度，所以取 $\tau_0 = LT_s$。

令收发通道系统函数为 $g_c(t)$，即：

$$
\begin{aligned}
g_c(t) &= g(t) * g_r(t) \\
&= \int_{-\infty}^{+\infty} g(\tau) g_r(t - \tau) \mathrm{d}\tau \\
&= \int_{-\infty}^{+\infty} g(\tau) g^*(LT_s - t + \tau) \mathrm{d}\tau
\end{aligned} \tag{2-35}
$$

其频谱为：

$$
\begin{aligned}
G_c(\Omega) &= G(\Omega) G^*(\Omega) \mathrm{e}^{-\mathrm{j}\Omega LT_s} \\
&= \left| G(\Omega) \right|^2 \mathrm{e}^{-\mathrm{j}\Omega LT_s}
\end{aligned} \tag{2-36}
$$

接收过程为：

$$\hat{I}(t) = s(t) * g_r(t) = \sum_{k=0}^{K-1} I_k g_c(t - kT_s) \tag{2-37}$$

以 T_s 为抽样周期，抽样后得到离散信号：

$$\hat{I}(n) = \hat{I}(t)\big|_{t=nT_s} \tag{2-38}$$

将 $g_c(t)$ 同样离散化：

$$
\begin{aligned}
g_c(n) &= g_c(t)\big|_{t=nT_s} \\
&= \int_{-\infty}^{+\infty} g(t) g^*(LT_s - nT_s + \tau) \mathrm{d}\tau \\
&= \delta(n - L) = \begin{cases} 1 & n = L \\ 0 & n \neq L \end{cases}
\end{aligned} \tag{2-39}
$$

接收过程的离散化描述为：

$$
\begin{aligned}
\hat{I}(n) &= \sum_{k=0}^{K-1} I_k g_c(nT_s - kT_s) \\
&= I(n) * g_c(n) = I_{n-L}
\end{aligned} \tag{2-40}
$$

这与前面得到的结果是一致的。

下面从频域入手分析整个收发过程。

$g_c(n)$ 的傅里叶变换为：

$$G_c\left(e^{j\omega}\right) = \mathrm{FT}\left[g_c(n)\right]$$

$$= e^{-j\omega L} \tag{2-41}$$

这里，ω 为数字角频率，且有 $\omega = \Omega T_s$。

根据抽样相关知识可知，抽样后离散信号的频谱是抽样前连续信号的频谱周期延拓的结果，即：

$$G_c\left(e^{j\omega}\right) = \frac{1}{T_s}\sum_i G_c\left(\frac{\omega+2\pi i}{T_s}\right) = \frac{1}{T_s}\sum_i \left|G\left(\frac{\omega+2\pi i}{T_s}\right)\right|^2 e^{-j\frac{\omega+2\pi i}{T_s}LT_s}$$

$$= \frac{1}{T_s}\sum_i \left|G\left(\frac{\omega+2\pi i}{T_s}\right)\right|^2 e^{-j\omega L} \tag{2-42}$$

由式（2-41）和式（2-42）得：

$$\frac{1}{T_s}\sum_i \left|G\left(\frac{\omega+2\pi i}{T_s}\right)\right|^2 = 1 \tag{2-43}$$

对于 $G(\Omega)$ 来说，需要满足：

$$\sum_i \left|G\left(\Omega+\frac{2\pi i}{T_s}\right)\right|^2 = T_s \tag{2-44}$$

该条件也被称为奈奎斯特第一准则。

为了方便后续的描述，令 $h(t) = g(t) * g^*(-t)$，其傅里叶变换为：$H(\Omega) = \left|G(\Omega)\right|^2$。

上式可写为：

$$\sum_i H\left(\Omega+\frac{2\pi i}{T_s}\right) = T_s \tag{2-45}$$

升余弦滚降函数为：

$$H(\Omega) = \begin{cases} T_s & |\Omega| \leqslant |1-\alpha|2\pi B_0 \\ \dfrac{T_s}{2}\left[1+\cos\dfrac{|\Omega|-(1-\alpha)2\pi B_0}{4\alpha B_0}\right] & |1-\alpha|2\pi B_0 < |\Omega| \leqslant |1+\alpha|2\pi B_0 \\ 0 & |\Omega| > |1+\alpha|2\pi B_0 \end{cases} \tag{2-46}$$

这个函数满足奈奎斯特第一准则，可以实现无码间串扰。

式（2-46）中，B_0 为脉冲成型函数的最小带宽：

$$B_0 = \frac{1}{2T_s} \tag{2-47}$$

α 为滚降系数，取值区间为 $[0,1]$。α 越大，中间部分越小，两边部分越大。$\alpha = 1$ 时就变成了升余弦函数，$\alpha = 0$ 时就变成了矩形函数。频谱的带宽为 $(1+\alpha)B_0$，其时域波形为：

$$h(t) = \mathrm{sinc}\left(\frac{t}{T_s}\right)\frac{\cos(\pi\alpha t/T_s)}{1-(2\alpha t/T_s)^2} \qquad (2\text{-}48)$$

其中，$\alpha = 0$ 和 1，分别对应矩形和升余弦频谱，而 $\alpha = 0.5$ 的时域和频域波形均在两者之间。在实际应用中，通过调节 α 因子，可以实现占用带宽和衰减速度之间的折中。

升余弦滚降函数的 $h(t)$ 满足抽样值上无串扰的传输条件，且各抽样值之间又增加了一个零点，其尾部衰减较快（与 t^2 成反比），这有利于减小码间串扰和码元定时误差的影响。但这种系统的频谱宽度是 $\alpha = 0$ 时的 2 倍，如图 2-23 所示。

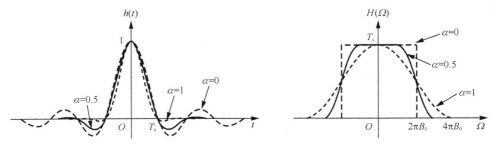

图 2-23　升余弦滚降滤波器时域和频域波形

实际应用的滤波器叫作根升余弦滚降滤波器，表达式为：

$$G(\Omega) = \begin{cases} \sqrt{T_s} & |\Omega| \leqslant |1-\alpha|\,2\pi B_0 \\[2mm] \sqrt{\dfrac{T_s}{2}\left[1+\cos\dfrac{|\Omega|-(1-\alpha)\,2\pi B_0}{4\alpha B_0}\right]} & |1-\alpha|\,2\pi B_0 < |\Omega| \leqslant |1+\alpha|\,2\pi B_0 \\[2mm] 0 & |\Omega| > |1+\alpha|\,2\pi B_0 \end{cases} \qquad (2\text{-}49)$$

这个滤波器的频谱就是升余弦滚降滤波器的平方根，所以在名字前加一个"根"字。

在实际系统当中，把一个升余弦滚降滤波器分解成了两个相同的滤波器，一个在发射机，一个在接收机，因此要取一个平方根。两个合起来就是一个升余弦滚降滤波器。

波形设计的实质是：为了占用最大带宽，人为地让码元之间混叠，虽然这种混叠使码元的判决不能发生在码元的任意时刻，但是存在一个最佳时刻，该时刻的值仅与当前码元有关，其他码元对该时刻的值的影响均为 0，即无码间串扰。

2.6　信道均衡

在设计波形时，通常认为信道是理想的低通滤波器，实际上并非如此。物理低通信道都存在一定宽度的滚降过渡区且通常带有一定的波动。为使设计的波形可以达到最佳传输性能，接收方需要对信道进行估计并构建一个与其相对应的滤波器，使信道的影响在最佳抽样时刻降为 0 或接近 0，这就是均衡操作，所构建的滤波器被称为均衡滤波器。

在信道特性确知的条件下，人们可以精心设计接收和发送滤波器，以达到消除码间患扰的目的。但在实际实现时，由于存在滤波器的设计误差和信道特性的变化，所以会产生码间串扰。

在基带系统中插入一种可调（或不可调）滤波器可以校正（或补偿）系统特性，减小码间串扰的影响，这种起补偿作用的滤波器被称为均衡器。

均衡可分为频域均衡和时域均衡。所谓频域均衡，是从校正系统的频率特性出发，使包括均衡器在内的基带系统的总特性满足无失真传输条件；所谓时域均衡，是利用均衡器产生的时间波形直接校正已畸变的波形，使包括均衡器在内的整个系统的冲激响应满足无码间串扰条件。

下面主要介绍时域均衡的原理及结构。

现在我们来证明，如果在接收滤波器和抽样判决器之间插入一个被称为横向滤波器的可调滤波器，其冲激响应为：

$$h_T(t) = \sum_{n=-\infty}^{\infty} C_n \delta(t - nT_s) \tag{2-50}$$

式中，C_n 完全依赖于 $H(\Omega)$，那么，理论上就可以消除抽样时刻上的码间串扰。

设插入滤波器的频率特性为 $T(\Omega)$，则当：

$$T(\Omega)H(\Omega) = H'(\Omega) \tag{2-51}$$

满足：

$$\sum_i H'\left(\Omega + \frac{2\pi i}{T_s}\right) = T_s \tag{2-52}$$

时，包括 $T(\Omega)$ 在内的总特性 $H'(\Omega)$ 将能消除码间串扰。

将式（2-51）代入式（2-52），有：

$$\sum_i T\left(\Omega + \frac{2\pi i}{T_s}\right) H\left(\Omega + \frac{2\pi i}{T_s}\right) = T_s \tag{2-53}$$

如果：

$$T\left(\Omega + \frac{2\pi i}{T_s}\right) = T(\Omega) \tag{2-54}$$

则：

$$T(\Omega) = \frac{T_s}{\sum_i H\left(\Omega + \frac{2\pi i}{T_s}\right)} \tag{2-55}$$

既然 $T(\Omega)$ 是周期为 $2\pi/T_s$ 的周期函数，则 $T(\Omega)$ 可用傅里叶级数表示为：

$$T(\Omega) = \sum_{n=-\infty}^{\infty} C_n \mathrm{e}^{-jnT_s\Omega} \tag{2-56}$$

式中：

$$C_n = \frac{T_s}{2\pi} \int_{-\pi/T_s}^{\pi/T_s} T(\Omega) \mathrm{e}^{jnT_s} \mathrm{d}\Omega \tag{2-57}$$

或：

$$C_n = \frac{T_s}{2\pi}\int_{-\pi/T_s}^{\pi/T_s}\frac{T_s}{\displaystyle\sum_i H\left(\Omega+\frac{2\pi i}{T_s}\right)}\mathrm{e}^{jn\Omega T_s}\mathrm{d}\Omega \qquad (2\text{-}58)$$

由式（2-58）可以看出，傅里叶系数 C_n 由 $H(\Omega)$ 决定。通过求傅里叶反变换，可求得其单位冲激响应 $h_T(t)$。$h_T(t)$ 是图 2-24 所示网络的单位冲激响应，该网络是由无限多的按横向排列的迟延单元和抽头系数组成的，因此被称为横向滤波器。

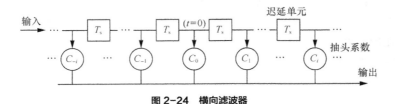

图 2-24 横向滤波器

它的功能是将输入端（即接收滤波器输出端）抽样时刻上有码间串扰的响应波形变换成（利用它产生的无限多响应波形之和）抽样时刻上无码间串扰的响应波形。

无限长的横向滤波器可以完全消除抽样时刻上的码间串扰，但这实际上是不可实现的。因此，有必要进一步讨论有限长横向滤波器的抽头增益调整问题。

设在基带系统接收滤波器与判决电路之间插入一个具有 $2N+1$ 个抽头的横向滤波器，如图 2-25（a）所示。它的输入为 $x(t)$，并设它不附加噪声。

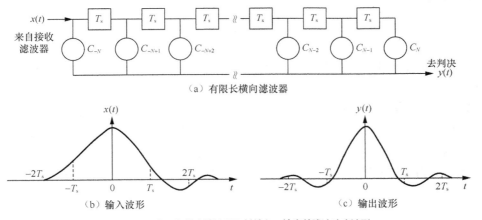

图 2-25 有限长横向滤波器及其输入、输出单脉冲响应波形

若设有限长横向滤波器的单位冲激响应为 $e(t)$，相应的频率特性为 $E(\Omega)$，即：

$$e(t) = \sum_{i=-N}^{N}C_i\delta(t-iT_s) \qquad (2\text{-}59)$$

$$E(\Omega) = \sum_{i=-N}^{N}C_i\mathrm{e}^{-j\Omega T_s} \qquad (2\text{-}60)$$

$$y(t) = x(t)*e(t) = \sum_{i=-N}^{N}C_i x(t-iT_s) \qquad (2\text{-}61)$$

于是，在抽样时刻 t_0+kT_s 有：

$$y\left(t_0 + kT_s\right) \sum_{i=-N}^{N} C_i x\left(t_0 + kT_s - iT_s\right) = \sum_{i=-N}^{N} C_i x\left[t_0 + (k-i)T_s\right] \quad (2\text{-}62)$$

或简写为：

$$y_k = \sum_{i=-N}^{N} C_i x_{k-i} \quad (2\text{-}63)$$

上式说明，均衡器在第 k 抽样时刻得到的样值 y_k 将由 $2N+1$ 个 C_i 与 x_{k-i} 的乘积之和来确定。利用有限长的横向滤波器减小码间串扰是可能的，但完全消除是不可能的。

在抽头数有限的情况下，均衡器的输出将有剩余失真，为了反映这些失真的大小，一般将峰值失真准则和均方失真准则作为衡量标准。

峰值失真准则定义为：

$$D = \frac{1}{y_0} \sum_{k=-\infty}^{\infty} |y_k| \quad (2\text{-}64)$$

式中，符号 $\sum\limits_{k=-\infty}^{\infty}$ 表示 $\sum\limits_{\substack{k=-\infty \\ k \neq 0}}^{\infty}$，其中除 $k=0$ 以外的各样值绝对值之和反映了码间串扰的最大

值，y_0 是有用信号样值，所以峰值失真 D 就是码间串扰最大值与有用信号样值之比。显然，对于完全消除码间串扰的均衡器而言，应有 $D=0$；对于码间串扰不为 0 的场合，希望 D 有最小值。

均方失真准则定义为：

$$e^2 = \frac{1}{y_0^2} \sum_{k=-\infty}^{\infty} y_k^2 \quad (2\text{-}65)$$

均方失真准则的物理意义与峰值失真准则相似。按这两个准则来确定均衡器的抽头系数，均可使失真最小，以获得最佳的均衡效果。

在实际数据传输之前，发送一种预先规定的测试脉冲序列，如频率很低的周期脉冲序列，然后按照"迫零"调整原理，根据测试脉冲得到的样值序列 $\{x_k\}$ 自动或手动调整各抽头系数，直至误差小于某一允许门限。调整好后，再传送数据，在数据传输过程中不再调整。图 2-26 所示是自动均衡器的原理方框图，可以通过对输出进行抽样与判决来实现抽头系数的调整。

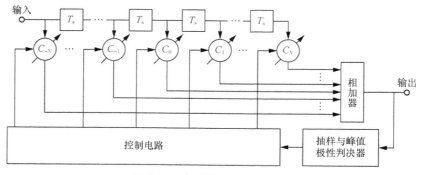

图 2-26　自动均衡器的原理方框图

2.7 信道编码

信道编码就是根据一定的规律在待发送的信息中添加冗余信息,以便在接收端进行纠错处理,解决信道的噪声和干扰导致的误码问题。这些多余的信息也被称为校验元或监督元。下面以重复码为例对信道编码进行说明。

在数据中增加冗余信息的最简单的方法,就是将同一数据重复多次发送,这样即可获得重复码。例如:将每个信息比特重复 3 次编码,0→000,1→111。

接收端根据少数服从多数的原则进行译码。例如:发送端将 0 编码为 000 发送,如果接收到的是 001、010、100 就判为 0,如图 2-27 所示。

图 2-27　0 多判为 0

发送端将 1 编码为 111 发送,如果接收到的是 110、101、011 就判为 1,如图 2-28 所示。

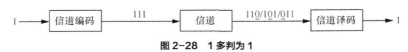

图 2-28　1 多判为 1

按照这种方法进行编码与译码,如果只错 1 位,则可以正确译码,如果错 2 位就不行了。例如:发送端将 0 编码为 000 发送,到了接收端变成了 110,其会被译码为 1,译码出错,如图 2-29 所示。

图 2-29　错 2 位译码出错

采用简单重复方式增加人为多余度,可以提高抗干扰性,但是编码效率低,以上面的重复码为例,将同一信息比特发送了 3 次,传输效率只有 1/3。增加人为多余度的规则和方法是多种多样的,大致可划分为两类:将信源的信息序列按照独立分组进行处理和编码,称为分组码;否则称为非分组码,卷积码是其中最主要的一种。

2.7.1　分组码

分组码是把信源输出的信息序列以 k 个码元作为一组数据输入,经过编码后生成 r 个校验元,输出总长为 $n=k+r$ 的一组数据。该 n 长码元的输出数据组称为码字。分组码的每个码组的校验元仅与本组的信息元有关,而与其他组无关。分组码一般用 (n,k) 表示,n 表示码长,k 表示信息位个数。

分组编码如图 2-30 所示。若校验元与信息元之间的关系满足线性叠加定理,则称为线性码;否则,称为非线性码。这里只讨论线性码。

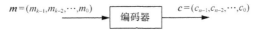

图 2-30　把 k 个信息元编成 n 个已编码元的分组编码

最简单的分组码就是奇偶校验码，其校验码元只有 1 位。

例如：(3,2)偶校验码，通过添加 1 位校验码元使得整个码字中"1"的个数变为偶数；

$$00 \rightarrow 00\underline{0}$$
$$01 \rightarrow 01\underline{1}$$
$$10 \rightarrow 10\underline{1}$$
$$11 \rightarrow 11\underline{0}$$

奇偶校验码只能检测奇数个错误，而不能纠正错误。收到 1 个码字，对所有位做异或运算，如果为 0，则正确；如果为 1，则错误。

线性分组码一个重要的参数是码字的汉明距离。

设 c_i 和 c_j 是 (n,k) 分组码中的两个码字。定义汉明距离为码字间对应位置上具有不同二进制码元的位数，记为 $d\left(c_i, c_j\right)$。码字集合中汉明距离的最小值被称为码的最小汉明距离，记为 $d_{\min}$。

码字间的最小距离 $d_{\min}$ 的大小直接决定线性分组码的纠检错能力。

例如，对(3,1)重复码，有：

$$d\begin{pmatrix} 0 & 0 & 0 \\ 1 & 1 & 1 \end{pmatrix} = 3$$

它能发现两个独立随机错误，或者纠正一个独立随机错误。

理论上，若要发现 e 个独立随机错误，则要求：

$$d_{\min} \geqslant e + 1 \tag{2-66}$$

同理，若要纠正 t 个独立随机错误，则要求：

$$d_{\min} \geqslant 2t + 1 \tag{2-67}$$

若要发现 $e(e > t)$ 个同时又要纠正 t 个独立随机错误，则要求：

$$d_{\min} \geqslant t + e + 1 \tag{2-68}$$

这里所指的"同时"，是指当错误个数小于或等于 t 时，该码能纠正 t 个错；当错误个数大于 t 而小于或等于 e 时，则能发现有错误。码纠错能力的几何解释如图 2-31 所示。

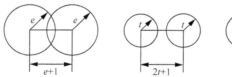

图 2-31　码纠错能力的几何解释

以上有关码的纠错能力与码距之间的关系仅是充分条件，不是必要条件。

每个编码器输出符号所携带的信息比特平均数被称为编码效率，简称码率。在前面的例子中，(3,1)重复码的码率是 1/3。

1. 汉明码

汉明码是一种能纠正单个随机错误的线性分组码，是一种编码效率较高的分组码。

如果有偶数校验方程：

$$c_{n-1} + c_{n-2} + \cdots + c_0 = 0 \tag{2-69}$$

式中，符号"+"表示模 2 加法（异或）运算，c_0 为校验元，$c_{n-1}, c_{n-2}, \cdots, c_1$ 为信息元，则 c_0 与

$c_{n-1}, c_{n-2}, \cdots, c_1$ 一起构成一个代数式。在接收端译码时，计算：

$$S = c_{n-1} + c_{n-2} + \cdots + c_0 \qquad (2\text{-}70)$$

若 $S = 0$，就认为无错；若 $S = 1$，就认为有错。式（2-70）被称为校验关系式，S 被称为校正子。由于校正子 S 的取值只有两种，因此只能代表有错和无错两种信息，不能指示错码的位置。

如果校验元增加一位，变成两位，则可增加一个类似式（2-70）的校验关系式。两个校正子的可能值有 4 种组合：00、01、10、11，故能表示 4 种不同的信息，其中 1 种表示无错，其余 3 种就有可能指示一位错码的 3 种不同位置。同理，r 个校验元，可构成 r 个校验关系式，可能指示一位错码的 $(2^r - 1)$ 个可能位置。

一般来说，若码长为 n，信息元为 k，则校验元数 $r = n - k$。若希望用 r 个校验元构造出 r 个校验关系以指示一位错码的 n 个可能位置，则要求：

$$2^r - 1 \geqslant n \quad \text{或} \quad 2^r \geqslant k + r + 1 \qquad (2\text{-}71)$$

下面以(7,4)码为例来说明汉明码的结构。这里 k=4，为纠正一位错码，由式（2-71）可知，要求校验元数 $r \geqslant 3$，现在取 r=3，则 $n = k + r = 7$。下面用 $c_6, c_5, \cdots, c_0$ 表示这 7 个码元，用 S_1、S_2、S_3 表示 3 个校验关系式的 3 个校正子，校正子与错码位置的对应关系如表 2-2 所示。

表 2-2　校正子与错码位置的对应关系

S_1	S_2	S_3	错码位置	S_1	S_2	S_3	错码位置
0	0	1	c_0	1	0	1	c_4
0	1	0	c_1	1	1	0	c_5
1	0	0	c_2	1	1	1	c_6
0	1	1	c_3	0	0	0	无错

由表 2-2 可知，当错码位置为 c_2, c_4, c_5, c_6 时，校正 S_1 为 1，否则为 0。这就意味着 c_2, c_4, c_5, c_6 这 4 个码元构成的偶数校验关系式为：

$$S_1 = c_6 + c_5 + c_4 + c_2$$

同理，c_1, c_3, c_5, c_6 构成的偶数校验关系式为：

$$S_2 = c_6 + c_5 + c_3 + c_1$$

c_0, c_3, c_4, c_6 构成的偶数校验关系式为：

$$S_3 = c_6 + c_4 + c_3 + c_0$$

在发送端编码时，信息元 c_3, c_4, c_5, c_6 的值是由输入信号决定的，校验元的取值应根据信息元按校验关系式决定，即校验元应使以上 3 式中的 S_1、S_2、S_3 为 0（表示编码组中无错码），于是有：

$$\begin{cases} c_6 + c_5 + c_4 + c_2 = 0 \\ c_6 + c_5 + c_3 + c_1 = 0 \\ c_6 + c_4 + c_3 + c_0 = 0 \end{cases}$$

由上式可解得校验元为：

$$\begin{cases} c_2 = c_6 + c_5 + c_4 \\ c_1 = c_6 + c_5 + c_3 \\ c_0 = c_6 + c_4 + c_3 \end{cases}$$

已知信息位后，就可直接由上式计算出校验元。计算得出 16 个码组，结果列于表 2-3 中。

表 2-3　信息元和校验元的对应关系

信息元				校验元			信息元				校验元		
c_6	c_5	c_4	c_3	c_2	c_1	c_0	c_6	c_5	c_4	c_3	c_2	c_1	c_0
0	0	0	0	0	0	0	1	0	0	0	1	1	1
0	0	0	1	0	1	1	1	0	0	1	1	0	0
0	0	1	0	1	0	1	1	0	1	0	0	1	0
0	0	1	1	1	1	0	1	0	1	1	0	0	1
0	1	0	0	1	1	0	1	1	0	0	0	0	1
0	1	0	1	1	0	1	1	1	0	1	0	1	0
0	1	1	0	0	1	1	1	1	1	0	1	0	0
0	1	1	1	0	0	0	1	1	1	1	1	1	1

接收端收到每个码组后，先计算 S_1、S_2、S_3，再按表 2-2 判断误码情况。若接收码组为 0000011，则计算得：$S_1 = 0$，$S_2 = 1$，$S_3 = 1$。

查表 2-2 可知，在 c_3 有一位错码。

表 2-3 所示的(7,4)汉明码的最小码距 $d_{\min} = 3$，因此，这种码能纠正 1 位错码或检测 2 位错码。

汉明码的编码效率 $R = \dfrac{k}{n} = \dfrac{n-r}{n} = 1 - \dfrac{r}{n}$。当 n 很大时，编码效率接近 1，因此汉明码是编码效率较高的码。

2. 循环码

循环码除了具有线性码的一般性质外，还具有循环性，即循环码中任一码组循环移位（左移或右移）以后，仍为该码中的一个码组。

一个数字序列可以用一个代数多项式来表示（当该数字序列代表编码时，对应的代数多项式被称为码多项式）。例如，1011011 这个数字序列，可表示为多项式 $1x^0 + 0x^1 + 1x^2 + 1x^3 + 0x^4 + 1x^5 + 1x^6$，或简写为 $1 + x^2 + x^3 + x^5 + x^6$，其最高阶为 $n-1$，n 为序列长度。这样表示不仅会在研究数字序列的运算时带来便利，而且也符合实际运算器的结构，因为 x^i 作为一个时延因子，在实践上恰好表示第 $i+1$ 位码元以第 1 位码元为起始经过了 i 个码元持续时间的延迟，也就是准确地表示了某一位码元的位置和次序。在实际运算器中，每一个时延因子 x 的 1 次幂，恰好对应一级移位寄存器。一般来说，任一长度为 n 的数字序列 $I = \left(a_0,\ a_1,\ a_2,\ \cdots,\ a_n\right)$ 都可以表示为一个 $n-1$ 阶的多项式，即有：

$$I = f(x) = a_0 + a_1 x + a_2 x^2 + \cdots + a_{n-1} x^{n-1} \qquad （2\text{-}72）$$

系数 $a_i = 0$ 或1。对于 $a_i = 0$ 的项，a_i 经常略去不写；对于 $a_i = 1$ 的项，只写变量项而略去系数 a_i，如前例。

对于循环码来说，若 $C = \left(c_{n-1}, c_{n-2}, \cdots, c_1, c_0\right)$ 是码字，则 $C' = \left(c_{n-2}, \cdots, c_0, c_{n-1}\right)$ 也是码字。若用多项式表示，则相应的码多项式分别为：

$$C(x) = \left(c_{n-1}x^{n-1} + c_{n-2}x^{n-2} + \cdots + c_1 x + c_0 \right) \quad (2\text{-}73)$$

$$C'(x) = \left(c_{n-2}x^{n-1} + \cdots + c_0 x + c_{n-1} \right) \quad (2\text{-}74)$$

$C'(x)$ 是 $xC(x)$ 用 x^{n-1} 多项式去除后所得的余式，即：

$$C'(x) = xC(x) = c_{n-1}x^n + c_{n-2}x^{n-1} + \cdots + c_1 x^2 + c_0 x$$

$$= c_{n-2}x^{n-1} + \cdots + c_1 x^2 + c_0 x + c_{n-1} \bmod x^{n-1} \quad (2\text{-}75)$$

所以 $C'(x)$ 仍是一个 $n-1$ 次多项式，它与 $(c_{n-2},\cdots,c_0,c_{n-1})$ 码字相对应，且恰好是 $(c_{n-1},\cdots,c_1,c_0)$ 码字向左循环移一位后的结果，因此若 $C(x)$ 是 (n,k) 码的码字，则它的循环移位 $xC(x)$、$x^2C(x)$ 等以及循环移位的线性组合均是该循环码的码字，且这些码多项式都是模 x^{n-1} 的一个余式。

循环码集中幂次最低的唯一多项式是生成多项式，记为 $g(x)$；(n,k) 循环码的每个码多项式都是生成多项式 $g(x)$ 的倍式，反之，能被 $g(x)$ 除尽的次数不大于 $n-1$ 次的多项式，也必是码多项式。循环码编码方法如下。

（1）以 x^{n-k} 乘以信息多项式 $m(x)$，则 $x^{n-k}m(x)$ 的次数小于 n。

（2）用 $g(x)$ 除 $x^{n-k}m(x)$，得到余式 $r(x)$，它的次数小于 $n-k$，把此余式的系数作为校验元附加在信息元的后面，就可得到一个能被 $g(x)$ 除尽的码多项式 $C(x)$，即：

$$x^{n-k}m(x) = q(x)g(x) + r(x) \quad (2\text{-}76)$$

$$C(x) = x^{n-k}m(x) + r(x) = q(x)g(x) \quad (2\text{-}77)$$

循环码任一码字的码多项式 $C(x)$ 都应能被生成多项式 $g(x)$ 整除，所以接收端可以用接收码组多项式 $R(x)$ 除原生成多项式 $g(x)$。当传输中未发生差错时，$R(x)$ 必能被 $g(x)$ 整除；否则，不能被整除，这时：

$$\frac{R(x)}{g(x)} = q'(x) + \frac{r'(x)}{g(x)} \quad (2\text{-}78)$$

因此，检错译码就可用"余项 $r'(x)$ 是否为 0"来判断接收码组是否出现差错。

3. BCH 码

BCH 码，由玻色（Bose）、乔德里（Chaudhuri）和霍昆格姆（Hocquenghem）发现，其建立在近代代数理论的基础上，有严密的数字结构，在译码、同步等方面有许多独特的优点，已被许多实际系统所采用。BCH 码的编码器同其他循环码一样，也是利用除法器来实现的，只是在选择生成多项式 $g(x)$ 时有它的特殊性。

循环码有这样的性质：对于一个汉明距离为 d 的 (n,k) 循环码，如将信息元截短 i 位（i 为小于 k 的任意正整数）使其变成 $(n-i,k-i)$ 码以后，其汉明距离仍不小于 d，这种码就被称为截短码。

4. 应用示例

蓝牙标准定义了两种纠错编码方案：1/3 码率前向纠错（Forward Error Correction，FEC）编码；2/3 码率前向纠错编码。

对数据有效载荷使用前向纠错是为了减少重发次数。但是，在较低误码率环境中，前向纠错将增加不必要的开销，导致数据流通量下降。

（1）1/3 码率前向纠错编码

这是一种简单的、用于分组头的 3 倍重复前向纠错编码。重复码将信息码比特重复 3 次，如图 2-32 所示，主要用于重要数据的传输。

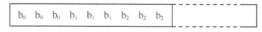

图 2-32　比特重复编码方案

（2）2/3 码率前向纠错编码

另一种前向纠错编码采用（15,10）截短汉明码，生成多项式为：$g(x) = (x+1)(x^4 + x+1)$，这种编码能纠正码字所有位置的单比特错误，以及检测所有位置的双比特错误。

2.7.2　卷积码

在分组码当中，每个分组独立编码，彼此之间没有相关性。不同于分组码，卷积码编码器的输出除了与本次输入的信息码元有关外，还与之前输入的信息码元有关。

一般用 (n,k,m) 来表示卷积码，其中 n 代表编码器每次输出的信息码元个数；k 代表编码器每次输入的信息码元个数，一般有 $k=1$；m 代表约束长度，在 $k=1$ 的情况下，表示编码器的输出与本次及之前输入的 m 个信息码元有关。

例如 $(2,1,3)$ 卷积码，编码器每次输入 1 个码元，输出 2 个码元，这 2 个码元与本次及之前输入的 3 个码元有关。$(n,1,m)$ 卷积码编码器一般使用 $(m-1)$ 级移位寄存器来实现。例如 $(2,1,3)$ 卷积码编码器需要 2 级移位寄存器，如图 2-33 所示。

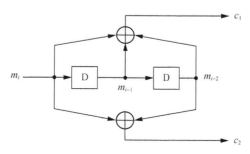

图 2-33　$(2,1,3)$ 卷积码编码器

编码器输入：m_i；输出：c_1 和 c_2。

$$c_1 = m_i + m_{i-1} + m_{i-2}$$
$$c_2 = m_i + m_{i-2}$$

上式中，"+"为模 2 加法运算（异或），两个移位寄存器的初始状态为：00。

假定输入序列为 11011，左侧数据先输入；寄存器的状态及编码器输出变化如表 2-4 所示。

表 2-4 寄存器状态及编码器输出

输入	寄存器状态		输出
m_i	m_{i-1}	m_{i-2}	$c_1\ c_2$
1	0	0	11
1	1	0	01
0	1	0	01
1	0	1	00
1	1	0	01

可以用很多工具来描述卷积码，如矩阵、树图、状态图等，但是最常用的还是网格图，两个寄存器的输出共有 4 种可能状态，记为 $S_0(00)$、$S_1(01)$、$S_2(10)$、$S_3(11)$，沿纵轴排列，以时间为横轴，将寄存器状态和编码器输出随输入的变化画出来，就是卷积码网格图。

例如，前面所示的 $(2,1,3)$ 卷积码的网格图如图 2-34 所示，有连线的状态之间可以发生转移。实线表示输入信息为 0，虚线表示输入信息为 1，实现和虚线旁边的数字表示编码器输出。t_1 时刻，寄存器状态为 00。在网格图中，每一个特定的输入序列都会对应一条路径。

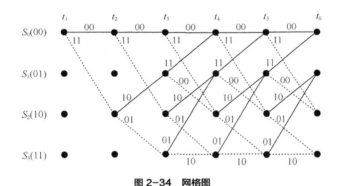

图 2-34 网格图

仍以输入序列 11011 为例，通过网格图可知，状态转移顺序为 S_0、S_2、S_3、S_1、S_2、S_3，编码输出序列为 11 01 01 00 01。

最经典的卷积码译码算法叫作维特比译码，是以其发明人安德鲁·维特比命名的。

维特比译码的过程就是寻找最优路径的过程，也就是找到一条汉明距离之和最小的路径。如果没有误码，那么这个过程非常容易。例如，输出序列的前两位是 00，从网格图上的初始状态 S_0 出发，可以判断出走的是上面的路径，也就是信息位为 0，然后状态保持不变，仍然为 S_0，再根据后续的输出序列持续地把所有信息位都译码出来。

如果出现误码，例如输出序列的前两位由 00 误码成 01，从初始状态 S_0 开始，两条路径的编码输出分别是 00(S_0) 和 11(S_2)，而实际数据是 01，无法判决哪一条是正确的路径，因此译码器会把这两条路径都保存起来。这两条被保存起来的路径叫作存活路径。

假设后续的输出序列没有出现误码，接下来的数据是 11，用这个数据在所有的存活路径当中向前探测一步。对于路径 S_0，前进一步又岔开了两条路径，这两条路径上的编码结果分别是 0000 和 0011；而路径 S_2 上也进一步分岔了两条路径，编码分别是 1110 和 1101，而输入译码器的数据序列是 0111，计算最小汉明距离进行判决，则可以判决为 0011。也就是前两个信息位是 0 和 1，这是正确的译码结果。

但是，在维特比译码当中，这个时候不去做判决，而是继续向前探测一步，从而生成了 8 条存活路径，这个时候再进行判决，而且只对第 1 个信息比特进行判决。

为什么要这样呢？这是因为后续的数据仍然可能出现误码，因此，译码器需要最大限度地利用所有有用的信息去译码，以得到最好的结果。编码器有一个约束长度的概念，对照图 2-34，这里的约束长度为 3。第 1 个信息比特参与了 3 个时钟节拍的编码之后就移出了寄存器，不对编码结果产生任何影响。因此要利用前 3 个时钟节拍的数据对第 1 个信息位进行译码判决。

在这 8 条存活路径当中，还是按照最小汉明距离判决出一条最优路径，然后选择这条路径的第 1 个信息位。对第 1 个信息位进行判决后，就舍去了一半的路径，即只剩下 4 条路径。然后再向前探测一步，又生成了 8 条存活路径，再判决第 2 个信息位，这样一直持续地译码。

维特比译码算法的每次判决都要计算 2^m 汉明距离，其中 m 是约束长度，复杂度是指数增长的。约束长度越大，编码的性能就越好，但是复杂度就越高。由于复杂度的限制，实际应用的卷积码的约束长度一般不超过 9。

2.7.3　Turbo 码

Turbo 码，又称为并行级联卷积码（Parallel Concatenated Convolutional Code，PCCC）。Turbo 码编码器的基本结构如图 2-35 所示，它由两个并联的递归系统卷积编码器组成，在第二个编码器的前面串接了一个交织器。这两个卷积编码器可以是相同的，也可以是不同的。

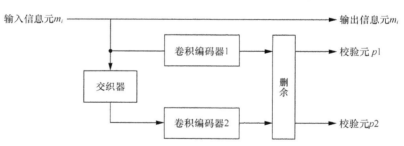

图 2-35　Turbo 码编码器的基本结构

Turbo 编码器输出的标准码率是 1/3，可以通过对卷积编码器输出的校验元采用删余（Puncturing）处理，获得较高的码率，如 1/2 或 2/3 等。交织器在将信息序列送入下一个编码器之前对它们进行重新排序。

Turbo 码译码器的基本结构如图 2-36 所示。它由两个软输入软输出（Soft Input Soft Output，SISO）译码器 DEC1 和 DEC2 串行级联组成，交织器与编码器中所使用的交织器相同。译码器 DEC1 的输入来自信息元和校验元 $p1$ 对应的解调器输出。DEC1 进行最佳译码，产生关于信息序列 m 中每一比特的似然信息，并将其中的"新信息"经过交织送给译码器 DEC2，译码器 DEC2 将此信息作为先验信息，对信息元和校验元 $p2$ 进行最佳译码，产生关于交织后的信息序列中每一比特的似然比信息，然后将其中的"外信息"经过解交织送给 DEC1，进行下一次译码。这样，经过多次迭代，DEC1 或 DEC2 的外信息趋于稳定，似然比渐进值逼近于对整个码的最大似然译码，然后对此似然比进行硬判决，即可得到信息序列 m 的每一比特的最佳估值序列 $\hat{m}$。

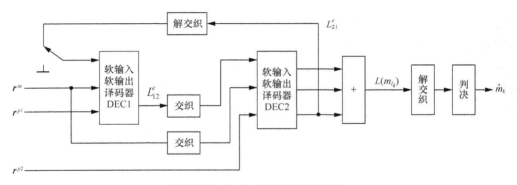

图 2-36　Turbo 码译码器的基本结构

Turbo 码迭代译码算法一般采用 BCJR 算法，这是基于最大后验概率（Maximum Posterior Probability，MAP）准则的算法。

对于信息元 $m_k = 0$ 及 $m_k = 1$，逐符号 MAP 译码器的输出为 m_k 的后验对数似然比：

$$L(m_k) = \ln \frac{P(m_k = 1 \mid \boldsymbol{r})}{P(m_k = 0 \mid \boldsymbol{r})} \tag{2-79}$$

这里 $\boldsymbol{r}$ 是解调器输出信号矢量。$L^e(m_k)$ 是关于 m_k 的先验信息，即：

$$L^e(m_k) = \ln \frac{P(m_k = 1)}{P(m_k = 0)} \tag{2-80}$$

MAP 译码器的任务是求解式 $L(m_k)$，然后按照下列规则进行判决：

$$\hat{m}_k = \begin{cases} 1, & L(m_k) \geqslant 0 \\ 0, & L(m_k) < 0 \end{cases} \tag{2-81}$$

根据 Bayes 规则和 BCJR 算法，可得：

$$L(m_k) = L_c r_k^m + L^e(m_k) + L_{ij}^e(m_k), \quad i, j \in \{1, 2\}, i \neq j \tag{2-82}$$

式（2-82）中，等号右边的第 1 项代表信道参量；第 2 项代表前一个译码器为第 2 个译码器所提供的关于 m_k 的先验信息；第 3 项代表可送给后续译码器的外部信息。L_c 为信道可靠性因子。加性高斯白噪声（Additive White Gaussian Noise，AWGN）信道的可靠性因子为：$L_c = 4E_s / N_0$。r_k^m 为 m_k 的解调器输出值。

对于图 2-36 所示的 Turbo 码译码器，它们在第 i 次迭代时的软输出如下所示。

DEC1：$L_1^{(i)}(m_k) = L_c r_k^m + \left[L_{21}^e(m_k) \right]^{(i-1)} + \left[L_{12}^e(m_k) \right]^{(i)}$

DEC2：$L_2^{(i)}(m_{I_k}) = L_c r_{I_k}^m + \left[L_{12}^e(m_{I_k}) \right]^{(i)} + \left[L_{21}^e(m_{I_k}) \right]^{(i)}$

其中，$L_{21}^e(m_k)$ 是前一次迭代中 DEC2 给出的外信息 $L_{21}^e(m_{I_k})$ 经解交织后的信息，在本次迭代中被 DEC1 用作先验信息；$L_{12}^e(m_k)$ 是 DEC1 新产生的外信息；$L_{12}^e(m_{I_k})$ 为经交织的从 DEC1 到 DEC2 的外信息。整个迭代中软信息的转移过程为：

$$\text{DEC1} \rightarrow \text{DEC2} \rightarrow \text{DEC1} \rightarrow \text{DEC2} \rightarrow \cdots$$

迭代译码算法首次迭代中，如果发送端信息元 0、1 等概，则译码器 DEC1 的先验信息为 0。

LTE/NB-IoT 下行数据传输使用咬尾卷积码（Tail Biting Convolutional Coding，TBCC），如图 2-37 所示；上行数据传输使用 Turbo 码。

在咬尾卷积码中，寄存器的起始状态不是 0，而是发送序列的最后两比特。这样，寄存器的终结状态和起始状态还是相同的，只不过（相比于零尾编码器）起始/终结状态不一定是零状态。

LTE/NB-IoT 系统采用了约束长度为 7、编码率为 1/3 的咬尾卷积码来对系统中的控制信息进行编码。由于起始/终结状态不是已知的，因此译码过程相比零尾码要复杂一些。因篇幅所限，此处不再赘述。

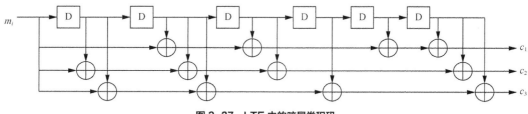

图 2-37　LTE 中的咬尾卷积码

LTE/NB-IoT 采用的 Turbo 码框图如图 2-38 所示。图中实线部分对应于正常的数据编码；虚线部分对应于编码器终结状态的数据编码。在所有信息比特进入编码器之后，开关被置于虚线状态，以产生终结状态输出。

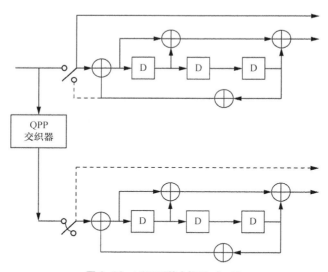

图 2-38　LTE 系统中的 Turbo 码

2.8 同步

在数字通信系统中，任何消息都是通过一连串码元序列传送的，所以接收时需要知道每个码元的起止时刻，以便在恰当的时刻进行抽样判决。在接收端产生与接收码元的重复频率一致的定时脉冲序列的过程称为位同步。

数字通信时，一般总是会用一定数目的码元组成一个个的"字"或"句"（即组成一个个的"帧"）进行传输。帧同步的任务就是在位同步的基础上识别出这些数字信息帧"开头"和"结尾"的时刻，使接收设备的帧定时与接收到的信号中的帧定时处于同步状态。

2.8.1 位同步

位同步又称为码元同步。位同步是正确抽样判决的基础，位同步信号是频率等于码速率的定时脉冲序列，相位则根据判决时的信号波形进行决定，可能在码元中间，也可能在码元终止时刻或其他时刻。实现方法有插入导频法（外同步）和直接法（自同步）。

1. 插入导频法

在基带信号频谱的零点处插入所需的位同步导频信号。

另一种导频插入的方法是包络调制法。这种方法是用位同步信号的某种波形对移相键控或移频键控这样的恒包络数字已调信号进行附加的幅度调制，使其包络随着位同步信号波形变化；在接收端只要进行包络检波，就可以形成位同步信号。

2. 直接法

直接提取位同步的方法又包括滤波法和锁相法。

（1）滤波法

不归零的随机二进制序列，当 $P(0)=P(1)=1/2$ 时，都没有 $f=1/T_s$、$f=2/T_s$ 等线谱，因而不能直接滤出 $f=1/T_s$ 的位同步信号分量。但是，若对该信号进行某种变换，则其谱中含有 $f=1/T_s$ 的分量，然后用窄带滤波器取出该分量，再经移相调整后就可形成位定时脉冲。滤波法的原理图如图 2-39 所示。

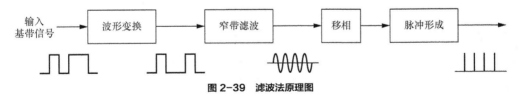

图 2-39 滤波法原理图

（2）锁相法

把采用锁相环来提取位同步信号的方法称为锁相法。用于位同步的全数字锁相环的原理图如图 2-40 所示，它由时钟电路、控制器、分频器、相位比较器等组成。

时钟电路包括一个高稳定度的晶振和整形电路。若接收码元的速率为 $f=1/T_s$，那么振荡器频率设定在 nf，经整形电路之后，输出周期性脉冲序列，其周期 $T_0=1/nf=T_s/n$。

控制器包括扣除门（常开）、附加门（常闭）和"或门"，它根据比相器输出的控制脉冲（"超前脉冲"或"滞后脉冲"）对信号钟输出的序列实施扣除（或添加）脉冲。

分频器是一个计数器，每当控制器输出 n 个脉冲时，它就输出一个脉冲。控制器与分频器的共同作用的结果可调整加至比相器的位同步信号的相位。

相位比较器将接收脉冲序列与位同步信号进行相位比较，以判别位同步信号究竟是超前还是滞后，若超前就输出超前脉冲，若滞后就输出滞后脉冲。

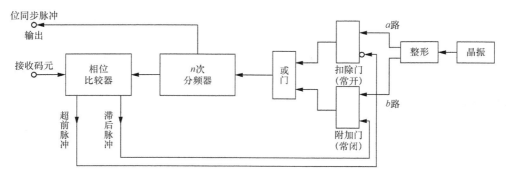

图 2-40　全数字锁相环原理图

位同步数字环的工作过程简述如下：由高稳定晶振产生的信号，经整形后得到周期为 T_0 和相位差 $T_0/2$ 的两个脉冲序列（a）和（b）（图 2-41（a）和图 2-41（b））。脉冲序列（a）通过常开门、或门并经 n 次分频后，输出本地位同步信号（图 2-41（c））。为了与发端时钟同步，分频器输出与接收到的码元序列同时加到相位比较器进行比相。如果两者完全同步，则此时相位比较器没有误差信号，本地位同步信号作为同步时钟；如果本地位同步信号相位超前于接收到的码元序列，则相位比较器输出一个超前脉冲到常开门（扣除门）的禁止端以将其关闭，扣除一个 a 路脉冲（图 2-41（d）），使分频器输出脉冲的相位滞后 $1/n$ 周期（$360°/n$），如图 2-41（e）所示；如果本地同步脉冲相位滞后于接收码元脉冲，则比相器输出一个滞后脉冲去打开"常闭门（附加门）"，使脉冲序列（b）中的一个脉冲能通过此门及或门，正因为两个脉冲序列（a）和（b）相差半个周期，所以脉冲序列（b）中的一个脉冲能插到"常开门"输出脉冲序列（a）（图 2-41（f））中，使分频器输入端附加了一个脉冲，于是分频器的输出相位就提前 $1/n$ 周期，如图 2-41（g）所示。经过若干次调整，使分频器输出的脉冲序列与接收码元序列达到同步，即实现了位同步。

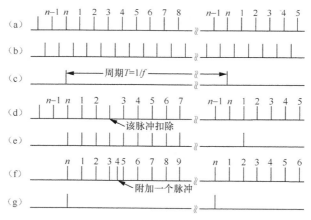

图 2-41　位同步脉冲的相位调整

2.8.2　帧同步

实现帧同步，通常采用的方法是起止式同步法和插入特殊同步码组的同步法，而插入特殊同步码组的同步法又有两种：连贯式插入法、间隔式插入法。

1. 起止式同步法

起止式同步法常用的码组是 5 单位码。为标志每个字的开头和结尾，会在 5 单位码的前后分别加上一个单位的起码（低电平）和 1.5 个单位的止码（高电平），即共用 7.5 个码元组成一个字，如图 2-42 所示。收端根据高电平第一次转到低电平这一特殊标志来确定一个字的起始位置，从而实现字同步。

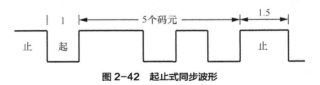

图 2-42　起止式同步波形

这种 7.5 单位码（码元的非整数倍）给数字通信的同步传输带来了一定困难。另外，在这种同步方式中，7.5 个码元中只有 5 个码元用于传递消息，因此传输效率较低。

2．连贯式插入法

连贯插入法又称为集中插入法。它是指在每一信息帧的开头集中插入作为帧同步码组的特殊码组。对该码组的基本要求是：①具有尖锐单峰特性的自相关函数；②便于与信息码区别；③码长适当，以保证传输效率。

目前，常用的帧同步码组是巴克码。

巴克码是一种有限长的非周期序列。它的定义为：一个 n 位长的码组 $\{x_1, x_2, x_3, \cdots, x_n\}$，其中 x_i 的取值为 +1 或 −1，若它的局部相关函数 $R(j) = \sum\limits_{i=1}^{n-j} x_i x_{i+j}$ 满足：

$$R(j) = \sum_{i=1}^{n-j} x_i x_{i+j} = \begin{cases} n & j = 0 \\ 0\text{或} \pm 1 & 0 < j < n \\ 0 & j \geqslant n \end{cases} \quad （2\text{-}83）$$

则称这种码组为巴克码。目前，已找到的所有巴克码如表 2-5 所示。其中的 + 号或 − 号表示 x_i 的取值为 +1 或 −1，分别对应二进制码的 "1" 或 "0"。

表 2-5　巴克码

n	巴克码
2	＋＋(11)
3	＋＋−(110)
4	＋＋＋−(1110)；＋＋−＋(1101)
5	＋＋＋−＋(11101)
7	＋＋＋−−＋−(1110010)
11	＋＋＋−−−＋−−＋−(11100010010)
13	＋＋＋＋＋−−＋＋−＋−＋(1111100110101)

以 7 位巴克码组 {＋＋＋−−＋−} 为例，它的局部自相关函数如下：

当 $j=0$ 时，$R(j) = \sum\limits_{i=1}^{7} x_i^2 = 1+1+1+1+1+1+1 = 7$；

当 $j=1$ 时，$R(j) = \sum\limits_{i=1}^{7} x_i x_{i+1} = 1+1-1+1-1-1 = 0$。

同样，可求出 j=3、5、7 时 $R(j)$=0；j=2、4、6 时 $R(j)=-1$。根据这些值，利用偶函数性质，可以作出 7 位巴克码的 $R(j)$ 与 j 的关系曲线，如图 2-43 所示。由图可见，其自相关函数在 j=0 时具有尖锐的单峰特性。

仍以 7 位巴克码为例。用 7 级移位寄存器、相加器和判决器就可以组成一个巴克码识别器，如图 2-44 所示。

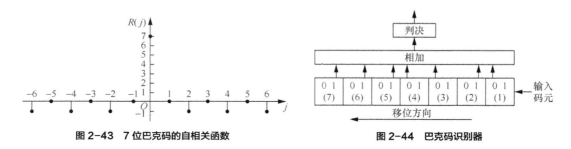

图 2-43　7 位巴克码的自相关函数　　　　　　　　图 2-44　巴克码识别器

当输入码元的"1"进入某移位寄存器时，该移位寄存器的 1 端输出电平为+1，0 端输出电平为-1。反之，该移位寄存器的 0 端输出电平为+1，1 端输出电平为-1。各移位寄存器输出端的接法与巴克码的规律一致。这样，巴克码识别器实际上是对输入的巴克码进行相关运算。

只有当 7 位巴克码在某一时刻正好已全部进入 7 位移位寄存器时，7 位移位寄存器输出端才会都输出+1，相加后得出最大输出+7；若判别器的判决门限电平定为+6，那么在 7 位巴克码的最后一位 0 进入识别器时，识别器会输出一个同步脉冲表示一帧的开头，如图 2-45（b）所示。

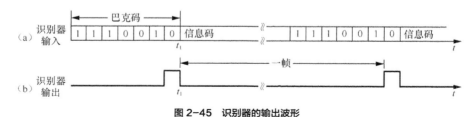

图 2-45　识别器的输出波形

3. 间隔式插入法

间隔式插入法又称为分散插入法，它是将帧同步码以分散的形式均匀插入信息码流中。这种方式比较多地用在多路数字电路系统中，一般都会将 1、0 交替码型作为帧同步码。

采用这种插入方式，在同步捕获时，我们不是检测一帧、两帧，而是连续检测数十帧，每帧都符合"1""0"交替的规律时才确认同步。

分散插入的最大特点是同步码不占用信息时隙，每帧的传输效率较高，但是同步捕获时间较长，它较适用于连续发送信号的通信系统。

2.9　本章小结

本章主要介绍物联网通信系统中所涉及的基带传输技术，主要阐明了二进制序列在基带信道中传输的基本技术原理。

首先介绍了常用的数字基带信号波形及其功率谱密度计算方法；然后介绍了基带传输信道特性，在限带和加性白高斯噪声信道条件下的数字基带传输最佳收发设计的基本原理、分析方法及其性能评估方法；最后简述了信道均衡、信道编码与同步的基本原理。

通过对这些数字基带传输技术进行介绍，为读者理解后续章节的内容打下基础。

2.10 习题

1. 设某二进制符号序列为 100101，以矩形脉冲为例，分别画出相应的单极性不归零、双极性不归零、单极性归零、双极性归零、曼彻斯特码波形。

2. 已知二进制最佳数字基带传输系统发送滤波器的传输特性为：

$$G(f) = \begin{cases} \sqrt{1 + \cos(\pi f T/8)} & |f| \leqslant \dfrac{8}{T} \\ 0 & \text{其他} \end{cases}$$

求其接收滤波器传输函数和奈奎斯特带宽。

3. 一个随机二进制序列为 1010011，"1"码对应的基带波形是峰值为 1 的升余弦波形，持续时间为 T_s，"0"码对应的基带波形与"1"码的极性相反。当示波器的扫描周期分别为 $T_0 = T_s$、$T_0 = 2T_s$ 时，画出眼图，比较两种眼图的最佳抽样判决时刻、判决门限电平和噪声容限值。

4. 起伏噪声包括哪些噪声？

5. 衡量均衡效果的两个准则分别是什么？

6. 设计一个 3 抽头的迫零均衡器，已知输入信号 $x(t)$ 在各抽样点的值依次为 $x_{-2}=0$，$x_{-1}=0.2$，$x_0=1$，$x_{+1}=-0.3$、$x_{+2}=0.1$，其余为 0，求 3 个抽头的最佳系数以及均衡前后的峰值失真。

7. 已知信道中在传输 4 个码组 "11000101" "10001011" "00010111" 和 "00101111"，该码组的最小码距是多少？可检测几位错码？可纠正几位错误？

8. 码长为 31 的汉明码，其校验元应为多少位？编码效率是多少？

9. (15,7)循环码由生成多项式 $g(x) = x^8 + x^7 + x^6 + x^4 + 1$ 生成。接收码组 $R(x) = x^{14} + x^5 + x^4 + x + 1$，该码组在传输中是否会发生错误？为什么？

10. 已知一个(2,1,3)卷积码编码器的输出 c_1、c_2 和输入 m_i 的关系为：

$$c_1 = m_{i-1} + m_{i-2}$$
$$c_2 = m_i + m_{i-1}$$

请画出该编码器的电路方框图和网格图。

11. 13 位巴克码的局部自相关函数 $R(0)$ 是多少？

12. 某数字传输系统采用连贯式插入法实现帧同步，插入的巴克码为 11101。请画出该巴克码自相关函数 $R(j)$ 的曲线和识别器的原理图。

03

chapter

频带传输技术

本章阐述数字基带信号通过载波调制成为频带信号及带通型数字调制信号通过频带信道传输进行解调的基本工作原理，并围绕无线信道特性分析信道适应技术、抗多径技术中的多载波调制、信道均衡技术、扩频技术等工作原理。

本章学习目标：

（1）熟练掌握各种数字调制和解调技术的工作原理；

（2）熟练掌握抗多径技术中的多载波调制、信道均衡技术的工作原理；

（3）熟练掌握扩频技术中关键技术原理及其应用。

3.1 综述

基带信号虽然可以传递信息,但它相当于低通型信号,适合用一条并不太长的电线来传输。另外,如果所有通信都采用基带通信,那么任何时候只能有一个用户发送信号,这是因为如果同一时间有两个用户发送信号,则会由于频带相互重叠,彼此无法正确接收。实际上信道的带宽远远大于信号带宽,如图 3-1 所示,可达数百个甚至数十万个信号带宽。

如果用信号来分割信道带宽,那么就可以获得多个带宽等于信号带宽的频带。如果每个频带承载一路通信,那么信道同时承载的通信数量就非常可观,从而整个通信容量也可以得到提升。

每个频带中都可以传输信号,称之为频带信号。频带信号的频谱如图 3-2 所示。

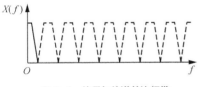

图 3-1　信号与信道单边频带

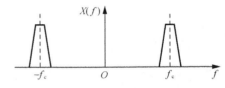

图 3-2　频带信号频谱

第 02 章讨论了数字基带信号通过基带信道的传输,而在实际通信中的多数信道是带通型的,如卫星通信、移动通信、光纤通信等均是在所规定的信道频带内传输频带信号的。

频带信号通常表示为:

$$s_m(t) = A(t)\cos\left[2\pi f_c t + \varphi(t)\right] \tag{3-1}$$

式中,f_c 是频带的中心频率,$A(t)$ 是振幅信号,$\left[2\pi f_c t + \varphi(t)\right]$ 是信号的瞬时相位,$\varphi(t)$ 称为瞬时相位偏移;$\mathrm{d}\left[2\pi f_c t + \varphi(t)\right]/\mathrm{d}t$ 为信号的瞬时频率,$\mathrm{d}\varphi(t)/\mathrm{d}t$ 称为瞬时频率偏移,即相对于 f_c 的瞬时频率偏移。

基带信号表征着信息的变化,频带信号的振幅信号和相位信号能够反映出基带信号的变化。

实质上,频带信号要使这 3 个量中至少有一个随基带信号的变化而变化。接收信号时,根据载波的相应物理量的变化恢复出基带信号。这种采用基带信号来控制载波的物理量变化的方法称为调制,将载波的物理量变化转变为基带信号的方法称为解调。调制可分为幅度调制(调幅)、相位调制(调相)和频率调制(调频)。

幅度调制是正弦载波的幅度随基带信号作线性变化的调制,调制波形图如图 3-3 所示。

$$\varphi(t) = \varphi \ , \quad A(t) = A\left[1 + m_A s(t)\right] \tag{3-2}$$

式中,A 为载波幅度,m_A 为调幅度,$s(t)$ 为基带信号,并且满足 $|s(t)| \leqslant 1$,则调幅信号可以表示为:

$$s_{\mathrm{AM}}(t) = A\left[1 + m_A s(t)\right]\cos\left(2\pi f_c t + \varphi\right) \tag{3-3}$$

相位调制就是瞬时相位偏移随基带信号成比例变化的调制,即:

$$\varphi(t) = K_p s(t) \tag{3-4}$$

式中，K_p 为比例常数。于是，相位调制信号可表示为：

$$s_m(t) = A\cos\left[2\pi f_c t + K_p s(t)\right] \tag{3-5}$$

频率调制就是瞬时频率偏移随基带信号成比例变化的调制，即：

$$\frac{\mathrm{d}\varphi(t)}{\mathrm{d}t} = K_F s(t) \tag{3-6}$$

或有：

$$\varphi(t) = \int_{-\infty}^{t} K_F s(\tau)\,\mathrm{d}\tau \tag{3-7}$$

式中，K_F 为比例常数。于是，频率调制信号可表示为：

$$s_m(t) = A\cos\left[2\pi f_c t + \int_{-\infty}^{t} K_F s(\tau)\,\mathrm{d}\tau\right] \tag{3-8}$$

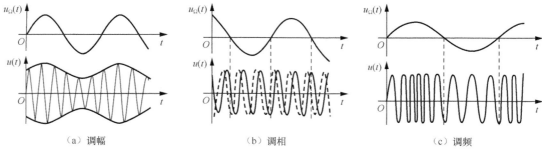

（a）调幅　　　　　　　　　　（b）调相　　　　　　　　　　（c）调频

图3-3　调制波形图

当前半导体集成电路发展迅速，数字化处理和软件无线电技术成为了相关领域的主流技术，图3-4所示为常用的软件无线电通用平台结构图，所有的调制解调均采用数字处理算法。信息比特通过在数字平台上进行复数运算构成同相（In-phase，I）、正交（Quadrature，Q）两个支路离散序列，它们可被视为零中频信号。再通过数模转换形成正交两路信号，并进入正交射频调制器以生成频带信号。接收端则采用正交解调器恢复正交两路信号，模数转换形成正交两路离散序列，由数字平台对零中频信号进行复数运算及相应的处理，最终解调出相应的信息比特。

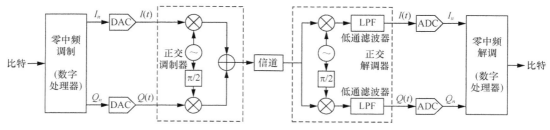

图3-4　软件无线电通用平台结构图

对于数字调制信号，相应的调制方式包括幅移键控（Amplitude Shift Keying，ASK）、频移键控（Frequency Shift Keying，FSK）和相移键控（Phase Shift Keying，PSK）。

最为常用的频带传输是无线通信。无线通信可以利用不同的频带进行不同距离和不同种类的业务传输。每个频带的带宽是有限制的，只有合理的调制方式才能保证带外辐射少，从而避免对相邻频带的干扰。

无线信道是一个衰落较严重且信道参数随机变化较大的信道，通常认为是随参信道，但它又是目前用途最为广泛的信道。无线信道存在多种衰落，这会导致码间串扰严重，进而使通信性能变差。因此必须采用可以消减信道衰落造成的影响并能适应无线信道特点的信道处理技术。

同时，无线信道又存在大量干扰，因此可采用扩展频谱的方法来尽可能地避开这些干扰或减少它们对通信的影响。

3.2　数字调制

频带传输必须用数字基带信号对载波进行调制，产生各种已调数字信号，系统基本结构如图 3-5 所示。可以用数字基带信号改变载波的幅度、频率或相位中的某个参数，产生相应的数字振幅调制、数字频率调制和数字相位调制。也可以用数字基带信号同时改变载波幅度、频率或相位中的某几个参数，产生新型的数字调制。

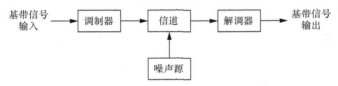

图 3-5　数字调制系统的基本结构

对式（3-1）进行三角变换，可以得到：

$$s_m(t) = A(t)\cos\left[2\pi f_c t + \varphi(t)\right]$$
$$= A(t)\cos\varphi(t)\cos(2\pi f_c t) - A(t)\sin\varphi(t)\sin(2\pi f_c t) \quad （3-9）$$

令：

$$\begin{cases} I(t) = A(t)\cos\varphi(t) \\ Q(t) = A(t)\sin\varphi(t) \end{cases} \quad （3-10）$$

则有：

$$s_m(t) = I(t)\cos(2\pi f_c t) - Q(t)\sin(2\pi f_c t) \quad （3-11）$$

也就是说，任何一个通信信号都可由两个正交的基带信号 $I(t)$ 和 $Q(t)$ 产生。

3.2.1　二进制振幅键控

振幅键控是载波的幅度随数字基带信号变化而变化的数字调制方式。当数字基带信号为二进制数时，相应的振幅键控为二进制振幅键控（2ASK）。

令：

$$I(t) = \sum_n a_n g(t - nT_s), \quad Q(t) = 0 \quad （3-12）$$

可以得到 2ASK 信号的时域表达式为：

$$s_{2\text{ASK}}(t) = \left[\sum_n a_n g(t - nT_s)\right]\cos(2\pi f_c t) \quad （3-13）$$

式中，$g(t)$ 是持续时间为 T_s 的矩形脉冲；$a_n \in \{0,1\}$ 是二进制符号序列。由于 a_n 是一个随机序列，因此 2ASK 信号频谱可用功率谱描述。当二进制序列 a_n 为 0、1 等概序列时，2ASK 信号的功率谱为：

$$P_{2ASK}(f) = \frac{T_s}{16}\left[\left|\frac{\sin\pi(f+f_c)T_s}{\pi(f+f_c)T_s}\right|^2 + \left|\frac{\sin\pi(f-f_c)T_s}{\pi(f-f_c)T_s}\right|^2\right] + \frac{1}{16}\left[\delta(f+f_c) + \delta(f-f_c)\right] \quad （3-14）$$

2ASK 信号的功率谱密度由离散谱和连续谱两部分组成。离散谱由载波分量确定，连续谱由基带信号波形 $g(t)$ 确定，带宽 $B_{2ASK} = 2f_s$，$f_s = 1/T_s$。

2ASK 信号的时域与频域特性如图 3-6 所示。

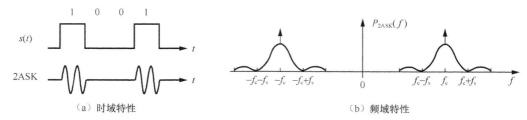

（a）时域特性　　　　　　　　　　　　　　　　　　　（b）频域特性

图 3-6　2ASK 信号特性

2ASK 信号的基本特点包括：

（1）其包络是变化的，且变化规律与基带信号有关；

（2）其载波频率是恒定的，且与基带信号无关；

（3）功率谱有连续谱和离散谱两部分，连续谱是 $g(t)$ 经线性调制后的双边带谱，形状是 sinc( )函数，其第一个零点宽度为 $2f_s$，离散谱由载波分量确定；

（4）信号带宽是基带脉冲波形带宽的 2 倍，近似为 $2f_s$。

基带信号调制的调幅波如图 3-7 所示。定义一个参数调幅深度 m_A，

$$m_A = (A-B)/(A+B)\times100\% \quad （3-15）$$

当调幅深度 $m_A = 1$ 时，调幅信号变为 2ASK 信号。因为 2ASK 波形会随二进制基带信号的通断而变化，所以 2ASK 调制又被称为通断键控（On-Off Keying，OOK）调制。通断键控调制的调幅波如图 3-8 所示。

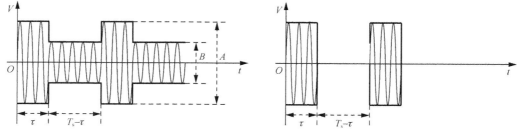

图 3-7　基带信号调制的调幅波　　　　　　图 3-8　通断键控调制的调幅波

2ASK 解调方法有两种：非相干解调（包络检波法）和相干解调（同步检测法），其结构如图 3-9 所示。

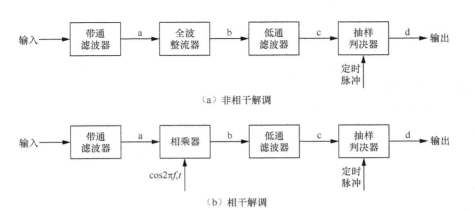

（a）非相干解调

（b）相干解调

图 3-9　二进制振幅键控信号解调器原理框图

3.2.2　二进制移频键控

若正弦载波的频率随二进制基带信号在 f_1 和 f_2 两个频率点间变化，则产生二进制移频键控信号（2FSK）。

2FSK 信号的时域表达式为：

$$s_{2FSK}(t)=\left[\sum_n a_n g(t-nT_s)\right]\cos(2\pi f_1 t+\varphi_n)+\left[\sum_n \overline{a}_n g(t-nT_s)\right]\cos(2\pi f_2 t+\theta_n)\quad（3\text{-}16）$$

式中，$g(t)$ 是持续时间为 T_s 的矩形脉冲；$a_n\in\{0,1\}$；$\overline{a}_n$ 是 a_n 的反码；φ_n 和 θ_n 分别是第 n 个信号码元的初始相位。当 $a_n=1$ 时，2FSK 信号的载波频率是 f_1；当 $a_n=0$ 时，载波频率是 f_2。当二进制序列 a_n 为 0、1 等概序列时，2FSK 信号的功率谱为：

$$P_{2FSK}(f)=\frac{T_s}{16}\left[\left|\frac{\sin\pi(f+f_1)T_s}{\pi(f+f_1)T_s}\right|^2+\left|\frac{\sin\pi(f-f_1)T_s}{\pi(f-f_1)T_s}\right|^2\right]+\frac{T_s}{16}\left[\left|\frac{\sin\pi(f+f_2)T_s}{\pi(f+f_2)T_s}\right|^2+\left|\frac{\sin\pi(f-f_2)T_s}{\pi(f-f_2)T_s}\right|^2\right]+$$

$$\frac{1}{16}\left[\delta(f+f_1)+\delta(f-f_1)+\delta(f+f_2)+\delta(f-f_2)\right]\quad（3\text{-}17）$$

2FSK 信号的时域与频域特性如图 3-10 所示。

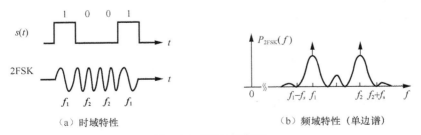

（a）时域特性　　　　　　　　　　　（b）频域特性（单边谱）

图 3-10　2FSK 信号特性

相位不连续的 2FSK 信号的功率谱由离散谱和连续谱所组成，离散谱位于两个载频 f_1 和 f_2 处。连续谱由两个中心位于 f_1 和 f_2 处的双边谱叠加形成。

对于 2FSK 调制，通过 $I(t)$ 和 $Q(t)$ 可以实现，令：

$$\begin{cases} I(t) = \cos(2\pi\Delta ft) \\ Q(t) = \pm\sin(2\pi\Delta ft) \end{cases} \qquad (3\text{-}18)$$

式中，$f_c - \Delta f = f_1$，Δf 为频偏，$\pm$ 号的选取取决于输入数据是"0"还是"1"。

2FSK 信号的基本特点包括：

（1）其包络是恒定的，且与基带信号无关；

（2）其载波频率是变化的，有两个发送频率 f_1 和 f_2，且与基带信号有关；

（3）功率谱有连续谱和离散谱两部分，连续谱由两个双边带谱叠加而成，离散谱出现在两个载频位置上；

（4）信号带宽为 $B=|f_2-f_1|+2f_s$。

2FSK 可以采用非相干解调或相干解调，如图 3-11 所示。

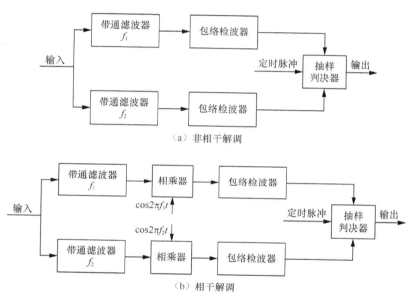

图 3-11　二进制移频键控信号解调器原理图

3.2.3　二进制移相键控

载波的相位随二进制数字基带信号离散变化，则产生二进制移相键控（Binary Phase Shift Keying，BPSK）信号。通常用已调信号载波的 $0°$ 和 $180°$ 分别表示 1 和 0。

令：

$$I(t) = \sum_n a_n g(t - nT_s) , \quad Q(t) = 0 \qquad (3\text{-}19)$$

可以得到 BPSK 信号的时域表达式为：

$$s_{2PSK}(t) = \left[\sum_n a_n g(t - nT_s)\right]\cos(2\pi f_c t) \qquad (3\text{-}20)$$

式中，$g(t)$ 是持续时间为 T_s 的矩形脉冲；$a_n \in \{-1,1\}$ 是二进制符号序列。注意：上述表述与 2ASK 是类似的，所不同的是符号序列的取值。对于 BPSK 调制，如果在一个码元持续时间 $[0, T_s]$ 内观察，则 BPSK 信号发送的是初始相位为 0 或者 π 的高频载波，这种方式也被称为绝对相移键控。当二进制序列 a_n 为 0、1 等概序列时，BPSK 信号的功率谱为：

$$P_{2\text{PSK}}(f) = \frac{T_s}{4}\left[\left|\frac{\sin\pi(f+f_c)T_s}{\pi(f+f_c)T_s}\right|^2 + \left|\frac{\sin\pi(f-f_c)T_s}{\pi(f-f_c)T_s}\right|^2\right] \tag{3-21}$$

BPSK 信号的时域与频域特性如图 3-12 所示。

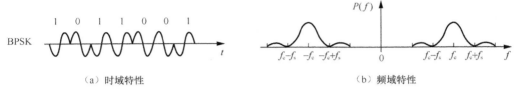

（a）时域特性　　　　　　　　　　　（b）频域特性

图 3-12　BPSK 信号特性

一般情况下，BPSK 信号的功率谱密度由离散谱和连续谱所组成，其结构与二进制振幅键控信号的功率谱密度相似，当二进制基带信号的"1"符号和"0"符号的出现概率相等时，不存在离散谱，带宽也是基带信号带宽的两倍。

BPSK 信号的基本特点包括：

（1）其包络是恒定的，其载波频率也是恒定的；

（2）其载波初始相位是变化的，有两个初始相位（0 和 π），与基带信号有关；

（3）功率谱可能只有连续谱部分，连续谱是双边带谱，形状是 sinc( ) 函数，其第一个零点宽度为 $2f_s$；

（4）信号带宽是基带脉冲波形带宽的 2 倍，近似为 $2f_s$。

采用相干解调可得，BPSK 信号的解调原理图如图 3-13 所示。

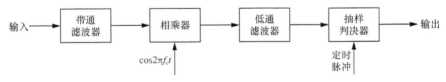

图 3-13　BPSK 信号的解调原理图

当恢复的相干载波产生 180°倒相时，解调出的数字基带信号将与发送的数字基带信号正好相反，解调器输出数字基带信号全部出错。这种现象通常被称为"倒 π"现象。由于在 BPSK 信号的载波恢复过程中存在 180°的相位模糊，所以 BPSK 信号的相干解调存在随机的"倒 π"现象。

3.2.4　四进制绝对移相键控

四进制绝对移相键控（Quadrature Phase Shift Keying，QPSK）利用载波的 4 种不同相位来表示数字信息。由于每一种载波相位代表 2 个比特信息，因此每个四进制码元可以用两个二进制码元的组合来表示。

QPSK 信号可以采用正交调制的方式产生，它可以被看成由两个载波正交的 BPSK 调制器构成，如图 3-14 所示。二进制符号间隔为 T_b，信息速率为 $R_b=1/T_b$。

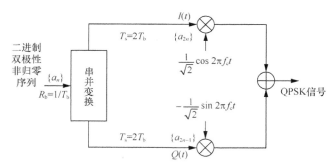

图 3-14　QPSK 正交调制器

令：

$$I(t) = \sum_n a_{2n}g(t-nT_s)$$

$$Q(t) = \sum_n a_{2n-1}g(t-nT_s) \qquad (3\text{-}22)$$

可以得到 QPSK 信号的时域表达式为：

$$s_{\text{QPSK}}(t) = \frac{1}{\sqrt{2}}\left[\sum_n a_{2n}g(t-nT_s)\right]\cos(2\pi f_c t) - \frac{1}{\sqrt{2}}\left[\sum_n a_{2n-1}g(t-nT_s)\right]\sin(2\pi f_c t) \qquad (3\text{-}23)$$

式中，$g(t)$ 是持续时间为 T_s 的矩形脉冲；信息速率为 R_b 的二进制序列 $a_n \in \{-1,1\}$，串并变换后分成两路速率减半的二进制序列，得到基带信号波形 $I(t)$ 及 $Q(t)$，这两路码元在时间上是对齐的。再将这两个支路的 BPSK 信号相加，即可得到 QPSK 信号。

QPSK 中的串并变换及 $I(t)$、$Q(t)$ 基带波形如图 3-15 所示。

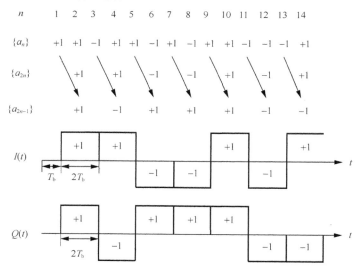

图 3-15　QPSK 串并变换及 $I(t)$、$Q(t)$ 波形图

从图 3-15 可以看出，将二进制序列进行串并变换，其实质是完成二进制与四进制符号的变换，称并行支路所对应的每一对比特 a_{2n} 及 a_{2n-1} 为双比特码元，其符号间隔为四进制符号间隔 $(T_s = 2T_b)$，每组双比特码元与四进制符号之一相对应，而每个四进制符号 $(i = 1,2,3,4)$ 又与

QPSK 信号的载波相位 θ_i 相对应，称 QPSK 的载波相位 θ_i 与它所携带的双比特码元之间的关系为相位逻辑关系。用上述正交调制法所产生的 QPSK 的相位逻辑关系可通过表 3-1 做进一步解释。

表 3-1　QPSK 信号载波相位与双比特码元的关系

四进制码	双比特码元	载波相位 θ_i
0	0 0（变换为+1, +1 电平）	$\pi/4$
1	1 0（变换为−1, +1 电平）	$3\pi/4$
2	1 1（变换为−1, −1 电平）	$5\pi/4$
3	0 1（变换为+1, −1 电平）	$7\pi/4$

当二进制序列为 0、1 等概序列时，QPSK 信号的功率谱为：

$$P_{\mathrm{QPSK}}(f) = 2\frac{\left(\frac{A}{\sqrt{2}}\right)^2 T_s}{4}\left\{\left[\frac{\sin\pi(f-f_c)T_s}{\pi(f-f_c)T_s}\right]^2 + \left[\frac{\sin\pi(f+f_c)T_s}{\pi(f+f_c)T_s}\right]^2\right\}$$

$$= \frac{A^2 T_b}{2}\left\{\left[\frac{\sin 2\pi(f-f_c)T_b}{2\pi(f-f_c)T_b}\right]^2 + \left[\frac{\sin 2\pi(f+f_c)T_b}{2\pi(f+f_c)T_b}\right]^2\right\}$$

（3-24）

当 BPSK 与 QPSK 的二进制信息速率相同时，QPSK 信号的平均功率谱密度的主瓣宽度是 BPSK 平均功率谱主瓣宽度的一半，如图 3-16 所示。

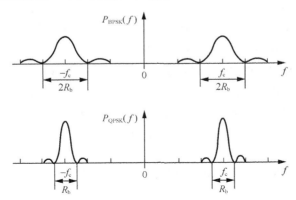

图 3-16　相同 R_b 的 BPSK 与 QPSK 的功率谱密度

对 QPSK 信号可以采用与 BPSK 信号类似的解调方法进行解调，解调原理图如图 3-17 所示。

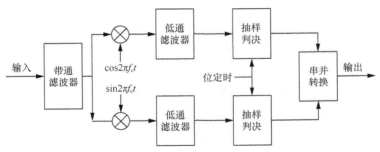

图 3-17　QPSK 信号相干解调原理图

3.2.5 正交振幅调制

在采用 MPSK 方式时，随着 M 的增大，频谱利用率提高了，但相邻相位的距离会逐渐减小，误码率难以保证。为了改善 M 较大时的抗噪声性能，并进一步提高频谱利用率，发展出了正交振幅调制（Quadrature Amplitude Modulation，QAM）技术。

QAM 是一种振幅和相位联合键控的调制方式，具有很高的频谱利用率，在中大容量数字微波通信系统、有线电视网络高速数据传输系统、卫星通信系统等领域得到了广泛应用。

1. 信号的星座图

数字通信信号都可以利用正交形式表示。以 $I(t)$ 为横坐标，$Q(t)$ 为纵坐标，将 $I(t)$ 和 $Q(t)$ 的取值打点画出来，这种图形被称为星座图。常见的 PSK 信号的星座图如图 3-18 所示。

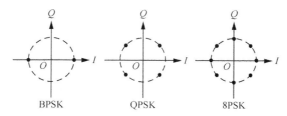

图 3-18　常见的 PSK 信号的星座图

由 QPSK 或 8PSK 的星座图可见，所有信号点（图中黑点）平均分布在了一个圆周上，信号点所在的圆周半径就等于该信号的幅度。显然，在信号幅度相同（功率相等）的条件下，8PSK 相邻信号点的距离比 QPSK 的小，并且随着 M 的增加，星座图上的相邻信号点的距离会越来越小。这意味着在相同噪声条件下，系统的误码率会增大。

那么，如何增大相邻信号点的距离，以减小误码率呢？容易想到的一种解决办法是，通过增大圆周半径（即信号功率）来增大相邻信号点的距离，但这种方法往往会受发射功率的限制。一种更好的设计思想是在不增大圆周半径的基础上（即不增加信号功率），重新安排信号点的位置，以增大相邻信号点的距离，实现这种思想的可行性方案就是正交振幅调制（QAM），这是一种把 ASK 和 PSK 结合起来的调制方式。

图 3-19 给出了 16QAM 信号和 16PSK 信号的星座图。

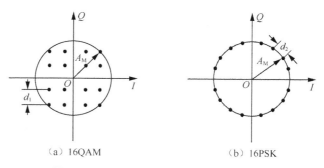

（a）16QAM　　　　　　　　　　（b）16PSK

图 3-19　16QAM 和 16PSK 信号的星座图

在图 3-19 中，设两者的最大振幅为 A_M，则 16QAM 信号点的最小距离为：

$$d_1 = \frac{\sqrt{2}A_M}{3} = 0.47A_M \tag{3-25}$$

而 16PSK 信号点的最小距离为：

$$d_2 = 2A_M \sin\left(\frac{\pi}{16}\right) = 0.39A_M \qquad （3-26）$$

此最小距离代表着噪声容限的大小，而噪声容限越大，表明抗噪声性能就越强。在最大功率（振幅）相等的条件下，$d_1 > d_2$，即 16QAM 信号比 16PSK 信号的噪声容限大。这表明，16QAM 系统的抗干扰能力要优于 16PSK 系统。

2．16QAM 信号的产生与解调

在 QAM 中，载波的振幅和相位同时受基带信号控制，它的一个码元可以表示为：

$$s_k(t) = A_k \cos(2\pi f_c t + \theta_k), \qquad kT_s < t \leqslant (k+1)T_s \qquad （3-27）$$

式中，k 为整数，A_k 和 θ_k 分别可以取多个离散值。将式（3-27）进一步展开为：

$$s_k(t) = I_k \cos(2\pi f_c t) - Q_k \sin(2\pi f_c t) \qquad （3-28）$$

式中，I_k 和 Q_k 为多个离散的振幅值。$I_k = A_k \cos\theta_k$，$Q_k = A_k \sin\theta_k$。

例如，对于 16QAM，I_k 和 Q_k 各有 $L=4$ 个电平值。多进制正交振幅调制（M-ary QAM，MQAM）可以被看作是两路正交的 L 进制振幅键控（ASK）信号之和。而 16QAM 信号可以用两个正交的 4ASK 信号相加得到。

图 3-20 给出了 16QAM 调制原理图。

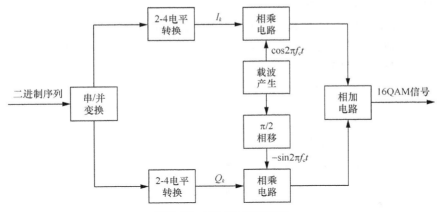

图 3-20　16QAM 调制原理图

16QAM 信号的解调可以采用正交相干解调法，如图 3-21 所示。

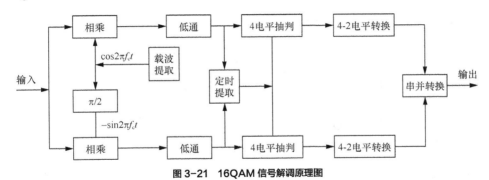

图 3-21　16QAM 信号解调原理图

3.3 信道适应技术

3.3.1 差分相移键控

一般来说，因为信号波形间的相关性导致了差分相移键控（Differential Phase Shift Keying, DPSK）中信号的错误传播（相邻码元之间），所以 DPSK 信号的传播效率要低于 PSK。造成 PSK 和 DPSK 的这种差异的原因是，前者是将接收信号与原始的无噪声干扰的参考信号进行比较，而后者则是两个含噪信号之间的比较。因此，DPSK 信号的噪声是 PSK 信号噪声的 2 倍，由此可以推测，DPSK 估计的误码率大约为 PSK 的 2 倍（3dB）。随着信噪比的增加，这种恶化程度也会迅速增加。但是性能的损失可以换来系统复杂性的降低。另外，信号载波恢复过程中，存在着 180°的相位模糊，即恢复的本地载波与所需的相干载波可能同相也可能反相，这种相位关系的不确定性将会造成解调出来的数字基带信号与发送的数字基带信号正好相反，即"1"变成"0"，"0"变成"1"，判决器输出的数字信号全部出错，这种现象称为 BPSK 的"倒 π"现象或"反相工作"。这也是 BPSK 在实际中很少被采用的主要原因。

在 BPSK 信号中，信号相位的变化以未调正弦载波的相位作为参考，用载波相位的绝对数值表示数字信息，所以称为绝对移相。为了解决 BPSK 信号解调过程的反相工作问题，提出了二进制差分相位键控（Differential Binary Phase Shift Keying, DBPSK）方式。

DBPSK 方式是用前后相邻码元的载波相对相位的变化来表示数字信息的。

假设前后相邻码元的载波相位差为$\Delta\varphi$，

$$\Delta\varphi = \begin{cases} 0, & \text{表示数字信息 "0"} \\ \pi, & \text{表示数字信息 "1"} \end{cases} \tag{3-29}$$

数字信息与$\Delta\varphi$之间的关系也可以定义为：

$$\Delta\varphi = \begin{cases} 0, & \text{表示数字信息 "1"} \\ \pi, & \text{表示数字信息 "0"} \end{cases} \tag{3-30}$$

DBPSK 信号的产生：首先对二进制数字基带信号进行差分编码，将绝对码变换为相对码，然后再进行绝对调相，从而产生二进制差分相位键控信号，如图 3-22 所示。

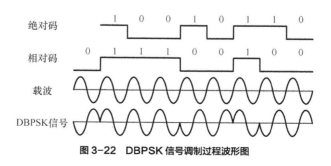

图 3-22　DBPSK 信号调制过程波形图

DBPSK 信号可以采用相干解调，如图 3-23 所示。

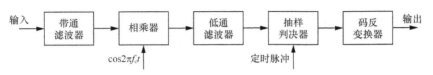

图 3-23　DBPSK 信号相干解调

DBPSK 信号可以采用差分相干解调方式（相位比较法），如图 3-24 所示。其解调原理是直接比较前后码元的相位差，从而恢复发送的二进制数字信息。差分相干解调方式不需要专门的相干载波，同时可以将收发电路的频偏变成固定的相偏，进而减少频偏对解调的影响。

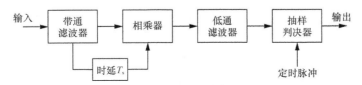

图 3-24　DBPSK 信号差分相干解调器原理图

由于 DBPSK 可以采用差分相干解调，简化了接收复杂度，非常适合低功耗物联设备传输信号，如 ZigBee 系统就使用了 DBPSK。

3.3.2　降低带外辐射

码元在变化瞬间会产生大量的高频分量，变化量越大，其高频分量越多，这些高频分量都会使信号频谱带外辐射加重，有时甚至会影响相邻频段的通信。因此，减少码元变化量或让码元缓慢变化，以使码元本身的高频分量下降，不仅可以降低带外辐射，还可以使信号功率在有效频谱上更加集中，这有利于提高传输性能。

1.　高斯频移键控

高斯频移键控（Gauss Frequency Shift Keying，GFSK），是在调制之前通过一个高斯低通滤波器整形减少信号的频谱旁瓣，使 FSK 信号的相位变化尽可能平缓，从而使瞬时频偏变得稳定。它是一种连续相位频移键控调制技术。由于数字信号在调制前进行了高斯预调制滤波，因此 GFSK 调制的信号频谱紧凑。蓝牙采用了 GFSK 调制技术。

高斯预调制滤波器的冲击响应函数为：

$$h(t) = \frac{\sqrt{\pi}}{\alpha} e^{-\pi^2 t^2 / \alpha^2} \tag{3-31}$$

式中，α 是可以选择的参数。令 B_b 为此滤波器的 3dB 带宽，$B_b T_b$（T_b 为比特时间宽度）为归一化 3dB 带宽。

$$B_b = \frac{\sqrt{\ln 2 / \sqrt{2}}}{\alpha} \tag{3-32}$$

高斯滤波器对矩形脉冲的响应为：

$$g(t) = Q\left[\frac{2\pi B_b}{\sqrt{\ln 2}}\left(t - \frac{T_b}{2}\right)\right] - Q\left[\frac{2\pi B_b}{\sqrt{\ln 2}}\left(t + \frac{T_b}{2}\right)\right] \tag{3-33}$$

式中：

$$Q(t) = \int_0^t \frac{1}{\sqrt{2\pi}} e^{-r^2/2} d\tau \tag{3-34}$$

不同 B_bT_b 对应的 $g(t)$ 曲线如图 3-25 所示。

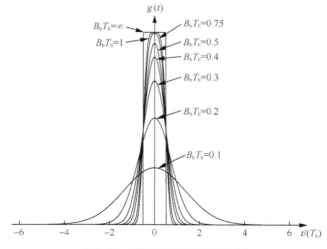

图 3-25　高斯滤波器对矩形脉冲的响应

当 B_bT_b 的取值不同时，脉冲的展宽程度也不同。调制指数的定义为 $h=\Delta/\pi$，Δ 代表输入的一个脉冲在其覆盖的区间内总共产生的相移。若 $\Delta=\pi/2$，则 $h=0.5$，此调制为高斯最小频移键控（Gaussian Filtered Minimum Shift Keying，GMSK）调制，其示意图如图 3-26 所示。

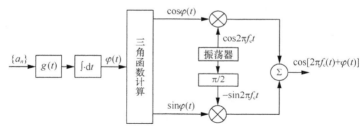

图 3-26　GFSK 调制示意图

输入码元数据序列 a_n 通过高斯低通滤波器后，乘以 $2\pi h$，再进入积分器，得到相位函数 $\varphi(t)$。将两路携带基带信号的 $\cos\varphi(t)$ 和 $\sin\varphi(t)$ 分别与正交的载波相乘再相加，就得到了 GFSK 调制的信号。

GFSK 的解调方式可以分为相干差分解调（见图 3-27）和非相干解调（见图 3-28）两种。

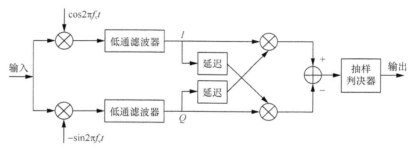

图 3-27　GFSK 相干差分解调示意图

图 3-28　GFSK 非相干差分解调示意图

2. 偏移四相相移键控

在 QPSK 数字调制中，若将二进制双极性不归零矩形脉冲序列串并变换后再进行正交载波调制，则所得到的 QPSK 信号包络是恒定的，但由于 QPSK 会发生相邻四进制符号的载波相位差为 π 的现象，所以恒定包络 QPSK 信号功率谱的旁瓣较大。

在实际数字通信中，信道带宽是有限的，为了对 QPSK 信号带宽进行限制，经常会在 QPSK 数字调制器中，先将基带双极性矩形不归零脉冲序列经过基带成型滤波器限带，再进行正交载波调制，将限带的基带信号功率谱搬移到载频上，使其成为限带的 QPSK 信号，但此时的限带 QPSK 信号包络不再恒定，并且在相邻四进制符号的载波相位发生 π 相移突变处，会出现包络为零的现象，如图 3-29 所示。

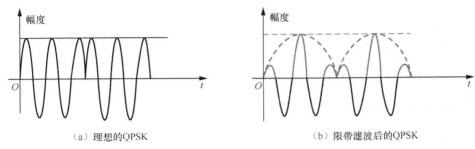

（a）理想的QPSK　　　　　　　　（b）限带滤波后的QPSK

图 3-29　QPSK 信号限带滤波前后的波形

π相变的根本原因是两支路同时变化。可以采用两支路不同时变化（即使 QPSK 的两条支路码元的变化慢半个码元周期）这一方法来解决该问题。I 支路变化时 Q 支路不变，Q 支路变化时 I 支路不变，使调制方式变成偏移四相相移键控（Offset-QPSK，OQPSK）调制，如图 3-30 所示。

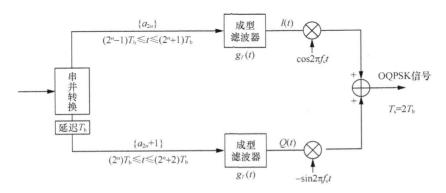

图 3-30　OQPSK 调制

图 3-31 描述了 OQPSK 中的串并变换及 $I(t)$、$Q(t)$ 基带波形。该图中的 OQPSK 信号的表达式为：

$$S_{OQPSK}(t) = A\left[I(t)\cos(2\pi f_c t) - Q(t)\sin(2\pi f_c t)\right]$$ （3-35）

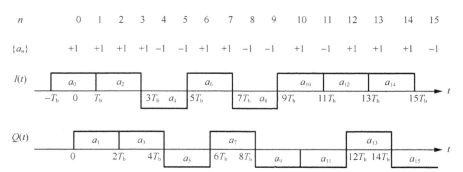

图 3-31　OQPSK 的同相及正交支路基带波形图

式（3-35）中，

$$\begin{cases} I(t) = \sum_{n=-\infty}^{\infty} a_{2n} g_T(t - 2nT_b) \\ Q(t) = \sum_{n=-\infty}^{\infty} a_{2n+1} g_T\left[t - (2n+1)T_b\right] \end{cases} \quad （3\text{-}36）$$

$g_T(t)$是成型滤波器冲激响应，其若是不归零矩形脉冲，则可表示为：

$$g_T(t) = \begin{cases} 1 & 0 \leqslant t \leqslant 2T_b \\ 0 & 其他 \end{cases} \quad （3\text{-}37）$$

对比 OQPSK 及 QPSK 信号的波形，如图 3-32 所示。

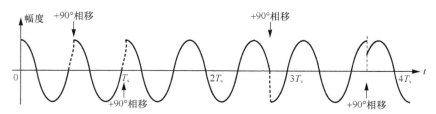

（a）OQPSK信号波形

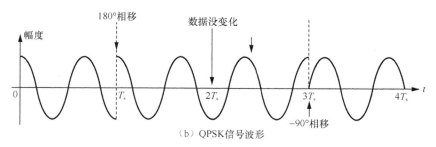

（b）QPSK信号波形

图 3-32　OQPSK 和 QPSK 信号波形图

从图 3-32 可以看出，QPSK 信号每隔 T_s 时间，其信号载波相位就可能会发生 π 的相位突变现象，而 OQPSK 信号每隔 T_s 时间，其信号载波相位就可能发生±π/2 的相位变化，而不会发生 π 的相位突变现象，因而此限带的 OQPSK 信号的包络起伏小，经非线性功放后，不会使功率谱旁瓣产生较大的增生。

由此可见，OQPSK 能够有效减少旁瓣，提高频谱效率。因此，ZigBee 采用了该调制技术。

3. π/4 差分四进制相移键控

π/4 差分四进制相移键控（π/4-Shift Dierentialy Encoded Qudrature Phase Shit Keying，π/4-DQPSK）是一种正交相移健控调制方式，它综合了 QPSK 和 OQPSK 这两种调制方式的优点。在多径扩展和衰落的情况下，π/4-DQPSK 比 OQPSK 的性能更好。蓝牙采用了π/4-DQPSK 技术。

（1）π/4-DQPSK 的调制

在π/4-DQPSK 调制器中，已调信号的信号点从相互偏移π/4 的两个 QPSK 星座图中选取。图 3-33 给出了两个相互偏移π/4 的星座图和一个合并的星座图，图中两个信号点之间的连线表示可能的相位跳变。可见，π/4-DQPSK 信号的最大相位跳变是±3π/4。

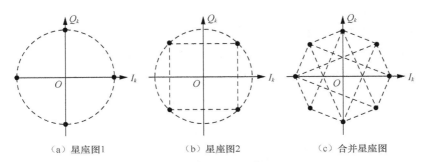

（a）星座图1　　　　　（b）星座图2　　　　　（c）合并星座图

图 3-33　π/4-DQPSK 信号的星座图

π/4-DQPSK 调制器的原理图如图 3-34 所示。输入的二进制数据序列经过串并变换和差分相位编码输出同相支路信号 I_k 和正交支路信号 Q_k，I_k 和 Q_k 的符号速率是数据输入速率的一半。在第 k 个符号区间内，差分相位编码器的输出和输入有以下关系：

$$I_k = I_{k-1} \cos \Delta \varphi_k - Q_{k-1} \sin \Delta \varphi_k$$
$$Q_k = I_{k-1} \sin \Delta \varphi_k - Q_{k-1} \cos \Delta \varphi_k \qquad （3-38）$$

式中，$\Delta \varphi_k$ 是由差分相位编码器的输入数据 x_k 和 y_k 所决定的。采用 Gray 编码的双比特(x_k, y_k) 与相移 $\Delta \varphi_k$ 的关系如表 3-2 所示。差分相位编码器的输出 I_k 和 Q_k 共有 5 种取值：0，±1/2，±1。

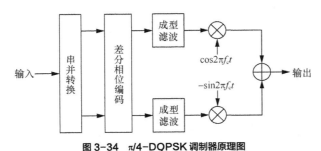

图 3-34　π/4-DQPSK 调制器原理图

表 3-2　采用 Gray 编码的双比特(x_k, y_k)与相移 $\Delta \varphi_k$ 的关系

x_k	y_k	$\Delta \varphi_k$
0	0	π/4
0	1	3π/4
1	1	−3π/4
1	0	−π/4

为了抑制已调信号的带外功率辐射，在进行正交调制前先使同相支路信号 I_k 和正交支路信号 Q_k 通过具有线性相位特性与平方根升余弦幅频特性的低通滤波器。

$\pi/4$-DQPSK 信号可表示为：

$$s_{\frac{\pi}{4}\text{DQPSK}}(t) = \sum_k g(t-kT_s)\cos\varphi_k\cos(2\pi f_c t) - \sum_k g(t-kT_s)\sin\varphi_k\sin(2\pi f_c t)$$

（3-39）

式中，$g(t)$ 为低通滤波器输出脉冲波形，φ_k 为第 k 个数据期间的绝对相位。φ_k 可由以下差分编码得出：

$$\varphi_k = \varphi_{k-1} + \Delta\varphi_k$$

（3-40）

（2）$\pi/4$-DQPSK 的解调

$\pi/4$-DQPSK 经常采用基带差分检测来解调$\pi/4$-DQPSK 信号，原理图如图 3-35 所示。解调器中，本地振荡器产生的正交载波与发射载波频率相同，但有固定的相位差 $\Delta\theta$。解调器中同相支路和正交支路两个低通滤波器的输出分别为：

$$c_k = \cos(\varphi_k - \Delta\theta)$$
$$d_k = \sin(\varphi_k - \Delta\theta)$$

（3-41）

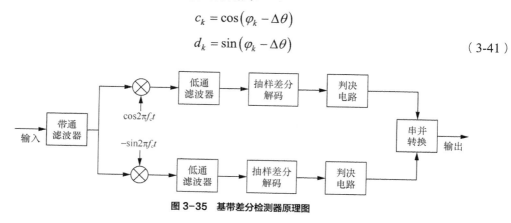

图 3-35　基带差分检测器原理图

两个序列 c_k 和 d_k 送入差分解码器进行解码，解码关系为：

$$
\begin{aligned}
e_k &= c_k c_{k-1} + d_k d_{k-1}\\
&= \cos(\varphi_k - \Delta\theta)\cos(\varphi_{k-1} - \Delta\theta) + \sin(\varphi_k - \Delta\theta)\sin(\varphi_{k-1} - \Delta\theta)\\
&= \cos(\varphi_k - \varphi_{k-1})\\
&= \cos\Delta\varphi_k
\end{aligned}
$$

（3-42）

$$
\begin{aligned}
f_k &= d_k c_{k-1} + c_k d_{k-1}\\
&= \sin(\varphi_k - \Delta\theta)\cos(\varphi_{k-1} - \Delta\theta) + \cos(\varphi_k - \Delta\theta)\sin(\varphi_{k-1} - \Delta\theta)\\
&= \sin(\varphi_k - \varphi_{k-1})\\
&= \sin\Delta\varphi_k
\end{aligned}
$$

（3-43）

$$\Delta\varphi_k = \arctan\left(\frac{f_k}{e_k}\right)$$

（3-44）

根据表 3-2 和上式就可以得到调制数据，再经过串并转换即可恢复出发送的数据序列。

3.4 无线信道

3.4.1 无线电波概述

无线电波分布在 3Hz~3000GHz 的频率范围内。不同波段内的无线电波具有不同的传播特性。

国际电联为不同的无线电传输技术和应用分配了无线电频谱的不同部分，如表 3-3 所示。国际电联制定的"无线电规则（Radio Regulations，RR）"中定义了约 40 项无线电通信业务。

表 3-3　无线频段分布表

频段名称	缩写	频率范围	波段	波长范围	用法
极低频	ELF	3Hz~30Hz	极长波	100000km~10000km	潜艇通信或直接转换成声音
超低频	SLF	30Hz~300Hz	超长波	10000km~1000km	直接转换成声音或交流输电系统（50Hz ~ 60Hz)
特低频	ULF	300Hz~3kHz	特长波	1000km~100km	矿场通信或直接转换成声音
甚低频	VLF	3kHz~30kHz	甚长波	100km~10km	直接转换成声音、超声，地球物理学研究
低频	LF	30kHz~300kHz	长波	10km~1km	国际广播、全向信标
中频	MF	300kHz~3000kHz	中波	1000m~100m	调幅广播、全向信标、海事及航空通信
高频	HF	3MHz~30MHz	短波	100m~10m	短波、民用电台
甚高频	VHF	30MHz~300MHz	米波	10m~1m	调频广播、电视广播、航空通信
特高频	UHF	300MHz~3000MHz	分米波	1000mm~100mm	电视广播、无线电话通信、无线网络、微波炉
超高频	SHF	3GHz~30GHz	厘米波	100mm~10mm	无线网络、雷达、人造卫星接收
极高频	EHF	30GHz~300GHz	毫米波	10mm~1mm	射电天文学、遥感、人体扫描安检仪

无线电波从发射地点到接收地点主要有地波、天波、空间直线波 3 种传播方式，它们的特性如下。

地波：沿着地球表面传播的电波，称为地波。在传播过程中电波因受到地面的吸收，传播距离不远。频率越高，地面吸收越大，因此短波、超短波沿地面传播时，距离较近，一般不超过 100km，而中波传播距离相对较远。优点是受气候影响较小，信号稳定，通信可靠性高。

天波：靠大气层中的电离层反射传播的电波，称为天波，又称为电离层反射波。发射的电波经距地面 70km~80km 的电离层反射后传至接收地点，传播距离较远，一般在 1000km 以上。缺点是受电离层气候影响较大，传播信号很不稳定。短波频段是天波传播的最佳频段，可用于利用天波传播方式进行远距离通信的设备。

空间直线波：在空间由发射地点向接收地点直线传播的电波，称为空间直线波，又称为直线波或视距波。传播距离为视距范围，仅为数十千米。

无线电波的速度只随传播介质的电和磁的性质的变化而变化。空气的介电常数与真空很接近，略大于 1，因此无线电波在空气中的传播速度略小于光速，通常近似认为其等于光速。

无线电传播是有损耗的，其在自由空间的传播路径损耗为：

$$L = 32.44 + 20\lg f + 20\lg d \qquad (3\text{-}45)$$

其中，L 为路径损耗（dB），d 为距离（km），f 为频率（MHz）。

频率越低，传播损耗越小，覆盖距离越远，绕射能力越强。但是低频段的频率资源紧张，系统容量有限。

高频段频率资源丰富，系统容量大。但是频率越高，传播损耗越大，覆盖距离越近，绕射能力越弱。另外，频率越高，技术难度也越大，系统的成本也就越高。

3.4.2　无线传输特性

无线电波传输主要有 4 种方式，即直射波、反射波、绕射波和透射波，如图 3-36 所示。

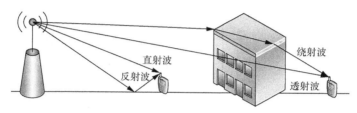

图 3-36　无线电波传输方式

电波不仅会随着传播距离的增加而发生弥散损耗，而且会因地形、建筑物的遮蔽而发生"阴影效应"。电波经过多点反射，会从多条路径到达接收地点，不同路径对应的电波的幅度、相位和到达时间都不一样，它们相互叠加会产生电平快衰落和时延扩展；另外，移动通信常常在快速移动中进行，这不仅会引起多普勒频移，产生随机调频，而且会使得电波传播特性发生快速的随机起伏。

因此，可以认为无线传播环境是一种随时间、环境和其他外部因素变化而变化的传播环境。

通常，无线信道的传播模型可分为大尺度传播模型和小尺度传播模型两种。大尺度传播模型主要用于描述发射机与接收机之间长距离（几百或几千米）内信号强度的变化。小尺度传播模型用于描述短距离（几个波长）或短时间（秒级）内接收信号强度的快速变化。两种模型并不是相互独立的，在同一个无线信道中，既存在大尺度衰减，也存在小尺度衰落。

讨论大尺度传播不仅对分析信道的可用性与选择载波频率有重要意义，而且对移动无线网络的规划也很重要；讨论小尺度衰落则对传输技术的选择和数字接收机的设计至关重要。

一般而言，大尺度表征了接收信号在一定时间内的均值随传播距离和环境的变化而呈现的缓慢变化，小尺度表征了接收信号短时间内的快速波动。

因此，实际的无线信道衰落因子 $\eta(t)$ 可表示为：

$$\eta(t) = \xi(t) \times \zeta(t) \qquad (3\text{-}46)$$

式中，$\xi(t)$ 表示小尺度衰落，$\zeta(t)$ 表示大尺度衰落。

1. 空间特性

距离发送天线的距离为 d 处的接收信号功率为：

$$P(d) = d^{-n} \cdot S(d) \cdot R(d) \qquad (3\text{-}47)$$

其中，d^{-n} 为空间传播损耗，n 在 3~6 中取值，$S(d)$ 为阴影衰落，$R(d)$ 为多径衰落。

在实际接收中，信号场强的瞬间值是快速变化的，如图 3-37 所示。这种变化主要是多径衰落造成的，通常服从瑞利分布，其也被称为快衰落。

数十波长距离的信号场强均值称为短区间中值。这些值变化缓慢，如图 3-38 所示，主要是阴影衰落造成的，通常服从对数正态分布，其也被称为慢衰落。

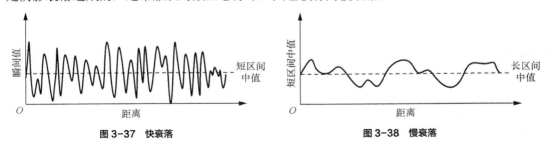

图 3-37　快衰落　　　　　　　　　　　　图 3-38　慢衰落

数百波长距离的信号场强均值称为长区间中值。这些值的变化近似服从 d^{-n} 律，如图 3-39 所示，它反映了空间传输特性。

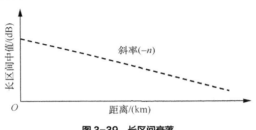

图 3-39　长区间衰落

快衰落和慢衰落的对比如图 3-40 所示。

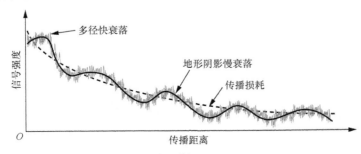

图 3-40　快衰落和慢衰落对比图

在实际的环境下，信号传播通常采用对数模型，其传播路径损耗 L 为：

$$L = L_0 + 10n\lg\left(\frac{d}{d_0}\right) + X_\sigma \tag{3-48}$$

式中，L_0 是距离为 d_0 处的路径损耗，d_0 处称为传播参考点；n 为路径损耗指数，环境越复杂，n 值越大。X_σ 服从均值为 0、方差为 σ 的正态分布，σ 根据系统所处的传播环境不同而不同，多是根据实地测量数据来确定的，其典型值为 5~10dB。

2. 时间特性

对于无线通信系统来说，多径效应和多普勒效应的影响是非常大的。

（1）多径效应

在移动传播环境中，到达移动台天线的信号不是从单一路径来的，而是许多路径众多反射波的合成。由于电波通过各个路径的距离不同，因而各路径来的反射波的到达时间不同，相位也就不同。不同相位的多个信号在接收端叠加，有时同相叠加而加强，有时反相叠加而减弱。这样，接收信号的幅度将急剧变化，即产生衰落。这种衰落是由多径引起的，所以称为多径衰落。

移动信道的多径衰落，可以从空间和时间两个方面来描述。

从空间角度来看，沿移动台移动方向，接收信号的幅度随着距离的变动而衰减。其中，本地反射物所引起的多径效应呈现较快的幅度变化，其局部均值为随距离增加而起伏的曲线，反映了地形起伏所引起的衰落以及空间扩散损耗。

从时间上来看，各个路径的长度不同，因而信号到达的时间也就不同。这样，如从基站发送一个脉冲信号，则接收信号中不仅包含该脉冲，而且还包含它的各个时延信号。这种由于多径效应引起的接收信号中脉冲的宽度扩展现象，称为时延扩展。

假定信道的冲激响应为一个矩形窗函数，通过的信号宽度都会拖尾延长，如图3-41所示。

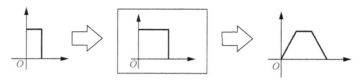

图3-41　信道时延扩展的影响

在数字传输中，由于时延扩展，接收信号中一个码元的波形会扩展到其他码元周期中，进而引起码间串扰。如果发送信息比特110100并采用图3-41所示的发送波形和信道，那么接收到的波形如图3-42所示。从图中可以看出，无法正确解调所有码元。

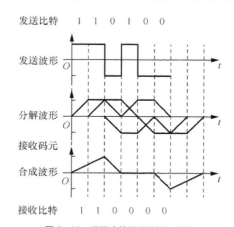

图3-42　码间串扰信道传输示意图

当码元周期大于信道的时延扩展时，虽然码元经过信道同样会有拖尾时延，如图3-43所示，但是其接收波形存在无码间串扰区间，可以实现正确解调，如图3-44所示。

因此，为了避免码间串扰，应使码元周期大于多径引起的时延扩展。

从频域上来说，多径时延使信号发生拖尾，信道可以等效成一个低通滤波器。滤波器的带宽为均方根时延扩展的倒数，通常称之为相关带宽。它表示包络相关度为某一特定值时的信号带宽。也就是说，当两个频率分量的频率相距小于相关带宽时，它们具有很强的幅度相关性；

当两个频率分量的频率相隔大于相关带宽时，它们的幅度相关性很小。

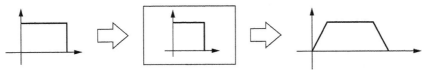

图 3-43　多径信道的影响

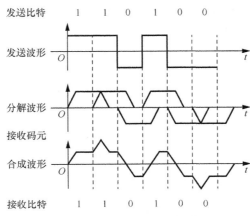

图 3-44　无码间串扰信道传输示意图

（2）多普勒效应

移动台与基站之间的相对运动，或是信道路径中物体的运动，会引起多普勒频移，从而引起多普勒扩展（频率色散），进而使信道具备了时变特性，也就是信道出现了时间选择性衰落。时间选择性衰落会造成信号失真，这是由于发送信号还在传输的过程中时，传输信道的特征已经发生了变化，例如，信号尾端的信道特性相比于信号前端的信道特性已经发生了变化。如果信号持续的时间比较短，则在这个比较短的持续时间内，信道的特性还没有比较显著的变化，这时时间选择性衰落并不明显；当信号的持续时间进一步增加，信道的特性在信号的持续时间内发生了比较显著的变化时，信号就会失真。信号的失真随着信号持续时间的增长而增加。

从时域上来看，信道相当于有一个时间窗，时间窗的宽度等于多普勒频移的倒数，其所对应的时长称为相关时间。相关时间是信道冲激响应保证一定相关度的时间间隔。在相关时间内，信号经历的衰落具有很大的相关性；也就是说，如果基带信号的带宽倒数大于信道相关时间，那么传输中基带信号受到的衰落就会发生变化，导致接收机解码失真。

（3）信道类型

假定当前的码元周期为 T_s，信号带宽为 W，通常将信道分为 4 类，如表 3-4 所示。

表 3-4　信道类型

类型	时延扩展	多普勒扩展
平坦慢衰落	$< 1/W$	$< 1/T_s$
频率选择性慢衰落	$\geqslant 1/W$	$< 1/T_s$
快衰落（时间选择性衰落）	$< 1/W$	$\geqslant 1/T_s$
频率选择性快衰落	$\geqslant 1/W$	$\geqslant 1/T_s$

频率选择性主要是由时延扩展造成的，其相关度量参数为相关带宽；时间选择性主要是由多普勒扩展造成的，其相关度量参数为相关时间。

3.5 抗多径技术

在宽带移动无线通信系统中，因为地理环境以及人车运动的原因，频率选择性快衰落信道变成了研究分析的重点。对于大多数物联网系统而言，多普勒扩展造成的影响非常小，但时延扩展带的性能恶化却非常明显。

目前，抗多径技术的应用主要有两条路径：一条是"让"，另一条是"纠"。

所谓"让"就是不对信道本身进行操作，而是通过改变自身的调制解调方式，使多径影响最小。代表技术是多载波调制，它就用更长的码元周期来实现无码间串扰。

所谓"纠"就是对信道的特性进行估计，并利用估计结果来调整信号，使其无码间串扰，对自身的调制解调方式不进行改动，代表技术是信道均衡。

3.5.1 多载波调制

多载波调制采用了多个载波信号。它把数据流分解为若干个子数据流，从而使子数据流具有较低的传输比特速率，利用这些数据分别去调制若干个载波，如图 3-45 所示。由于每个载波上的码元周期都大于信道的时延扩展，所以每个载波上进行的都是无码间串扰传输。

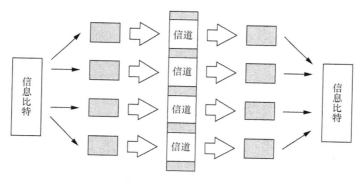

图 3-45　多载波调制思路

1. 多音调制

多音调制的一种方式是采用 M 个收发通道，各个通道相互独立，相当于有 M 个通信操作，如图 3-46 所示。

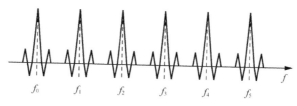

图 3-46　多音调制

这种方式简单，但不同通道之间必须保留足够大的间隔，即各个子载波频率间要保持一定的间隔，以减少相互干扰，因此频谱利用率较低。因为有 M 个收发通道，所以其成本比较高。

2. 正交载波调制

多载波调制不一定会要求子载波调制信号之间无干扰，只要在当前子载波频率上其他子载波的干扰为 0 即可。从频谱上来看，任何一个子载波调制后的频谱在其他子载波频率上的值均为 0。如图 3-47 所示，这是频率为 f_2 子载波的调制波形，虚线表示各子载波位置。该信号的频谱虽然占有 6 个子载波间隔，但在其他子载波上的分量为 0，并不影响其他子载波分量的值，即在子载波处无串扰。

图 3-48 所示为信息比特 101001 对每个子载波进行调制后信号的频谱，频谱中子载波上的分量表征所要传输的信息。在子载波频率上会出现频谱混叠现象，但子载波频率上的分量却不会受到其他子载波分量的影响。

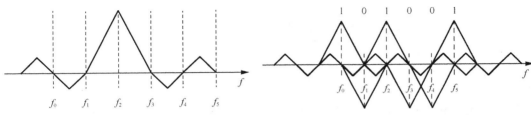

图 3-47 正交子载波的频谱示意图　　　　图 3-48 6 个正交子载波调制的频谱示意图

正交载波调制最为流行的是正交频分复用（Orthogonal Frequency Division Multiplexing，OFDM）。

（1）OFDM 信号形式

OFDM 符号可以表示为多个独立调制的正交子载波之和的形式。如果 N 表示子载波的个数，T 表示 OFDM 符号的持续时间，d_i ($i=0, 1, 2, \cdots, N-1$) 是分配到每个子信道的数据符号，f_i 是第 i 个子载波的载波频率，$\mathrm{rect}(t)=1$，$|t| \leqslant T/2$ 表示矩形函数，则从 $t=t_0$ 开始的 OFDM 符号可以表示为：

$$s(t) = \begin{cases} \mathrm{Re}\left\{ \displaystyle\sum_{i=0}^{N-1} d_i \, \mathrm{rect}\left(t-t_0-\frac{T}{2}\right) \exp\left[\mathrm{j}2\pi\left(f_i+\frac{i}{T}\right)(t-t_0)\right] \right\}, & t_0 \leqslant t \leqslant t_0+T \\ 0, & \text{其他} \end{cases} \quad (3\text{-}49)$$

通常，采用等效基带信号来描述 OFDM 的输出信号，公式如下：

$$s(t) = \begin{cases} \displaystyle\sum_{i=0}^{N-1} d_i \, \mathrm{rect}\left(t-t_0-\frac{T}{2}\right) \exp\left[\mathrm{j}2\pi\frac{i}{T}(t-t_0)\right], & t_0 \leqslant t \leqslant t_0+T \\ 0, & \text{其他} \end{cases} \quad (3\text{-}50)$$

式中，$s(t)$ 的实部和虚部分别对应 OFDM 符号的同相和正交分量，它们在实际系统中可以分别与相应子载波的余弦分量和正弦分量相乘，构成最终的子信道信号和合成的 OFDM 符号。

每个子载波在一个 OFDM 符号周期内都包含整数倍周期，而且各个相邻子载波之间相差一个周期。这一特性可以解释各个子载波信号之间的正交性，即有：

$$\frac{1}{T}\int_{0}^{T}\exp\left(\mathrm{j}\Omega_{n}t\right)\exp\left(\mathrm{j}\Omega_{m}t\right)\mathrm{d}t=\begin{cases}1, & m=n\\ 0, & m\neq n\end{cases} \quad\quad (3\text{-}51)$$

这种正交性还可以从频域角度理解。图 3-49 给出了 OFDM 符号中各个子载波信号的频谱图，子载波信号的频率间隔为 $1/T$。可以看出，在每一个子载波频率的幅度最大值处，所有其他子信道的幅度值恰好为 0。其实，OFDM 符号频谱满足奈奎斯特准则，即多个子载波频谱之间不存在相互干扰，也就是说，OFDM 各个载波信号之间的正交性避免了子信道间干扰（InterChannel Interference，ICI）的出现。

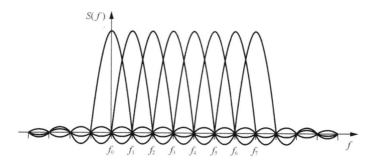

图 3-49 OFDM 子载波频谱图

OFDM 复等效基带信号可以采用离散傅里叶变换（Discrete Fourier Transform，DFT）方法来实现。

对信号 $s(t)$ 以 T/N 的速率进行抽样，即令 $t=kT/N$（$k=0,1,\cdots,N\text{-}1$），可以得到：

$$s_{k}=s\left(kT/N\right)=\sum_{i=0}^{N-1}d_{i}\exp\left(\mathrm{j}\frac{2\pi ik}{N}\right) \quad\quad (0\leqslant k\leqslant N-1) \quad\quad (3\text{-}52)$$

可以看到，s_{k} 等效为对 d_{i} 进行离散傅里叶反变换（Inverse Discrete Fourier Transform，IDFT）运算。同样，在接收端，为了恢复出原始的数据符号 d_{i}，可以对 s_{k} 进行逆变换，即 DFT 后可以得到：

$$d_{i}=\sum_{i=0}^{N-1}s_{k}\exp\left(-\mathrm{j}\frac{2\pi ik}{N}\right) \quad\quad (0\leqslant i\leqslant N-1) \quad\quad (3\text{-}53)$$

根据上述分析可以看到，OFDM 系统的调制和解调可以分别由 IDFT 和 DFT 来代替。通过 N 点 IDFT 运算，把频域数据符号 d_{i} 变换为时域数据符号 s_{k}，经过射频载波调制之后，发送到无线信道中。在接收端，将接收信号进行相干解调，然后将基带信号进行 N 点 DFT 运算，即可得到发送的数据符号 d_{i}。而在实际应用中，常采用更加方便快捷的快速傅里叶变换和反变换（Fast Fourier Transformation/Inverse Fast Fourier Transformation，FFT/IFFT）来实现调制和解调。

（2）保护间隔和循环前缀

应用 OFDM 的一个重要原因是，它可以有效地对抗多径时延扩展。把输入数据流串并变换到 N 个并行的子信道中，使得每个调制子载波的数据符号周期扩大为原始数据符号周期的 N 倍。因此，时延扩展与符号周期的数值比也相应地降低 N 倍。

为了最大限度地消除码间串扰（InterSymbol Interference，ISI），在 OFDM 符号中需要引入保护间隔（Guard Interval，GI）。而且该保护间隔的长度 T_{g} 一般要大于无线信道的最大时延扩展，这样一个符号的多径分量就不会对下一个符号造成干扰。这段保护间隔内可以不插入任何信号，即保护间隔是一段空闲的传输时间。然而在这种情况下，由于多径传播的影响，会产生信道间干扰，即子载波之间的正交性会遭到破坏，使不同的子载波之间产生干扰。

为了消除由于多径传播造成的 ICI，将原来宽度为 T 的 OFDM 符号进行周期扩展，用扩展信号来填充保护间隔，如图 3-50 所示。通常将这种处于保护间隔内的信号称为循环前缀（Cyclic Prefix，CP），循环前缀中的信号与 OFDM 符号尾部宽度为 T_g 的部分相同。符号的总长度为 $T_s=T_g+T_{FFT}$，其中 T_s 为 OFDM 符号的总长度，T_g 为保护间隔的长度，T_{FFT} 为 FFT 变换后产生的无保护间隔的 OFDM 符号长度。在接收端，抽样开始的时刻 T_x 应该满足 $\tau_{max}<T_x<T_g$，其中 τ_{max} 是信道的最大多径时延扩展。当抽样满足该不等式时，由于前一个符号的干扰只会存在于 $[0, \tau_{max}]$，当子载波个数比较大时，OFDM 的符号周期 T_s 比信道的脉冲相应长度 τ_{max} 要大很多，此时 ISI 的影响很小，甚至没有；如果相邻 OFDM 符号之间的保护间隔 T_g 满足 $T_g \geqslant \tau_{max}$，则可以完全克服 ISI 的影响。

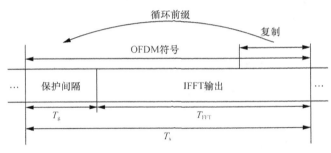

图 3-50　循环前缀

在实际系统中，在将 OFDM 符号发送到信道之前，首先要在其中加入循环前缀，然后再将其发射到信道以进行传输。在接收端，首先将接收符号开始宽度为 T_g 的部分丢弃，对剩余宽度为 T 的部分进行傅里叶变换，然后进行解调。通过在 OFDM 符号内加入循环前缀可以保证在 FFT 周期内，OFDM 符号的时延副本中所包含的波形的周期个数是整数。这样，时延小于保护间隔 T_g 的时延信号就不会在解调的过程中产生 ISI。

（3）加窗技术

OFDM 符号的功率谱密度的带外功率谱密度衰减比较慢，即带外辐射功率比较大。随着子载波数目的增加，功率谱密度的主瓣和旁瓣都在逐渐变窄，其边沿的下降速度逐步加快。

因此，为了降低带外辐射功率，使带外的功率谱密度下降速度加快，需要对 OFDM 符号进行加窗。

对 OFDM 符号加窗，如图 3-51 所示，就是想办法使符号周期边缘的幅度值逐渐过渡到 0。通常采用的窗类型为升余弦窗，其定义如下：

$$w(t)=\begin{cases} 0.5+0.5\cos\left(\pi+\dfrac{t\pi}{\beta T_s}\right) & 0 \leqslant t \leqslant \beta T_s \\ 1.0 & \beta T_s \leqslant t \leqslant T_s \\ 0.5+0.5\cos\left[\dfrac{(t-T_s)\pi}{\beta T_s}\right] & T_s \leqslant t \leqslant (1+\beta)T_s \end{cases} \tag{3-54}$$

式中，T_s 表示加窗前符号长度，而加窗后符号长度应该为 $(1+\beta)T_s$，从而允许在相邻符号之间存在有相互覆盖的区域。其中 β 称为滚降系数，选择不同的 β 值，将会对系统性能产生不同的影响。

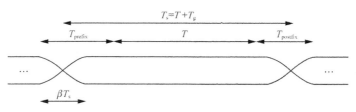

图 3-51　加窗处理

（4）功能框图

OFDM 调制解调系统的功能框图如图 3-52 所示。

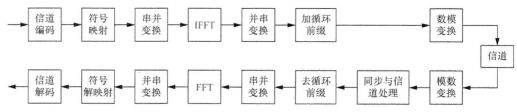

图 3-52　OFDM 调制解调系统功能框图

（5）优缺点

与单载波调制相比，OFDM 技术主要有以下优点。

① 抗衰落能力强。OFDM 把用户信息通过多个子载波进行传输，在每个子载波上的信号时间就相应地比同速率的单载波系统上的信号时间长很多倍，这使 OFDM 对脉冲噪声和信道快衰落的抵抗力更强。同时，通过子载波的联合编码，达到了子信道间频率分集的作用，也增强了 OFDM 对脉冲噪声和信道快衰落的抵抗力。

② 频率利用率高。OFDM 允许重叠的正交子载波作为子信道，而不是采用传统方式利用保护频带来分离子信道，提高了频率利用效率。

③ 自适应调节能力强。OFDM 自适应调制机制使不同的子载波可以按照信道情况和噪声景的不同使用不同的调制方式。当信道条件好时，采用效率高的调制方式。当信道条件差时，采用抗干扰能力强的调制方式。

④ 适合无线数据业务。无线数据业务一般都存在非对称性，即下行链路中传输的数据量要远远大于上行链路中传输的数据量。而 OFDM 容易通过使用不同数量的子信道来实现上行和下行链路中不同的传输速率。

⑤ 抗码间串扰能力强。码间串扰是数字通信系统中除噪声干扰之外最主要的干扰，它与加性的噪声干扰不同，是一种乘性干扰。造成码间串扰的原因有很多，实际上，只要传输信道的频带是有限的，就会造成一定的码间串扰。OFDM 由于采用了循环前缀，对抗码间串扰的能力很强。

OFDM 技术的不足包括以下两个方面。

① 对频偏和相位噪声比较敏感。OFDM 技术区分各个子信道的方法是利用各个子载波之间严格的正交性。频偏和相位噪声会使各个子载波之间的正交特性恶化，仅仅 1% 的频偏就会使信噪比下降 30dB。因此，OFDM 系统对频偏和相位噪声比较敏感。

② 功率峰值与均值比（Peak-to-Average Power Ratio，PAPR）大，导致射频放大器的功率

效率较低。与单载波系统相比，由于 OFDM 信号是由多个独立的经过调制的子载波信号相加而成的，这样的合成信号就有可能产生比较大的峰值功率，也就会带来较大的峰值均值功率比（简称峰均值比）。对于包含 N 个子信道的 OFDM 系统来说，当 N 个子信道都以相同的相位求和时，所得到的峰值功率就是均值功率的 N 倍。当然这是一种非常极端的情况，通常 OFDM 系统内的峰均值比不会达到这样高的程度。高峰均值比会提高对射频放大器的要求，导致射频信号放大器的功率效率降低。

3.5.2　信道均衡

1.　自适应时域均衡

时域均衡的目的是使信号均衡后在抽样点处符合无码间串扰的条件。由于无线信道的参数是随机变化的，不断的变化就要求均衡器能够适应信道的变化，根据实际情况调整抽头系数。

自适应时域均衡器在数据传输过程中根据某种算法不断调整抽头系数，因而能适应信道的随机变化。图 3-53 给出了一个按最小均方误差算法调整的 3 抽头自适应均衡器原理框图。

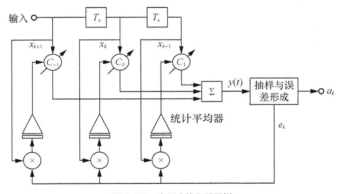

图 3-53　自适应均衡器示例

由于自适应时域均衡器的各抽头系数可随信道特性的时变而自适应调节，故调整精度高，不需要预调时间。

自适应时域均衡器还有多种实现方案，经典的自适应均衡器算法有：迫零（Zero Forcing，ZF）算法、最小均方随机梯度（Least Mean Square，LMS）算法、递推最小二乘（Recursive Least Square，RLS）算法等。

2.　频域均衡

对于窄带通信系统，时域均衡的效率高，计算量不大，对于宽带通信系统，时域均衡的计算量比较大，这时就需要采用频域均衡技术。频域均衡器是在频域实现均衡的一类均衡器，其目的是直接补偿信道的频率选择性衰落，使频率选择性衰落趋于平坦，相位趋于线性。目前，NB-IoT 上行链路采用了单载波频域均衡（Single Carrier with Frequency Domain Equalization，SC-FDE）技术。

（1）基本结构

频域均衡处理先将时域信号通过 FFT 变换到频域，在频域完成均衡后再通过 IFFT 变换到时域。SC-FDE 系统架构如图 3-54 所示。

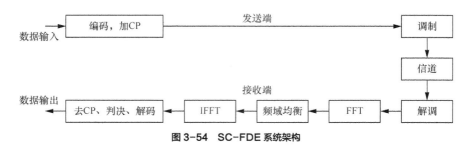

图 3-54　SC-FDE 系统架构

假设信道时域冲激响应为 $h(t)$，均衡器时域冲激响应为 $w(t)$。希望均衡后的信道响应为：

$$h^*(t) * w(t) = \delta(t) \qquad (3-55)$$

转换到频域上有：

$$H(-f)W(f) = 1 \qquad (3-56)$$

$H(-f)$ 为信道频域响应，$W(f)$ 为均衡器频域响应。由此得到的均衡器是传输信道的逆滤波器。在信道频域响应完全可知的情况下，可以设计出合适的 $W(f)$，从而完全消除由信道频率选择性衰落引起的码间串扰。

（2）常用算法

频域均衡通常使用最小均方误差（Minimum Mean Square Error，MMSE）算法。最小均方误差准则要求判决值和期望值的均方差最小。

频域线性均衡器的结构示意图如图 3-55 所示。

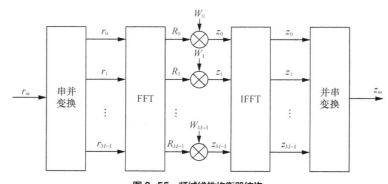

图 3-55　频域线性均衡器结构

在图 3-55 中，发送的信息由 QAM 或 QPSK 调制得到的复星座信号 a_m 组成，r_m 为接收数据，R_m 为接收端 FFT 运算后的数据，z_m 为判决前的数据。每个码元的周期均为 T_s，每一帧的长度均为接收端 FFT 运算的点数 M。接收符号在抽样率为 $1/T_s$ 的时候可以表示为：

$$r_m = \sum_{k=0}^{M-1} a_k h(mT_s - kT_s) + n(mT_s), \quad 0 \leqslant m < M \qquad (3-57)$$

式中，$h(t)$ 为信道的冲激响应，$n(mT_s)$ 是相互独立、均值为 0、方差为 σ^2 的加性高斯白噪声的抽样值。接收端待判决的符号 z_m 可以表示为：

$$z_m = \frac{1}{M} \sum_{k=0}^{M-1} W_k R_k \exp\left(\mathrm{j} \frac{2\pi}{M} km \right), \quad 0 \leqslant m < M \qquad (3-58)$$

式中，R_k 为接收信号变换到频域后每个子信道中的信号。判决误差信号为：

$$e_m = a_m - z_m \qquad (3-59)$$

$\mathrm{E}(|e_m|^2)$ 表示最小均方误差，频域均衡的目的是选择合适的 W_k，使 $\mathrm{E}(|e_m|^2)$ 最小。$\mathrm{E}(|e_m|^2)$ 的表达式为：

$$\mathrm{E}(|e_m|^2) = \frac{1}{M}\sum_{k=0}^{M-1}|W_k H_k|^2 + \frac{\sigma^2}{M}\sum_{k=0}^{M-1}|W_k|^2 \qquad (3-60)$$

令其导数为 0，得到均衡器的抽头系数 W_k：

$$W_k = \frac{H_k^*}{\dfrac{\sigma^2}{P_s} + |H_k|^2} \qquad (3-61)$$

式中 σ^2 为高斯白噪声方差，P_s 为信号功率。当信道频域响应 H_k 已知时，抽头系数 W_k 可以确定。单载波频域均衡具有较好的克服频率选择性衰落的能力。

3.6 扩频技术

现代社会电子设备的广泛应用导致电磁信号大量增加，进而使得接收机周围可能存在大量干扰信号。采用扩频通信技术可以对同频干扰及各种噪声产生很强的抑制作用。

3.6.1 扩频原理

扩频通信（Spread Spectrum Communication，SSC）是指待传输信息的频谱通过某个特定的频谱函数扩展后成为宽带信号，将其送入信道并传输，再利用相应手段将其压缩，从而获得传输信息的通信技术。扩频通信系统的频带宽度远远大于要传输的原始信号带宽，且系统带宽由扩频函数决定，与原始信号带宽无关。扩频信号的解调是由接收信号和一个与发送端扩频码同步的信号进行相关处理来完成的。

由经典的香农公式可知，带宽和信噪比可以进行相互补偿，当信噪比太小而不能保证通信质量时，可以通过增加带宽（展宽频谱）来改善通信质量。扩频通信正是基于这个结论。

扩频通信系统的扩频运算是通过扩频序列实现的，扩频序列时间宽度比数据序列窄得多，所以扩频序列频带比数据序列宽得多。扩频序列由矩形子脉冲构成，这些子脉冲称为码片（Chip），用 $\{c_n\}_{n=0}^{N-1} = \pm 1$ 表示。扩频通信系统处理增益 G_p 也称为扩频增益，反映了扩频通信系统信噪比改善的程度。

如果扩频序列的周期为 N，则序列必须满足两个关键条件，首先扩频序列均值应近似为 0，即：

$$\frac{1}{N}\sum_{n=0}^{N-1} c_n \approx 0 \qquad (3-62)$$

其次，扩频序列的时间自相关函数应满足：

$$\frac{1}{N}\sum_{n=0}^{N-1} c_n c_{n+k} = \begin{cases} 1, & k = 0 \\ 0, & 0 < |k| < N \end{cases} \qquad (3-63)$$

对于这两个条件，在实际应用中只能采用伪随机序列来近似满足。

3.6.2 m 序列与 M 序列

最为常用的伪随机（Pseudo-Noise，PN）序列是 m 序列和 M 序列。

1. m 序列

m 序列是最长线性反馈移位寄存器序列的简称，它是由带线性反馈的移位寄存器产生的周期最长的一种序列。图 3-56 所示是一个 n 级线性反馈移位寄存器，a_i 表示一级移位寄存器的状态，$a_i=0$ 或 1。c_i 表示反馈线连接状态，$c_i=1$ 表示此线接通（参加反馈），$c_i=0$ 表示此线断开。对于任一状态 a_k，有：

$$a_k = \sum_{i=1}^{n} c_i a_{k-i} \quad （模\ 2）\tag{3-64}$$

式（3-64）称为递推方程，式中的求和运算为按模 2 运算，它给出了移位输入 a_k 与移位前各级状态的关系。

可以用 n 次多项式：

$$f(x) = c_0 + c_1 x + c_2 x^2 + \cdots + c_n x^n \tag{3-65}$$

来表征移位寄存器的反馈连接和序列的结构，其称为特征多项式，所产生的序列周期 $P \leqslant 2^n - 1$。如果 n 级线性移位寄存器所产生的序列周期 $P = 2^n - 1$，就说这个序列是 n 级最长线性反馈移位寄存器序列。

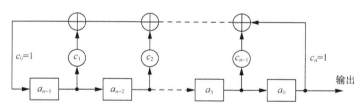

图 3-56　n 级线性反馈移位寄存器

一个 n 级线性移位寄存器所产生的序列是否为 m 序列，与特征多项式有密切关系。产生 m 序列的特征多项式必须是本原多项式。m 序列既具有一定的随机性，又具有确定性（周期性），所以它是一种伪随机序列，具有如下特性。

（1）在每一个周期 2^n-1 内，"0"出现 $2^{n-1}-1$ 次，"1"出现 2^{n-1} 次，即"0"比"1"少出现 1 次。

（2）如果把 n 个元素连续出现叫作一个长度为 n 的游程，则在每个周期内共有 2^{n-1} 个游程，其中有 1/2 的长度为 1，1/4 的长度为 2，1/8 的长度为 3，概括地说，长度为 $k(1 \leqslant k \leqslant n-2)$ 的游程出现的比例为 2^{-k}。最后还有一个长度为 n 的 1 游程和一个长度为 $n-1$ 的 0 游程。

（3）m 序列与其移位序列模 2 加所得序列是 m 序列的另一个移位序列。

（4）m 序列具有二值自相关特性。

（5）m 序列具有周期性，其周期为 2^n-1。

m 序列容易产生，可以用作跳频图案控制码。但它也存在不足，如能很快找到它的变化规律，而且可用数少。

2. M 序列

由非线性反馈移位寄存器产生的周期最长的序列简称为 M 序列。它和 m 序列不同，m 序列是由线性反馈移位寄存器产生的周期最长序列。下面简单介绍利用 m 序列产生器构成 M 序列产生器的方法。

图 3-57 中是一个 $n=4$ 级 m 序列产生器，它如果在现有的 15 种状态的基础上增加一个 "0000" 状态，就可以变成 M 序列产生器。为使 n 级 m 序列产生器变成 M 序列产生器，只须将其递推方程改为：

$$a_k = \sum_{i=1}^{n} c_i a_{k-i} \oplus \overline{a}_{k-1} \overline{a}_{k-2} \cdots \overline{a}_{k-n+1} = \sum_{i=1}^{n} c_i a_{k-i} \oplus \prod_{i=1}^{n-1} \overline{a}_{k-i} \qquad (3-66)$$

有了递推方程，即可构造出 M 序列产生器。用这种方法得到的一个 4 级 M 序列产生器如图 3-57 所示。

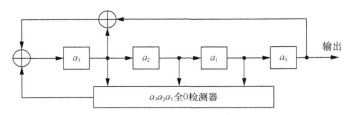

图 3-57　4 级 M 序列产生器

M 序列和 m 序列一样，也具有较好的随机特性，但 M 序列不再具有移位相加特性，因而它的自相关函数不像 m 序列那样具有简单优良的二值特性。

M 序列是一种非线性的伪随机序列。相对于线性移位寄存器序列来说，非线性序列在结构上要复杂得多，但是 M 序列的数量很大，因此其是较理想的伪随机序列。

3.6.3　扩频通信系统

按照扩展频谱的不同方式，扩频通信系统一般有以下几种基本类型。

（1）直接序列扩频（Direct Sequence Spread Spectrum）系统，简称直扩（DS）系统。所传送的信息符号经伪随机序列（或称伪噪声码）编码后对载波进行调制。伪随机序列的传送速率远大于要传送信息的速率，因而调制后的信号频谱宽度将远大于所传送信息的频谱宽度。

（2）跳变频率（Frequency Hopping）系统，简称跳频（FH）系统。载荷信息的载波信号频率受伪随机序列的控制，快速地在给定的频段中跳变，此跳变的频带宽度远大于所传送信息的频谱宽度。

（3）跳变时间（Time Hopping）系统，简称跳时（TH）系统。将时间轴分成周期性的时帧，每帧再分成许多时片。在一帧内的哪个时片发送信号，这由伪随机序列控制，由于时片宽度远小于信号持续时间，从而可以实现信号频谱的扩展。

（4）脉冲调频（Chirp Modulation）系统，简称 Chirp 系统。载频在给定的脉冲时间间隔内线性地扫过一个宽频带，在接收端用色散滤波器解调信号，使进入滤波器的宽脉冲前后经过不同时延而同时到达输出端，这样就可以把每个脉冲信号压缩为瞬时功率高但脉宽窄得多的脉冲，从而实现发射信号频谱的扩展。

实际的扩频通信系统，前 2 种基本类型用得比较多，而第 4 种类型主要用于雷达系统。

3.6.4　直接序列扩频

直接序列扩频（Direct Sequence Spread Spectrum，DSSS）是指将一个高速、时间离散的伪随机序列作为扩频信号在发送端调制数据信号。在接收端，用与发送端相同的扩频码序列去解扩，以还原出原始的信息。干扰信号由于与伪随机序列不相关，在接收端被扩展，因此落入信号频带内的干扰信号的功率会大大降低，从而提高了系统的输出信噪比，达到了抗干扰的目的。直接序列扩频系统（简称直扩系统）的工作原理如图 3-58 所示。

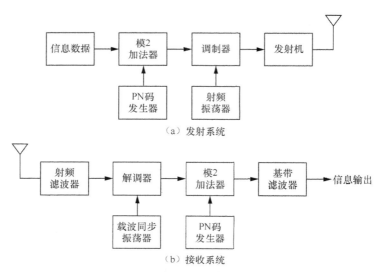

图 3-58　直扩系统工作原理图

直扩系统用得比较多的调制方式有 BPSK、QPSK 等。这里以未编码的 DSSS / BPSK 系统为例来说明 DSSS 技术的基本原理。BPSK 调制后的扩频信号可以表示为：

$$s_{\mathrm{DS/BPSK}}(t)=\sqrt{2P_{\mathrm{s}}}m(t)c(t)\cos(2\pi f_0 t+\theta)\tag{3-67}$$

式中，$c(t)$ 为 PN 序列，其速率称为码片速率，用 R_{c} 来表示，$R_{\mathrm{c}}=1/T_{\mathrm{c}}$。码片速率是信息速率的整数倍，并且远远高于信息速率。$m(t)$ 为信息序列，P_{s} 为信号功率。相对 $m(t)$ 而言，$c(t)$ 的频谱属于宽带，所以频谱会被扩展，扩展的程度与 R_{c} 和 R_{b} 的比率有关，$R_{\mathrm{c}}/R_{\mathrm{b}}$ 称为扩频因子。对于直扩系统，其扩频增益为 $G_{\mathrm{p}}=R_{\mathrm{c}}/R_{\mathrm{b}}$，即直扩系统的扩频增益等于其扩频因子。

图 3-59 所示为直扩系统对带内窄带干扰的抑制原理，解调器输入信号和窄带干扰的功率谱如图 3-59（a）所示，解扩后输出信号和干扰的功率谱如图 3-59（b）所示。可见，解扩后信号带宽减小，功率谱增大；而干扰的功率谱扩展后带宽展宽，功率谱降低，解调器的滤波器会将大部分信号频带外的干扰滤除，从而提高直接序列扩频系统的抗干扰能力。

在发送信息的带宽不变的情况下，要提高直接扩频系统的抗干扰能力，就应提高扩频系统的处理增益，也就是提高扩频用的伪随机码的速率。

ZigBee 在调制前，会将每 4 位信息比特组成一个符号数据。对于特定的符号数据，ZigBee 会用 16 个准正交的 PN 序列中相应的一个序列对其进行直接序列扩频。

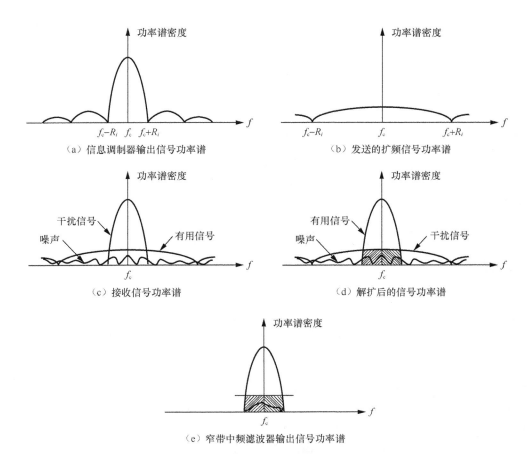

（a）信息调制器输出信号功率谱 （b）发送的扩频信号功率谱

（c）接收信号功率谱 （d）解扩后的信号功率谱

（e）窄带中频滤波器输出信号功率谱

图 3-59 直扩系统对带内窄带干扰的抑制原理

3.6.5 跳频

对于接收环境中存在很强的窄带干扰信号的情况,采用直接序列扩频仍然不能有效抑制干扰,这时就可以采用跳频通信方式,这样只会使扩频信号的一小部分频谱受到干扰,而不会使整个信号产生严重畸变。

跳频系统是在一个伪随机序列的控制下使传统的窄带调制信号的载波频率不断地、随机地离散跳变,从而实现频谱扩展的扩频方式。跳频系统中跳变频率范围要远大于要传输信息所占的频谱宽度,它可以被看成载频按照一定规律变化的多频频移键控(M-ary Frequency Shift Keying, MFSK)。

1. 跳频工作原理

跳频扩频(Frequency Hopping Spread Spectrum, FHSS)系统(简称跳频系统)的工作原理如图 3-60 所示。用信源产生的信息数据去调制频率合成器产生的载频,可得到射频信号。频率合成器产生的载频受到了伪随机码的控制,因此会按照一定的规律变化。跳变规律又叫"跳频图案"。频率跳变时间间隔的倒数称为跳频速率,用 R_h 表示。

下面以最简单的未编码的 FH/BFSK 系统为例来说明 FHSS 的基本原理。未编码的FH/BFSK 信号可以表示为:

$$s_{\text{FH/BFSK}}(t) = \sqrt{2P_s}\cos(2\pi f_0 t + 2\pi f_n t + 2\pi d_n \Delta f t), \quad nT_b \leqslant t \leqslant (n+1)T_b \tag{3-68}$$

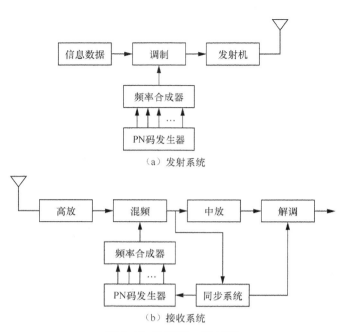

（a）发射系统

（b）接收系统

图 3-60 跳频系统工作原理图

式中，$d_n \in \{-1, +1\}$ 为二进制数字信息序列，f_n 为第 n 个频率跳变时间间隔内的跳变载波频率，跳变载波频率由二进制伪随机序列来控制。BFSK 信号的带宽为 B，其是一个窄带信号。若跳频系统的可变频率合成器能提供 N 个不同的频率，即跳频数为 N，且 FH/BFSK 信号可以占据 $W_{ss} = NB$ 带宽，则跳频系统的处理增益为 $G_p = N$。也就是说，跳频系统的扩频增益等于系统的最大频率跳变数。

与 DSSS 的瞬时带宽频谱不一样，跳频信号在每一瞬间均是窄带信号，但在一个足够长的时间内可以被看成宽带信号。跳频信号在每个频率点上均具有相同的功率。

在接收端，首先要进行解调（解扩）处理，收发跳频码序列须严格同步，接收端可以产生相应的本地跳变载波信号：

$$c(t) = \cos(2\pi f_1 t + 2\pi f_n t), \quad nT_b \leqslant t \leqslant (n+1)T_b \tag{3-69}$$

用 $c(t)$ 与输入信号进行混频和滤波，得到一个具有固定频率的 BFSK 窄带信号，再用传统的 BFSK 非相干解调方法恢复发送端的二进制数字信息序列 d_n。

$$y(t) = \sqrt{2P_s} \cos(2\pi f_2 t + 2\pi d_n \Delta f t), \quad nT_b \leqslant t \leqslant (n+1)T_b \tag{3-70}$$

在跳频系统的频率合成器输出的宽频带范围内分布的跳变频率，又称为跳频图案，跳频图案通常用频率-时间关系（时频矩阵图）表示，如图 3-61 所示。

跳频系统中的载频会以某种确定的又似乎是随机的方式跳变。载频跳到某一频率时，已调信号占据了中心频率在跳频点附近的狭窄频带，也称频隙，被传输信号在跳频图案的控制下，由一个频隙跳到另一个频隙。选择跳频图案时，任何时间内发射信号只占用一个频隙，在这个时间内，其他信号可占用其余频隙。如果要求所有信号同步地跳频，则所选择的跳频图案必须使各信号在每一瞬间均处于不同频隙。因此，跳频系统就是能一个频隙一个频隙协调地跳频的频分多址（Frequency Division Multiple Access，FDMA）系统。

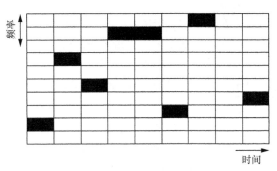

图 3-61　FHSS 信号频率-时间关系

2. 跳频图案设计

一个好的跳频图案应考虑以下几个方面。

（1）图案本身的随机性要好，即要求参加跳频的每个频率出现的概率相同。随机性越好，抗干扰能力越强。

（2）图案的密钥量要大，即要求参加跳频图案的数目要足够多，以保证抗破译的能力强。

（3）各图案之间出现频率重叠的机会要尽量小，即要求图案的正交性要好，这将有利于组网通信和多用户的码分多址。

跳频图案的性质主要依赖于伪随机码的性质，常用的伪随机序列有 m 序列、M 序列。另外，巴克码也可以作为跳频序列。

3.7　本章小结

本章介绍了各二进制数字调制方式的信号表达式、功率谱密度以及解调原理；介绍了 QPSK、QAM 的工作原理；介绍了信道适应技术中的 DPSK，降低带外辐射的 GFSK、OQPSK 以及 $\pi/4$-DQPSK 的工作原理；阐明了无线信道特性；介绍了抗多径技术中的多载波调制、信道均衡技术；简述了扩频技术中直接序列扩频和跳频扩频系统的工作原理。

3.8　习题

1. 设发送的二进制信息序列为 10110001，码元速率为 1500Bd/s，载波信号为 $\sin(6\pi \times 10^3 t)$。

（1）每个码元中包含多少个载波周期？

（2）画出 OOK 和 BPSK 信号的时间波形，并简述各波形的特点；

（3）计算 OOK 和 BPSK 信号的带宽。

2. 设 2FSK 系统的码元速率为 1500Bd/s，已调信号的两个载波频率分别为 3000Hz（对应"0"码）和 4500Hz（对应"1"码）。

（1）若发送的二进制信息序列为 10110001，则请画出 2FSK 信号的时间波形；

（2）计算 2FSK 信号的带宽。

3. 设二进制信息为 1010，采用 2FSK 系统传输的码元速率为 1400Bd/s，已调信号的载波频率分别为 5600Hz（对应 "1" 码）和 2800Hz（对应 "0" 码）。

（1）采用包络检波方式进行解调，画出各点的时间波形；

（2）采用相干方式进行解调，画出各点的时间波形。

4. 设 BPSK 传输系统的码元速率为 1200Bd/s，载波频率为 2400Hz，发送的二进制信息序列为 101001。

（1）画出 BPSK 信号的调制器原理框图和时间波形；

（2）若采用相干解调方式进行解调，则请画出各点的时间波形。

5. 设发送的二进制信息为 10110001，请画出 QPSK 信号的时间波形（在每个符号间隔 T_s 内画两周载波）及其正交调制法原理框图。

6. 设在 16QAM 传输系统中，每个符号的持续时间为 0.1ms：

（1）请求解该系统的符号速率和比特速率；

（2）请画出 16QAM 的星座图。

7. 设 DBPSK 系统中的码元速率为 2400Bd/s，载波频率为 2400Hz，发送的二进制信息序列为 0110110，且规定当前码元的初相与前一码元的相位之差 $\Delta\varphi$ 为：

$$\Delta\varphi = \begin{cases} 0, & \text{表示数字信息 "0"} \\ \pi, & \text{表示数字信息 "1"} \end{cases}$$

（1）若设参考相位 $\varphi_0 = 0$，则请画出 DBPSK 信号的时间波形；

（2）若采用相干解调方式进行解调，则请画出解调器原理框图及其各点的时间波形。

8. 设 OFDM 系统中子信道符号持续时间为 T_s，则各相邻子载波的频率间隔为多少？

9. 给定一个 23 级移位寄存器，其可能产生的码序列的最大长度为多少？

10. 在长度为 $2^{13}-1$ 的 m 序列中，有多少个 "3 个 1" 的游程，有多少个 "3 个 0" 的游程？

11. 设直接序列扩频系统的伪随机码速率为 15Mchip/s，信息速率为 8kbit/s，则信号的处理增益为多少？

12. 系统参数同题 11，若采用跳频方式，则为了得到同样的性能，要求跳频器有多少个频道？

链路传输技术

04 chapter

本章主要介绍数据链路传输技术。它通常可以分为两个子层：一个是数据链路控制（Data Link Control，DLC）子层，它负责保证"传好"，确保链路上数据能够正确传输；另一个是介质访问控制（Medium Access Control，MAC）子层，它负责保证"可传"，确保数据有链路可用。

本章学习目标：

（1）熟练掌握数据链路控制子层的典型传输协议，包含如何分段组帧，以及差错检控技术；

（2）熟练掌握介质访问控制子层的接入技术，特别是物联网通信系统中常见的接入协议与防碰撞算法；

（3）深入了解数据链路层的整体架构，能够根据应用场景灵活设计控制流程和数据帧格式。

4.1 综述

物理传输技术提供了一条可以传输比特流的通道。两个通信体可以利用这条物理通道进行信息比特的传输。

对于物理传输来说，它会尽力译出正确的信息，但并不意味着不出错，其实常用的物理层经常出现错误，只是出错概率因场景不同而有所差异。另外，只要物理层同步成功，就会有大量数据通过物理层传输上来，但这些数据可能是无用的。

为了保证两个点之间建立一条可靠的数据传输链路，必须做到长度合适、正确分捡、发现正误、丢失重发等，使不可靠的物理传输与数据传输隔离开来。因此，该传输链路被称为数据传输链路。

许多物理信道可以允许多个节点使用，节点两两之间都可以建立一条数据链路。但信道只有一个，合理调度这些链路是保证链路可靠传输的基本要求。

负责数据链路传输的协议层是数据链路层，它通常可以分为两个子层：一个是数据链路控制子层，它负责保证"传好"，确保链路上数据能够正确传输；另一个是介质访问控制子层，它负责保证"可传"，确保数据有链路可用。

数据链路控制子层为上层数据传输服务。当一组数据到达后，数据链路控制子层首先根据物理信道实际传输性能来确定一次传输数据的长度，并以此长度对数据进行分段，形成若干个子段；接着，为了方便接收节点进行检错，在数据后追加校验位；最后，根据双方约定的格式组成用于物理传输的数据流，也称为 DLC 帧。

介质访问控制子层定义了数据帧怎样在介质上传输。在网络中，许多节点共享同一个信道，每个节点都要在传输介质上建立一条可以点到点通信的数据链路。这些节点如何共享这个介质，共用信道的使用产生竞争时如何分配信道的使用权等是介质访问控制的重点。

4.2 数据链路控制

在传输过程中，物理层可能会传输多个不同的信息数据。为了区分它们，让每个信息数据在接收节点能够正确无误地分离出来，需要对每组信息数据按照一定的规则进行封装，该规则必须确保接收节点可以准确无误地恢复出所传输的信息数据。封装后的比特流称为链路帧，该技术称为组帧。

接收节点收到的比特流中恢复出链路帧后，可提取出所传输的数据，但并不知道这些数据是否有误。为了方便接收节点能够准确判断，发送数据时会追加一些冗余数据以供接收节点校验，只有校验正确才可保存接收到的数据，否则丢弃。

虽然发送节点提供了一种机制，可以让接收节点正确判定是否正确接收，但是发送节点并不知道接收节点的情况，无法保证所发送的数据准确无误地到达接收节点。为了解决这个问题，规定接收节点在正确接收到数据后，必须在规定的时间内给发送节点回复一个确认。发送节点在规定时间内收到确认后发送后续数据，否则将未正确接收的数据重发一次。只要物理信道能够提供正确接收的机会，那么数据就可以正确地到达对方。当获得可靠的数据传输时，唯一需要做的是等待，即传输时延。

物理信道的变化是不可测的，其误比特率也是变化的。不同的传输距离，误比特率也是不同的。在一定误比特率下，链路帧太长会导致帧出错。如果帧长太短，则因为每次物理传输的额外开销是不变的，所以整个信道在单位时间内传输的数据数量会很少，信道利用率不高。根据合适的帧长对信息数据进行分段组帧传输是数据高效可靠传输的基本保障。

发送节点发送完数据后，需要等待接收节点的确认。如果在一定时间内没有收到确认，那么发送节点会重发一次，再等待接收节点的确认。发送节点重复执行发送操作，直至收到接收节点的确认。

4.2.1　分段

由于受物理层传输性能和链路传输的双重约束，链路层给物理层的单次传输数据的长度有最大值和最小值的限制。

设数据长度的最大值和最小值分别为 L_{Fmax} 和 L_{Fmin}，即数据长度 L_F 应满足：

$$L_{Fmin} \leqslant L_F \leqslant L_{Fmax} \tag{4-1}$$

而来自上层的数据分组长度为 L_P，则根据 L_P 与 L_{Fmax} 和 L_{Fmin} 之间的关系，对上层的数据分组进行分段。当 $L_P > L_{Fmax}$ 时，需要按照链路层数据域最大值 L_{Fmax} 进行分段，段数为：

$$N_{fragment} = \left\lceil \frac{L_P}{L_{Fmax}} \right\rceil \tag{4-2}$$

其中，$\lceil x \rceil$ 表示取大于或等于 x 的最小整数。值得注意的是，分段的最后一段长度若小于 L_{Fmin}，则需要用一些特殊的字符进行填充。当 $L_{Fmin} \leqslant L_P \leqslant L_{Fmax}$ 时，直接传输上层的数据分组。当 $L_P < L_{Fmin}$ 时，用特殊字符进行填充。因此，若数据分段后的段数为：

$$N_{fragment} = \begin{cases} \lceil L_P / L_{Fmax} \rceil, & L_P > L_{Fmax} \\ 1, & L_{Fmin} \leqslant L_P \leqslant L_{Fmax} \\ 1, & L_P < L_{Fmin} \end{cases} \tag{4-3}$$

则为了保证接收节点知道有多少段及当前段号，要在每个分段前面加上分段控制字，如图 4-1 所示。

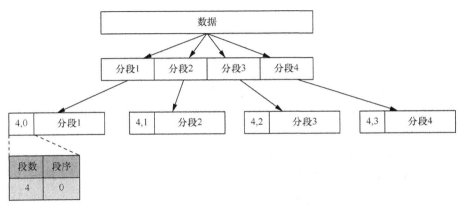

图 4-1　数据分段示意图

接收节点收到各分段数据后，按照段序对它们进行重新组合，即可恢复原数据，恢复操作也称为合段。这个操作是面向数据的，但是会受到物理传输性能和传输效率要求的约束。

4.2.2　差错检测

用于错误检测的一种方法是在每一个发送数据块中包含一些冗余信息，接收端可以通过这些信息推断出发生了错误，然后请求重传。

传输错误检测技术的目的是有效发现一帧数据经过物理信道传输后是否正确。常用的检错方法有两类：奇偶校验和循环冗余校验。

1. 奇偶检验

奇偶校验是一种校验代码传输正确性的方法。根据被传输的一组二进制代码的数位中"1"的个数是奇数或偶数来进行数据校验。采用奇数的称为奇校验，反之，称为偶校验。采用何种校验是事先规定好的。通常会专门设置一个奇偶校验位，用它来代表这组代码中"1"的个数为奇数或偶数。若用奇校验，则当接收端收到这组数据时，会校验"1"的个数是否为奇数，从而确定传输数据的正确与否。

在某字节中存储数据后，在其 8 个位上存储的数据是固定的，因为位只能有两种状态，即 1 或 0，假设存储的数据用位表示为 1、1、1、0、0、1、0、1，那么把每个位相加（1+1+1+0+0+1+0+1=5）可得结果是奇数。

偶校验码的编码规则为：

$$c = \left(c_{n-1}, c_{n-2}, \cdots, c_1, c_0 = \sum_{i=1}^{n-1} c_i \right) \tag{4-4}$$

其中，$\sum$ 表示模 2 相加的和，它表示一个码字有 n 个码元，其中（$n-1$）个码元为信息码元，另一个码元 c_0 为偶校验码元。

现举一个偶校验码元的例子：

$$
\begin{array}{ccccccc}
c_2 & c_1 & \rightarrow & c_2 & c_1 & c_0 \\
0 & 0 & \rightarrow & 0 & 0 & 0 \\
0 & 1 & \rightarrow & 0 & 1 & 1 \\
1 & 0 & \rightarrow & 1 & 0 & 1 \\
1 & 1 & \rightarrow & 1 & 1 & 0 \\
\end{array}
$$

其中，$c_0 = c_2 + c_1$。这里"+"是模 2 加法。这种偶校验码，要保证码字中"1"的个数是偶数，即满足在码字中信息位和校验位模 2 和为"0"。在上例中即为：$c_0 + c_2 + c_1 = 0$。该码能发现奇数个传输中的差错，即在接收端将码字中各码元模 2 相加，若结果为"0"就认为无差错，若结果为"1"就认为有差错。如果在传输中有偶数个差错，则偶校验码无法发现。同理，也可以设计奇校验码，只不过这时码字中"1"的个数为奇数。对这类奇偶校验码，可将其记为（n，$n-1$）码。

在实际应用奇偶校验码时，每个码字中 k 个信息比特可以是输入信息比特流中 k 个连续的比特，也可以在信息流中每隔一定的长度（如一个字节）取出一个比特来构成 k 个比特。为了提高检测错误的能力，可将上述两种取法重复使用。

2. 循环冗余校验

循环冗余校验（Cyclic Redundancy Check，CRC）是一种根据网络数据包或计算机文件等数据产生简短固定位数校验码的编码技术，主要用来检测或校验数据传输或者保存后可能出现的错误。它利用除法及余数的原理来进行错误检测。

循环冗余校验同其他差错检测方式一样，通过在要传输的 k 比特数据 D 后添加 $n-k$ 比特冗余位（又称帧检验序列，Frame Check Sequence，FCS）F，形成 n 比特的传输帧，再将其发送出去。

CRC 编码一般采用系统码的形式，图 4-2 是一个 CRC 编码器。图中的生成多项式是 $x^8+x^7+x^4+x^3+x+1$。假定输入信息为 32 比特，编码器在 32 比特后追加了 8 个校验比特，总共 40 比特输出，相当于一个（40,32）的线性分组码。

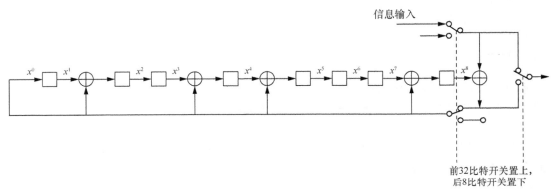

图 4-2　生成多项式为 $x^8+x^7+x^4+x^3+x+1$ 的 CRC 编码器

图 4-3 是对应的译码器，它会在第 41 个比特周期指示出刚收到的 40 比特帧中是否发生了错误。

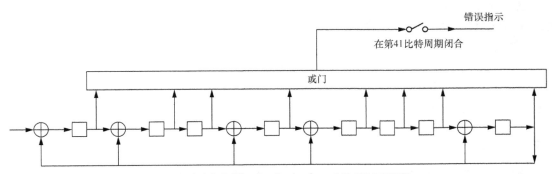

图 4-3　生成多项式为 $x^8+x^7+x^4+x^3+x+1$ 的 CRC 译码器

在实际运用中，常用的 CRC 生成多项式如表 4-1 所示。

表 4-1　常用 CRC 生成多项式

类型	生成多项式	校验位个数
CRC-64	$x^{64}+x^4+x^3+x+1$	64
CRC-32	$x^{32}+x^{26}+x^{23}+x^{22}+x^{16}+x^{12}+x^{11}+x^{10}+x^8+x^7+x^5+x^4+x^2+x+1$	32
CRC-24	$x^{24}+x^{23}+x^{14}+x^{12}+x^8+1$	24

类型	生成多项式	校验位个数
CRC-16	$x^{16}+x^{15}+x^2+1$ $x^{16}+x^{15}+x^{14}+x^{11}+x^6+x^5+x^2+x+1$ $x^{16}+x^{14}+x+1$ $x^{16}+x^{12}+x^5+1$	16
CRC-12	$x^{12}+x^{11}+x^{10}+x^9+x^8+x^4+x+1$ $x^{12}+x^{11}+x^3+x^2+x+1$	12
CRC-10	$x^{10}+x^9+x^8+x^7+x^6+x^4+x^3+1$	10
CRC-8	$x^8+x^7+x^6+x^4+x^2+1$ $x^8+x^7+x^4+x^3+x+1$	8
CRC-6	$x^6+x^5+x^2+x+1$	6
CRC-6	$x^4+x^3+x^2+x+1$	4

在实际系统中，可以组合使用多种不同的检错方式。蓝牙系统在错误检测中使用信道接入码、分组头的 HEC 校验和有效载荷的 CRC 校验来检测分组信息内的错误以及分组的发送错误。

在接收分组时，首先检测接入码，因为 64 位的同步码来源于 24 位的主设备 LAP，所以相同的 LAP 计算的结果相同，可以检测 LAP 是否正确，而且可以防止设备接收其他微微网的分组。

HEC 和 CRC 用于检测信息错误和地址错误。UAP 一般包含在 HEC 和 CRC 检测中。即使一个分组具有相同的接入码，即通过 LAP 检测，如果 UAP 检测没有通过，那么在 HEC 和 CRC 检测后其仍将被丢弃。

在 HEC 进行计算之前，生成电路中移位寄存器由 8 比特 UAP 值初始化，然后，分组头信息逐位移入 HEC 生成器，首先移入最低有效位。

系统采用 CRC 生成的多项式为：

$$g(x)=x^{16}+x^{12}+x^5+1 \tag{4-5}$$

至此，上层数据通过分段后形成若干个子段，为了检错，在每个子段后面加上 CRC。CRC 校验是面向信道传输的，只要发送数据，就要进行 CRC 检验的相关操作。

4.2.3 组帧

物理层面向比特传输，不对比特的含义和作用进行区分。为了能使接收节点正确地接收并检查所接收的帧，发送节点必须依据一定的规则把网络层递交的分组封装成帧（即组帧），如图 4-4 所示，数据链路层将比特组合成数据帧作为传输单位。组帧技术主要解决什么时刻是一帧的开始，什么时候是一帧的结束，哪一部分是差错校验比特等问题。

有的用一串特殊的比特来标志帧的起始和结束，称为面向比特的组帧技术；有的用字符填充帧首尾，确定帧的开始和结束，称为面向字符的组帧技术；还有的用长度标志一帧含有的字符数，从而确定帧的结束，称为长度计数的组帧技术。

接收节点收到比特流后，需要按照组帧的规则恢复所传输的数据，该操作称为解帧。

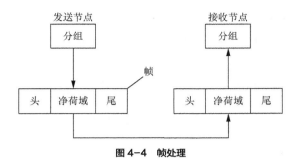

图 4-4　帧处理

1.　采用长度计数的组帧技术

一种成帧的方法是利用数据头部的一个区域来指定该帧的字符长度,当接收端接收到这个长度信息后，就知道这一帧在哪里结束。

图 4-5 中每一帧的第一个字节标志帧的长度。接收端根据接收到的长度信息确定后续数据帧所包含的字符数。接收完全部数据后，开始新的一帧数据的接收。图中有 4 个帧，长度分别是 5、5、8、8。

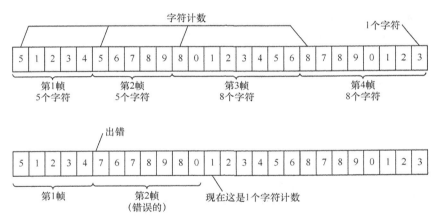

图 4-5　长度计数组帧示例

这种算法最大的风险在于，如果长度信息在传输中出错，则不仅会影响对这一帧结束位置的判断，同时还会影响对下一帧起始位置的判断。假设第 2 帧的长度信息接收出错，导致 7 个字符都被错误地认为是第 2 帧的内容，这样就会导致后续帧连续出错。

2.　面向字符的组帧技术

考虑到传输中可能出现错误，因此可以在帧传输中添加特殊的开始和结束标志来指示一帧的边界。这些字节被称为标志字节。

例如，用 0xc0（十六进制的 c0）来表示一帧的开始和结束。如果在数据中出现与标志相同的字符，就会使接收端错误地结束一帧的接收。解决这个问题的方法就是使用一组约定好的字符来表示数据中与标志相同的字符。当数据中出现 0xc0 字符时，就将其转换成 0xdb 和 0xdc。当数据报中出现 0xdb 时，就将其转换成为 0xdb 和 0xdd。这样，接收端只要收到 0xc0 字符，即表示一帧的开始或结束。每当遇到 0xdb 字符就进行字符转换，恢复数据中原有的 0xc0 和 0xdb 字符，如图 4-6 所示。

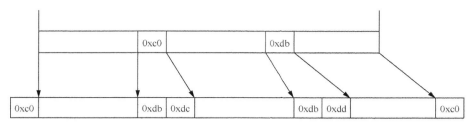

图 4-6　面向字符的组帧示例

3. 面向比特的组帧技术

在面向比特的组帧技术中，通常采用一个特殊的比特串（Flag），例如 01111110，来表示一帧的正常结束和开始。

这里与面向字符的组帧技术面临相同的问题，即当信息比特流中出现与 Flag 相同的比特串（如连续出现 6 个"1"）时该如何处理？这里采用的办法是比特插入技术。

零比特填充法又称零比特插入法。若在两个标志字段之间的比特串中，碰巧出现了和标志字段 F（01111110）一样的比特组合，那么就会误认为是帧的边界。为了避免出现这种情况，高级数据链路控制（High-Level Data Link Control，HDLC）协议采用零比特填充法使一帧中两个 F 字段之间不会出现 6 个连续的"1"。

在发送端信息流中，每出现连续的 5 个"1"就插入一个"0"，如图 4-7 所示。这样被插"0"的信息比特流中就不会有连续的"1"多于 5 个的比特串。接收端在收到 5 个"1"以后，如果收到的是"0"就将该"0"删去；如果是"1"就表示一帧结束。

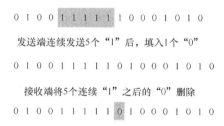

图 4-7　面向比特组帧示例

无论用哪种方式，都会构建出含有帧头的新帧，有的还会含有帧尾。如图 4-8 所示，上层

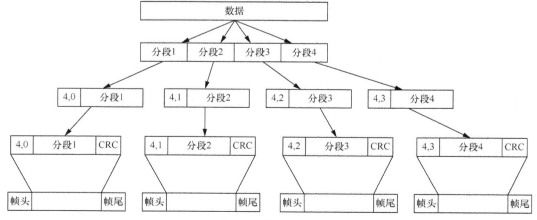

图 4-8　数据组帧流程

的数据通过分段、加检验和组帧等技术后，变成了可以用于物理信道的点到点的通信数据帧。组帧是发送数据的过程中数据进入物理传输之前的一个操作。校验与组帧都是面向信道传输的，不是面向数据的，只要有发送请求，这两个操作就必须进行。

4.2.4　差错控制

发送方发出一个帧后，接收方只有在正确接收到该帧后才会返回一个确认帧。如果到达接收方的是一个已经损坏的帧，则它将被丢弃。经过一段时间之后发送方将超时，于是它会再次发送该帧。这个过程将不断重复，直至该帧最终完好地到达接收方。

1. 停等式 ARQ

停等式 ARQ 的基本思想是在开始下一帧传送之前，必须确保当前帧已被正确接收。

假定 A 发 B 收。B 如果接收正确，则返回一个肯定的应答（ACK），否则不做任何应答。A 发送完数据帧后自动启动计时器，当收到接收节点的 ACK 后，停止计时器，进行下一个数据帧的发送。一旦计时器超时，则说明没有收到接收节点的 ACK，表明发送没有成功，发送节点立即重启计时器。

图 4-9 为一个示例。接收节点正确接收到数据并返回 ACK，同时将数据送到上层。如果 ACK 丢失或出错导致发送节点重发一次，则接收节点会再将该数据送到上层，从而导致上层数据混乱。为了解决这个问题，通常会在传输帧中标注当前的发送序号和接收序号。发送序号表明当前发送的数据帧序号，接收节点如果收到帧的序号是已经处理过的，则丢弃数据，只返回 ACK 给发送节点。

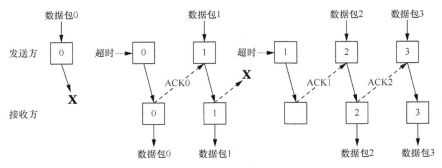

图 4-9　停等式 ARQ

在重传机制中，因为 B 在不正确接收时不做任何表示，所以 A 只能等待，这会导致重传时延较大。如果 B 在不正确接收时做出否定的回应（NAK），A 收到 NAK 后立即重发，那么重传就不必等待至超时，整个传输时延会减少。但这种技术不是通用的，需要接收节点能够知道发送节点发送了数据，例如收到了信号但数据有错或在规定的发送时间内没收到任何数据。

采用序号的操作增加了数据传输的开销，是否有方法减少这种开销呢？在停等式 ARQ 中，只要当前帧没有被正确接收，发送节点就决不会发送下一帧数据。因此，可以采用 1bit 位来区分当前帧是否为新帧。当前帧正确接收时记录该位的值，下一次收到数据时，检测所收到的数据中该位的值是否与保存值相同，若相同则丢弃该数据，否则上传数据并更新保存值为当前值。

这种只用 1bit 位来进行标志的 ARQ 称为无编号 ARQ，目前被用于蓝牙系统中。蓝牙使用快速、无编号确认方案，会在分组头中设置 1bit 分组序号以标志 SEQN。

2. 返回 *n*-ARQ

停等式 ARQ 是一帧一应答，简单易用，但降低了传输速率。如果一个 ACK 就可确认多帧，即一次连续发送多帧，接收节点回应确认来告知发送节点实际的接收情况，那么一次传输的数据量就会增加，从而可以提高传输速率。

返回 *n*-ARQ 在没有收到接收节点应答的情况下，可以连续发送 *n* 帧，一旦收到返回的确认，则继续发送后续帧。发送节点保证任何时刻发送出去但未被确认的帧最多为 *n* 个。

图 4-10 是一个示例，发送滑窗 *n* 为 4。发送节点发送出去但未被确认的帧最多为 4 个。

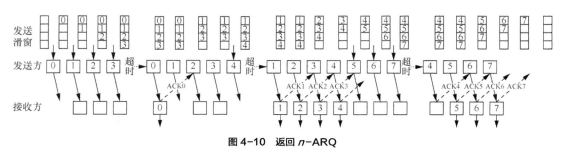

图 4-10　返回 *n*-ARQ

发送节点依次发送帧 0、1、2、3，等待确认信息。如果超时仍未收到确认，则重新发送窗口中的数据帧（0、1、2、3）。当收到数据帧的确认（如 ACK0）后，滑窗向后移动，从未被确认的第一帧（1）开始，可以连续发 4 帧（1、2、3、4）。如果收到确认信息，则根据确认序号调整窗口的起始帧位置；如果超时，则重新依次发送滑窗内的数据帧。

如果某序号帧丢失，那么接收节点不保存后面接收到的数据。这个方式使信道传输浪费太大。在接收节点，若前面序号的帧没有收到，则对接收到的帧按序号进行缓存。一旦收到前面序号的帧，就将所有收到的连续帧上传，收回的 ACK 序号为连续帧中最大的序号，发送节点处理数据的规则是认为 ACK 的序号及之前的帧都已被成功接收，从而可以加快发送节点的发送窗中序号的更新，减少不必要的重传。

在图 4-11 的例子中，发送滑窗 *n* 仍为 4。发送节点依次发送帧 0、1、2、3，等待确认信息。如果超时，则重新传输发送窗口中的数据。如果收到确认信息（如 ACK3），则说明 ACK 的序号及之前的帧（0、1、2、3）都已被成功接收，窗口内数据帧序号更新为（4、5、6、7）。若收到一个确认，则将发送窗口中的序号更新；若超时，则窗口内序号不变，重新传输对应的数据帧。

在许多应用场合，ACK 采用期望接收序号。发送节点收到确认信息，即知道接收节点已经成功接收了该序号以前的所有帧，就会直接从期望接收序号开始设定滑窗。

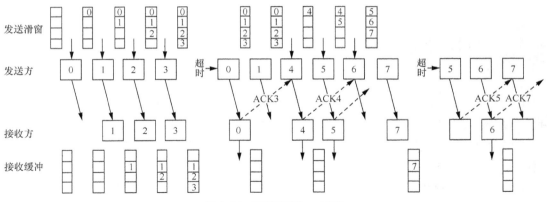

图 4-11 非连续返回 *n*-ARQ

3. 选择重发式 ARQ

返回 *n*-ARQ 只是按顺序确认成功接收到的帧,对非连续成功接收到的帧没有确认。如果接收节点不仅对接收到的帧进行确认,而且也对未正确接收的帧做出否定的回应(NAK),则应如何控制?

图 4-12 是滑窗为 4 的选择重发式 ARQ 工作示意图,发送滑窗 *n* 仍为 4。发送节点依次发送帧 0、1、2、3,等待确认信息。当接收端正确接收数据 "1" 时,确认 A1N0(ACK1,NAK0),表示序号帧 "1" 已被成功接收,帧 "0" 未被成功接收,后续正确接收帧 "2"、帧 "3",回应确认 A2N0、A3N0。发送节点收到确认信息(如 A1N0),在窗口内对数据帧序号 1 进行标注,表明该序号已成功传输(图中用深色填充表示),窗口位置不变。若收到 A3,则表示帧序号 3 前的所有帧都已被成功接收,此时将发送窗口中的序号更新;若超时,则窗口内序号不变,重新传输对应的数据帧。

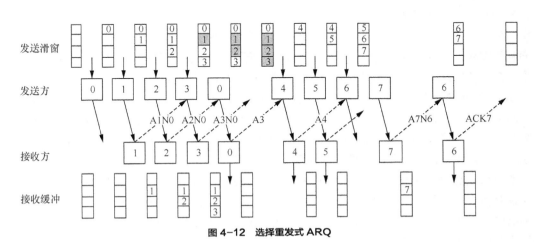

图 4-12 选择重发式 ARQ

4.3 介质访问控制

两个节点之间的通信模式通常分为 3 类。

（1）单工。固定的单向通信，两个节点一个为只发，一个为只收。节点只能工作在一种模式，要么发，要么收。两个节点必须同时驻留在同一个信道上。

（2）半双工。可变的单向通信，两个节点都可以工作在收和发状态，但不能同时收发。不工作时，两个节点要驻留在同一个信道上。

（3）全双工。双向通信，两个节点同时处于收发状态。每个节点的收发信道不同，一个节点的发信道与另一个节点的收信道是同一信道。

实际应用中并不是只有一个节点，可能多个节点都会利用这个信道进行传输。这些节点如何高效地共享信道？通常是多个节点通过介质互通构成了网络，其拓扑结构有总线型、星形、树形、环形、网状（全网状和部分网状），如图 4-13 所示。

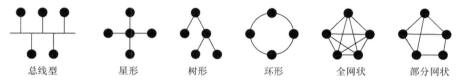

总线型　　　星形　　　树形　　　环形　　　全网状　　　部分网状

图 4-13　常见网络拓扑结构

在网络中，许多节点共享同一个信道，通常采用半双工或全双工方式进行通信。某个节点发送数据时，其他多个节点都可能会接收到，如同广播一样，这种通信方式称为广播方式。由于共享信道本身采用广播方式，多个节点之间进行通信就会出现同时发送导致无法正确接收的情况。

信道的接入方式如果是统一控制的或预先安排好的，则各个节点会按照规定进行信道占用，不会发生两个或更多节点同时发送的情况。这种方式称为静态接入方式，可以按照时间、频率、空间、码字等将不同的信道有效隔离开，每个节点独占信道进行通信。这种接入方式下信道利用率高，节点业务传输质量可以得到保证。但这种方式用户容量是相对固定的，并且为了维护统一的管理体制，每个节点都需要额外的开销来保障信道接入正常。

DLC 是面向两个节点之间的通信，双方的收发关系是共知的，称为点到点通信。而网络是面向多个节点的，任何节点发送的数据都可能被多个节点接收到，这是采用广播方式的通信，接收节点不一定能收到数据，收到的不一定是需要的。由于数据帧中没有收发双方的标志，所有收到的节点不知谁发谁收，导致通信混乱，无法实现点到点的通信。

每个节点都要在传输介质上建立一条可以点到点通信的数据链路。这些节点如何共享这个介质是介质访问控制的重点。解决这个问题需要完成两方面的工作。一是构建可以区分收发方的帧结构。为了保证在多个节点之间有效地实现点到点通信，在 DLC 帧前添加必要的控制信息和收发双方的身份标志（也称为地址）。二是使用相同的信道占用规范和规定，即协议。当多个节点都有数据需要发送而争夺信道的使用权时，所有节点采用相同的规范和规定来确定谁可以使用信道。

用来确定共享信道下一个使用者的协议属于数据链路层的一个子层，该层称为介质访问控制子层。

4.3.1 静态接入技术

典型的静态接入技术包括时分多址（Time Division Multiple Access，TDMA）、FDMA 和码分多址（Code Division Multiple Access，CDMA）。

1. TDMA

TDMA 是一种典型的固定分配多址接入协议。它首先将时间分为周期性的帧；每一帧再分为 n 个时隙。这里要求帧和时隙互不重叠。然后按照一定的时隙分配原则，使用户只能在指定的时隙内进行数据传输。$n=5$ 时的 TDMA 时帧结构如图 4-14 所示。

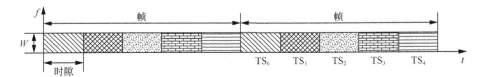

图 4-14 TDMA 时帧结构

在图 4-14 中，一帧分为 5 个时隙，即 TS_0~TS_4。根据一定的时隙分配原则将 TS_0~TS_4 这 5 个时隙分配给 5 个用户使用，且所有用户在同一频带 W 内。

在实际应用中，按照不同的时隙分配原则，一个用户可以占用一个或多个时隙进行数据传输。此外，TDMA 要正常地工作，要求通信网络中有一个统一的时间基准，即网络中所有用户的时隙必须对齐。

要做到这一点，一种方法是网络中的各个节点都设置一个高精度的时钟。但要使系统时钟非常精确，无论从技术上还是价格上考虑都不太适合物联网通信。因此，通常可以采用分级同步方式，即以最先通信的节点为中心节点；由中心节点周期性地发送网络时戳，其他节点根据中心节点的网络时戳调整本地时间并转发中心节点的网络时戳，最终达到全网时间同步。

2. FDMA

FDMA 是把通信系统的总频段划分为 m 个等间隔的频道或信道，并且这些频道互不重叠；然后按照一定的频道分配原则，将这些频道分配给用户使用，具体如图 4-15 所示。系统总的频带 W 内划分了 f_0~f_{m-1} 共 m 个频道。为了防止不同频道间的信号干扰，频道间留有保护频带。

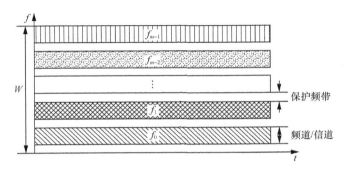

图 4-15 FDMA 频道划分示意图

3. CDMA

与 TDMA 和 FDMA 不同的是，CDMA 采用不同码型的地址码来划分信道；每个地址码对应一个信道，其信道划分如图 4-16 所示。不同的信道可以在同一个时间段内，同一个频段内通过不同的地址码进行区分。CDMA 的基础是扩频技术。

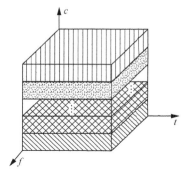

图 4-16　CDMA 信道划分示意图

在 TDMA、FDMA 和 CDMA 技术中，由于信道资源是静态分配的，所以一旦分配完成后，用户就可以进行无冲突的数据传输。但当用户没有数据传输时，其所分配的资源也不能分配给其他用户使用。此外，若系统中出现新增用户，也会因为没有分配资源而无法进行数据传输。

4. TDMA/FDMA

在实际应用系统中，可以结合 TDMA 和 FDMA，增加接入的灵活性和效率。全球移动通信系统（Global System for Mobile Communications，GSM）采用 FDMA 和 TDMA 混合的多址接入方式。由于 GSM 采用蜂窝小区方式，相邻小区之间频率不同。所以下文以一个小区为例进行接入技术的介绍。

（1）信道结构

在 25MHz 的频段中共分 125 个信道，信道间隔为 200kHz。但是一个小区内的用户数可能超过 125 个，这时仅使用频分多址就不能满足接入需求。将每个频率信道上的时间分成周期性的帧，每一帧再分割成若干时隙，每个时隙就是一个通信信道，如图 4-17 所示。

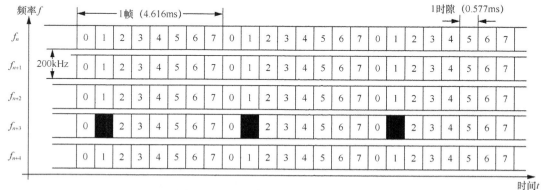

图 4-17　GSM 的 TDMA/FDMA 帧结构

发送端和接收端各用一个时隙可构成一个双向物理信道，这种物理信道共有 125×8=1000 个，根据需要分配给不同的用户使用。移动台在特定的频率上和特定的时隙内，以猝发方式向基站传输信息，基站在相应的频率上和相应的时隙内，以时分复用的方式向各个移动台传输信息。

各用户在通信时所占用的信道和时隙是在呼叫建立阶段由网络动态分配的。一个专门的信道作为所有移动用户的公用信道，用于基站广播通用（控制）信息和移动台发送入网申请，其余信道用于各类业务信息的传输。移动台除了在指配的信道和时隙中发送和接收与自己有关的信息外，还可以在其他时隙检测或接收周围基站发送的广播信息，因而移动台可随时了解网络的运行状态和周围基站的信号强度，以判断何时需要进行过境切换和应向哪一个基站进行过境切换。

上行频段 890MHz~915MHz 用于移动台发送、基站接收，下行频段 935MHz~960MHz 用于移动台接收、基站发送。收发频率间隔为 45MHz。

GSM 系统的整个工作频段分为 124 对载频，每个载频有 8 个时隙，因此 GSM 系统总共有 124×8=992 个物理信道。

（2）逻辑信道

GSM 要传输不同类型的信息。按逻辑功能，可分为业务信息和控制信息，因而在时分、频分复用的物理信道上要安排相应的逻辑信道。

GSM 的信道可分为业务信道、控制信道两大类，各类信道还有其他多种功能信道。图 4-18 给出 GSM 信道结构。

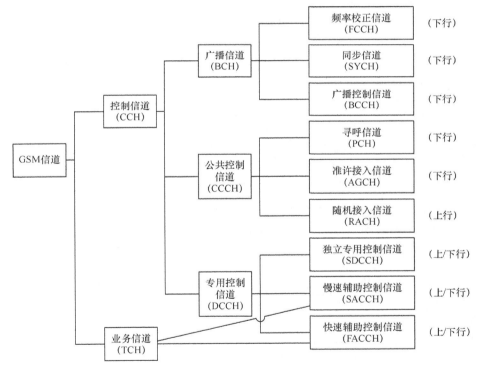

图 4-18　GSM 信道结构

业务信道（TCH）主要用于传输数字语音或数据，其次还有少量的随路控制信令。

控制信道（CCH）用于传送信令相同步信号，主要有广播信道（BCH）、公共控制信道（CCCH）和专用控制信道（DCCH）3 种。

广播信道（BCH）用于基站向移动台广播公用的信息，传输的内容主要是移动台入网和呼叫建立所需要的信息；其又可分为频率校正信道（FCCH）、同步信道（SYCH）、广播控制信道（BCCH）等。

公共控制信道（CCCH）用于呼叫接续阶段传输链路连接所需要的控制信令，其又可分为寻呼信道（PCH）、随机接入信道（RACH）和准许接入信道（AGCH）。PCH用于传输基站寻呼移动台的信息；RACH用于移动台随机提出入网申请，即请求分配一个独立专用控制信道（SDCCH）；AGCH用于基站对移动台的入网申请做出应答，即分配一个专用信道。

专用控制信道（DCCH）是一种"点对点"的双向控制信道，其用途是在呼叫接续阶段以及在通信进行中，在移动台和基站之间传输必须的控制信息。

（3）时帧结构

GSM的帧结构由时隙、时帧、复帧、超帧和超高帧5个层次构成。时隙是物理信道的基本单元，是其他4个层次的基础。时帧是由8个时隙组成的，是占据载频带宽的基本单元，每个载频有8个时隙。

GSM的帧结构如图4-19所示。每一个时帧分为0~7共8个时隙，帧长度为4.616ms，每个时隙的长度为0.577ms。

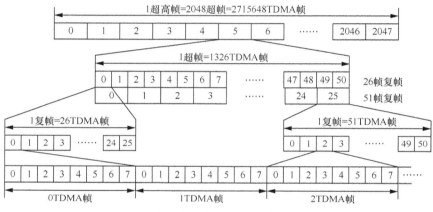

图4-19 GSM的帧及时隙

GSM上行传输所用的帧号和下行传输所用的帧号相同，但上行帧相对于下行帧，在时间上推后3个时隙，如图4-20所示。这样安排可允许移动台在这3个时隙的时间内进行帧调整以及对收发信机进行调谐和转换。

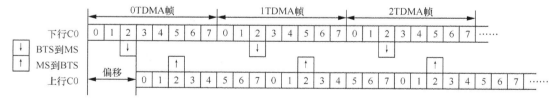

图4-20 GSM上/下行帧及时隙

若干个TDMA帧构成复帧，其结构有两种：一种是由26时帧组成的复帧，这种复帧长120ms，主要用于业务信息的传输，也称作业务复帧，用于TCH、SACCH和FACCH；另一种是由51帧组成的复帧，这种复帧长235.385ms，用于传输控制信息，也称作控制复帧，用于BCCH和CCCH。

51个业务复帧或26个控制复帧均可组成一个超帧，超帧的周期为1326个TDMA帧，超帧长$51 \times 26 \times 4.615 \times 10^{-3} = 6.12s$。

由 2048 个超帧可组成超高帧，超高帧的周期为 2048×1326=2 715 648 个时帧，时长为 12 533.76s。帧的编号以超高帧为周期，具体为 0~2 715 647。超高帧的周期是与加密和跳频有关的，每经过一个超高帧的周期，系统将重新启动密码和跳频算法。

（4）同步初始化

当移动台（Mobile Station，MS）开机后，将在 GSM 网中对其进行初始化。由于 MS 对自身的位置、网络情况、接入条件均不清楚，因此这些信息都要从网络中获得。

GSM 允许在 SIM 中存储一张频率表，这些频率是前一次登录时的频率，以及在该 BCCH 广播的邻近区域的频点，MS 通电后就会开始搜索这些频率。

在找到无线频点以后，MS 下一步要确定 FCCH。在找到 FCCH 之后，MS 通过解码使自身与系统的主频同步。FCCH 的第 8 个时隙后是同步信道 SCH，只须简单等待 8 个时隙，便可对 SCH 进行解码以获得时间同步。至此，MS 可在 BCCH 上对其他数据进行解码。

5. OFDMA/ SC-FDMA

将 OFDM 和 FDMA 技术结合形成的正交频分多址接入技术 OFDMA 是最常见的 OFDM 多址技术。如图 4-21 所示，传统的 FDM 的各个信道之间为了避免相互干扰，需要保留一定的保护带，有一定的频谱损失。而 OFDM 的各个子载波之间没有保护带，而且又是正交的，互相之间没有干扰，所以 OFDM 相比于 FDM 有较大的频谱效率优势。

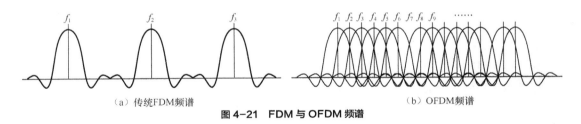

（a）传统FDM频谱   （b）OFDM频谱

图 4-21 FDM 与 OFDM 频谱

OFDM 当中的每个子载波扩展后得到的序列叫作一个 OFDM 符号。在 OFDM 当中，可以把一部分子载波分配给一个用户，把另一部分子载波分配给另外的用户，从而作为多址的手段，称为 OFDMA，如图 4-22 所示。

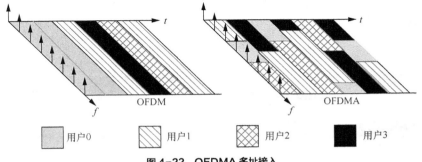

用户0   用户1   用户2   用户3

图 4-22 OFDMA 多址接入

在子信道 OFDMA 系统中，将整个 OFDM 系统的带宽分为若干个子信道，每个子信道包括若干个子载波，将它们分别分配给不同用户。一个用户也可以占用多个子载波，如图 4-23 所示。

OFMDA 又分为子信道 OFDMA 和跳频 OFDMA。

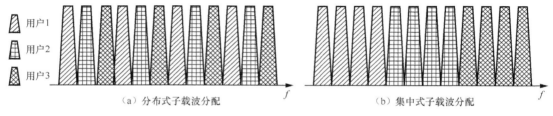

（a）分布式子载波分配　　　　　　　　　　（b）集中式子载波分配

图 4-23　子载波分配

在跳频 OFDMA 系统中，分配给一个用户的子载波资源会快速变化，每个时隙中此用户在所有子载波中抽取若干子载波加以使用。同一时隙中，各用户会选用不同的子载波组，如图 4-24 所示。

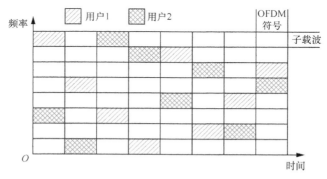

图 4-24　跳频 OFDMA

另一种常见的多址方法是采用频域生成 SC-FDMA 信号。其基本原理与 OFDMA 类似，只是在子载波映射模块前增加了一个 DFT 模块，把调制数据符号转化到频域，即将单个子载波上的信息扩展到所属的全部子载波上，每个子载波都包含全部符号的信息。所以这种 SC-FDMA 也被称作 DFT 扩展 OFDMA（DFT-SOFDMA）。

OFDMA 与 SC-FDMA 的传输对比如图 4-25 所示，子载波数为 4，DFT 输入点数为 4，两个符号周期。时域上调制结束后，OFDMA 中的 N 个符号是同时并行传输的（每个子载波负责一个符号的传输，所以符号的周期延长了 N 倍）。而 SC-FDMA 中的 N 个符号虽然是一起调制的，但是它们是一个接一个串行传输的，跟普通 FDMA 一样，每个符号占据全部子载波的带宽。

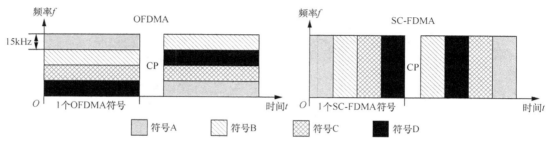

图 4-25　OFDMA 与 SC-FDMA 的传输对比

在 NB-IoT 系统中，其上行链路采用单载波频分多址接入（SC-FDMA）。系统支持单音和多音两种工作模式。对于单音传输，一次上行传输只分配一个间隔为 15kHz 或 3.75kHz 的子载波。对于多音传输，一次上行传输分配 1 个、3 个、6 个或者 12 个子载波的传输方式。NB-IoT 下行采用 OFDMA 多址技术，用户在一定的时间内独享一段带宽。一个 NB-IoT 载波对应一个资源块，包含 12 个连续的子载波，全部基于 Δf=15kHz 的子载波间隔设计。从时域上看，NB-IoT 系统的下行帧结构和现有 LTE 系统类似，只不过每个子帧上只包含 12 个连续的子载波。

4.3.2 随机接入技术

1. ALOHA

ALOHA 是一种随机接入技术。这里将要讨论两个版本的 ALOHA：纯 ALOHA 和时隙 ALOHA。它们的区别在于，如果时间是连续的，那么就是纯 ALOHA；如果时间被分成离散时隙，所有帧都必须同步到时隙中，那么就是时隙 ALOHA。

（1）纯 ALOHA

ALOHA 系统的基本思想是当用户有数据需要发送时就传输，如图 4-26 所示。当然，这样做可能会产生冲突，冲突的帧将会被损坏。

如果系统中的多个用户共享同一个信道的方法会导致冲突，则这样的系统称为竞争（Contention）系统。

ALOHA 信道的效率怎么样？用"帧时"（Frame Time）来表示传输一个标准的、固定长度的帧所需要的时间（即帧的长度除以比特率）。在给定的一个"帧时"内希望有 G 帧，但生成 k 帧的概率服从泊松分布：

$$Pr[k] = \frac{G^k e^{-G}}{k!} \tag{4-6}$$

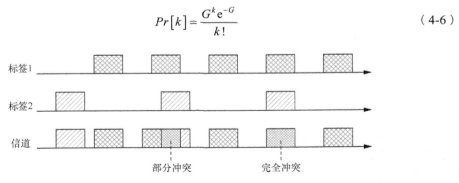

图 4-26 纯 ALOHA 接入

因此，生成零帧的概率为 e^{-G}。在两个"帧时"长的间隔中，生成帧的平均数是 $2G$。因此，在整个易受冲突期中，不发送帧的概率是 $P_0 = e^{-2G}$。利用 $S = GP_0$，可以得到：

$$S = Ge^{-2G} \tag{4-7}$$

吞吐量与负载的关系如图 4-27 所示。最大的吞吐量出现在 G=0.5、S=1/2e 时，大约等于 0.184。

（2）时隙 ALOHA

将时间分成离散的间隔，这种时间间隔称为时隙（Slot），所有节点将每个时隙作为"帧时"，这种方法要求用户遵守统一的时隙边界。

与纯 ALOHA 不同的是，在时隙 ALOHA 中，节点不允许用户立即发送帧。必须要等到下一个时隙的开始时刻。时隙 ALOHA 的吞吐量为：

$$S=Ge^{-G} \tag{4-8}$$

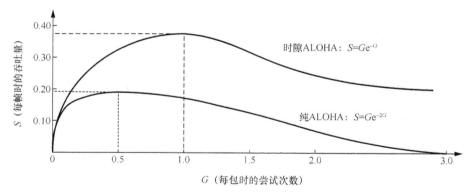

图 4-27 ALOHA 系统的吞吐量与负载的关系

时隙 ALOHA 的尖峰出现在 $G=1$ 处，此时吞吐量为 $S=1/e$，大约等于 0.368，是纯 ALOHA 的两倍。

有线电视电缆访问因特网技术被发明出来时，时隙 ALOHA 解决了在多个竞争用户之间分配一条共享信道的问题。多个 RFID 标签和同一个 RFID 读写器通信时也出现了同样的问题，也是通过使用时隙 ALOHA 来解决的。

在 RFID 系统中，常见的网络连接情况如图 4-28 所示。

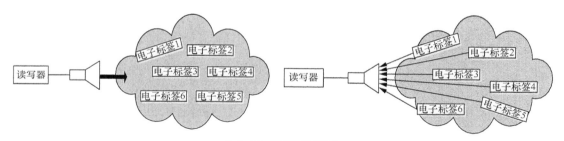

图 4-28 RFID 网络结构

当多个电子标签同时向读写器发送数据时，就需要竞争信道的使用权。在这种工作方式中，读写器的工作范围内同时有多个电子标签，多个电子标签同时将数据传给读写器。各个电子标签同时对读写器发出信号，从而造成电子标签数据的碰撞，使读写器不能正常读取各电子标签的有关数据。

RFID 系统主要采用时分复用，并使用时隙 ALOHA 进行随机竞争接入。在图 4-29 中有 3 类时隙：空闲时隙，此时隙没有标签发送（时隙 4）；成功识别时隙，此时隙只有一个标签发送并且被成功识别（时隙 2）；碰撞时隙，此时隙有多个标签发送，会发生碰撞（时隙 1）。

假如有 5 个标签，全部进入读写器的识别范围，读写器设定了 3 个时隙。时隙 ALOHA 算法描述如下。

（1）读写器在周期循环的时隙中发出询问命令。

（2）标签收到询问命令后，利用随机数发生器选择 3 个时隙中的某一个，将自己的序列号传送到读写器。在本例中，标签 1 和标签 5 在时隙 1 回答，标签 2 在时隙 2 回答，标签 3 和标签 4 在时隙 3 回答。

（3）读写器检测时隙，如果某一时隙只有 1 个标签（本例中，时隙 2 是标签 2），则回答数据有效，读写器与标签建立通信关系，完成对标签的数据读写。

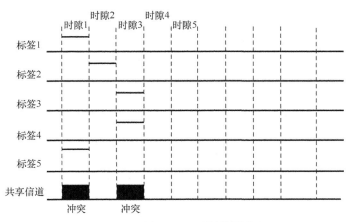

图 4-29　时隙 ALOHA 算法的模型图

（4）重复步骤（1）~（3），直到完成对 5 个标签的读写操作。如果找不到只有 1 个标签的时隙，则说明标签发生了碰撞，须重复步骤（1）~（3）。

时隙 ALOHA 算法在标签多、时隙少的情况下，经过多次循环也找不到在某一时隙只有 1 个标签的情况，效率较低。因此，又衍生出了很多改进算法，如动态帧时隙（Dyamic Framed Slotted Aloha，DFSA）算法。

2. 载波侦听多路访问协议

如果在一个协议中，节点监听是否存在载波（即是否有传输），并据此采取相应的动作，则这样的协议称为载波侦听多路访问协议（Carrier Sense Multiple Access，CSMA）。

（1）1-坚持 CSMA

当一个节点有数据要发送时，它首先会侦听信道，确定当时是否有其他节点正在传输数据。如果信道空闲，它就发送数据。如果信道忙，它就等待，直至信道变成空闲，然后发送 1 帧数据。如果发生冲突，该节点等待一段随机的时间，然后再从头开始上述过程。这样的协议之所以称为 1-坚持 CSMA，是因为当节点发现信道空闲时，它传输数据的概率为 1。

（2）非坚持 CSMA

节点在发送数据之前要先侦听信道。如果没有其他节点在发送数据，则该节点自己开始发送数据。如果信道当前正在使用中，则该节点并不持续对信道进行监听，以便传输结束后立即抓住机会发送数据。相反，它会等待一段随机时间，然后重复上述算法。因此，该算法将会实现更好的信道利用率，但是相比 1-坚持 CSMA，它也带来了更大的延迟。

（3）p-坚持 CSMA

适用于分时隙的信道，当一个节点准备好要发送的数据时，它就侦听信道。如果信道是空闲的，则它按照概率 p 发送数据，而以概率 $q=1-p$ 将此次发送推迟到下一个时间槽。如果下一个时间槽信道也是空闲的，则它还是会以概率 p 发送数据，或者以概率 q 再次推迟发送。这个过程一直会重复，直到帧被发送出去，或者另一个节点开始发送数据。

图 4-30 给出了 3 种 CSMA 数据帧发送流程。

3. CSMA/CD

CSMA/CD（CSMA With Collision Detetion）是一种带有冲突检测的 CSMA 协议。在该协

议中，每个节点快速检测到发生冲突后会立即停止传输帧（而不是继续完成传输），因为这些帧已经无可挽回地成为乱码了。这种策略可以节省时间和带宽。

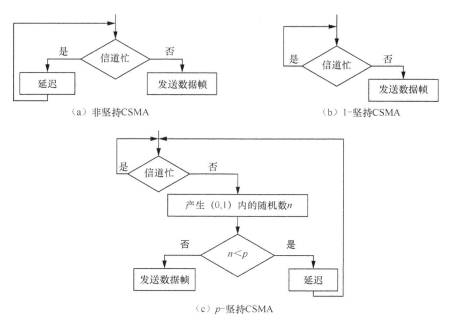

（a）非坚持CSMA　　　　　　　　　　（b）1-坚持CSMA

（c）p-坚持CSMA

图4-30　3种CSMA数据帧发送流程

节点的硬件在传输时必须侦听信道。如果它读回的信号不同于它放到信道上的信号，则它就知道发生了碰撞。接收信号相比发射信号不能太微弱，并且必须选择能被检测到冲突的调制解调技术。

在标记为 t_0 点，一个节点已经完成了帧的传送，其他需要发送帧的节点现在可以试图发送了。如果有两个或者多个节点同时进行传送，冲突就会发生。如果一个节点检测到冲突，它会立即中止自己的传送，等待一段随机时间，再重新尝试传送（假定在此期间没有其他节点在传送）。CSMA/CD 模型将由交替出现的竞争期、传输期以及空闲期（没有传输任务）组成，如图 4-31 所示。

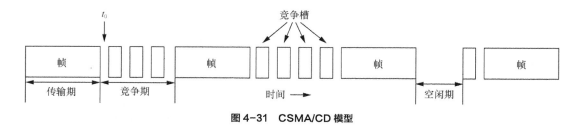

图4-31　CSMA/CD 模型

图 4-32 显示了上述 3 个协议以及纯 ALOHA 和时隙 ALOHA 的可计算吞吐量与负载的关系。

4. 避免冲突的多路访问

在无线网络中，每个节点均会侦听是否有其他节点在传输，并且只有当没有其他节点在传送数据时它才传输。对于有线传输，只要有一个节点发数据，线路上的所有节点都可以监听到。

但对于无线信道来说，信号能量会随距离的增大而快速衰减，此时远距离的节点无法正常听到数据。这里冲突会发生在接收节点，而不是发送节点。

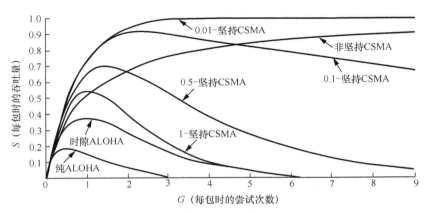

图 4-32　不同随机访问协议的信道吞吐量与负载的关系

图 4-33 所示的 4 个无线节点，A 与 B、B 与 C、C 与 D 两两相连。A 在给 B 发送数据时，因为 C 无法监听到 A 的信号，所以认为信道是空闲的，一旦 C 发送数据，B 就会收到两个不同的信号，导致无法正确接收。这种现象也称为隐藏终端问题。

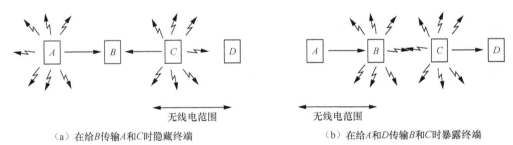

（a）在给B传输A和C时隐藏终端　　　　　（b）在给A和D传输B和C时暴露终端

图 4-33　无线网络示例

载波侦听也会使本可以进行的传输被禁止。如图（b），B 发送给 A，C 发送给 D，这两个传输互不干扰，是可以同时进行的。但由于载波侦听，一旦有一个发送了，另一个就不允许进行发送操作。这一问题称为暴露终端问题。

避免冲突的多路访问（Multiple Access with Collision Avoidance，MACA）的基本思想是发送节点发送一个短帧给接收节点，以便其附近的节点能检测到本次传输，从而避免在后续的数据帧传输中也发送数据。

图 4-34 说明了 MACA 协议。现在我们来考虑 A 如何向 B 发送一帧。A 首先给 B 发送一个RTS（Request To Send）帧，如图 4-34（a）所示。这个短帧包含了随后将要发送的数据帧的长度；然后，B 用一个 CTS（Clear to Send）帧作为应答，如图 4-34（b）所示。此 CTS 帧也包含了数据长度（从 RTS 帧中复制过来的）。A 在收到 CTS 帧之后便开始传输数据帧。

如果一个节点收到了 RTS 帧，表明它离 A 很近，此时它必须保持沉默，并等待足够长的时间，以便在无冲突情况下 CTS 帧被返回给 A。如果一个节点值听到了 CTS 帧，则表明它离 B 很近，在接下来的数据传送过程中它必须一直保持沉默，只要检查 CTS 帧，该节点就可以知道数据帧的长度（即数据传输要持续多久）。

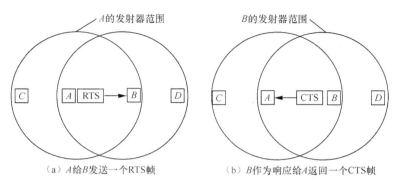

（a）A给B发送一个RTS帧　　　　　（b）B作为响应给A返回一个CTS帧

图4-34　MACA协议

在图 4-34 中，C 落在 A 的发射器范围内，但不在 B 的发射器范围内。C 听到了 A 发出的 RTS 帧，但是没有听到 B 发出的 CTS 帧。只要它没有干扰 CTS 帧，那么在数据帧的传送过程中，它就可以自由地发送任何信息。相反，D 落在 B 的发射器范围内，但不在 A 的发射器范围内。它听不到 RTS 帧，但是听到了 CTS 帧。只要听到了 CTS 帧，就意味着它与一个将要接收数据帧的节点离得很近。所以，它延缓发送任何信息，直到该帧如期传送完毕。

尽管有了这些防范措施，冲突仍有可能会发生。例如，B 和 C 可能同时给 A 发送 RTS 帧。这些帧将发生冲突，因而丢失。在发生了冲突的情况下，一个不成功的发送节点（即在期望的时间间隔内没有听到 CTS）将等待一段随机的时间，之后再重试。

5. CSMA/CA

CSMA/CA（CSMA with Collision Avoidance）是一种带有冲突避免的 CSMA。WLAN 和 ZIGBEE 系统都采用该协议进行分布式控制。

该协议要求发送节点在发送前侦听信道和在检测到冲突后指数退避。发送节点必须以随机退避开始（除非它最近没有用过信道，并且信道处于空闲状态），将等待延续至信道处于空闲状态。

具体操作过程如下：通过侦听确定在一个很短的时间内没有信号，然后倒计数空闲时隙，当信道有数据在发送时，暂停该计数器；当计数器递减到 0 时，该节点就发送自己的帧。如果帧发送成功，目标节点会立即发送一个短确认。如果没有收到确认，则可推断出传输发生了错误。在这种情况下，发送节点要加倍退避的时间数会重新试图发送。如此反复，连续以指数后退，直到成功发送帧或达到重传的最大次数。

图 4-35 给出了一个发送帧的时序例子。A 节点首先发出一个帧。当 A 发送时，B 节点和 C 节点准备就绪等待发送。它们看到信道正忙，便会等待，直到信道变为空闲。不久，A 收到一个确认，信道进入空闲状态。然而，不是两个节点都发出一帧从而立即产生冲突，而是 B 节点和 C 节点都执行后退算法。C 节点选择了一个较短的后退时间，因而先获得发送权。B 节点侦听到 C 在使用信道时暂停自己的倒计时，并在 C 收到确认之后立即恢复倒计时。B 节点一旦完成了后退，会立即发送自己的帧。

因为每个节点都独立行事，所以没有任何一种中央控制机制是适用的，进而产生了一种操作模式，即分布式协调功能（Distributed Coordination Function，DCF）。

CSMA 中判定信道状态的主要根据是物理层的接收信号能量大小。对于无线信道，在其中监听不到物理信号并不代表物理信道闲,因为有可能离该节点更远的节点正在向附近节点发送数据。在这种情况下,CSMA 会判为闲,进而可能发送信号。一旦发送,其正在接收的邻节点就会发生接收碰撞。

为了保证 CSMA 正常工作,将载波分为两种:物理载波和虚拟载波。物理载波即是信道上的载波,主要根据载波能量来判定信道状态;虚拟载波是表示当前时刻信道是否有节点在发送。虚拟载波监听的实质是每个节点可以保留一个信道何时要用的记录,这可通过接收到的网络分配向量(Network Allocation Vector,NAV)获得。例如,一个数据帧的 NAV 给出了发送一个确认所需要的时间。所有听到该数据帧的节点将在发送确认期间推迟发送,而不管它们是否能听到确认的发送。

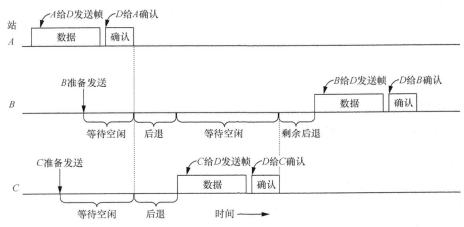

图 4-35　在 CSMA/CA 机制下发送帧

采用 RTS/CTS 机制使用 NAV 可以防止隐藏终端在同一时间发送,该机制如图 4-36 所示。在这个例子中,A 想给 B 发送,C 是 A 范围内的一个节点(也有可能在 B 范围内)。D 在 B 范围内,但不在 A 范围内。

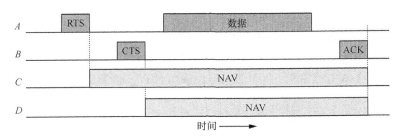

图 4-36　使用 CSMA/CA 的虚拟信道侦听

该协议开始于当 A 决定向 B 发送数据时。A 首先给 B 发送一个 RTS 帧,请求对方允许自己发送一个帧给它。如果 B 接收到这个请求,它就会以 CTS 帧作为应答,表明信道被清除,可以发送。一旦收到 CTS 帧,A 就会发送数据帧,并启动一个 ACK 计时器。当正确的数据帧到达后,B 用一个 ACK 帧回复 A,完成此次交流。如果 A 的 ACK 计时器超时前,ACK 没有返回,则可视为发生了一个冲突,此时会进行一次后退,整个协议会重新开始运行。

C 在 A 的有效发送范围内,如果收到了 RTS,那么它可以估算出数据序列将需要传多长时间,包括 ACK 时长。因此,它通过更新自己的 NAV 记录表明信道正忙。虽然 D 无法听到

RTS，但它能听到 CTS，所以它也更新自己的 NAV。

一帧发出去后，需要保持一段特定时间的空闲，以便检查到信道不被占用，节点才可以发送帧。这里的关键是为不同类型的帧确定不同的时间间隔，如图 4-37 所示。

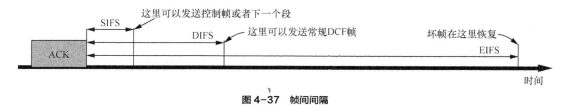

图 4-37　帧间间隔

常规的数据帧之间的间隔称为分布式帧间间隔（Distributed Inter-Frame Spacing，DIFS）。任何节点都可以在介质空闲 DIFS 后尝试接入信道并发送一个新帧。采用通常的竞争规则，如果发生冲突，则可能还需要二进制指数后退。最短的间隔是短帧帧间间隔（Short Inter-Frame Spacing，SIFS），它只允许正在通信的双方具有优先抓住信道的机会。例如，让接收节点发送 ACK，如 RTS 和 CTS 的其他控制帧序列，或者让发送节点突发系列段。发送节点只须等待 SIFS 即可发送下一段，这样做是为了阻止一次数据交流中间被其他节点横插一帧。一个时间间隔是扩展帧间间隔（Extended Inter-Frame Spacing，EIFS），仅用于一个节点刚刚收到坏帧或未知帧后报告问题。

当节点发送失败或是发生冲突时，需要退避重发。协议采用了二进制指数退避算法，每次发生冲突时，退避计数器的值加倍；每次交互成功时，退避计数器的值降至最小值。

如果在业务分组传输之后规定的时间内没有收到 ACK，则发送节点会认为该业务分组错误或碰撞；在增强型接入方式中，如果在发送完 RTS 的规定时间内没有收到 CTS，则发送节点认为 RTS 发送出错。在这两种情况下，发送节点都会按照"二进制指数退避算法"进行退避与重传。

二进制指数退避算法是指节点检测到信道空闲时间大于或等于 DIFS 或认为发生了分组碰撞，就依据均匀分布从[CW_{min}，CW]（CW 为当前的碰撞窗口长度）区间内随机选择一个数值计算退避时间，即：

$$退避时间 = 随机数 \times \sigma \tag{4-9}$$

其中，σ =传播时延+收发转换时间+载波监测时间。随机数 Random( )为[CW_{min}，CW]区间内的随机整数。CW 取决于重传的次数，在某业务分组第一次传输时，CW 等于最小碰撞窗口 CW_{min}，每次不成功传输都会使 CW 增加一倍，直到最大碰撞窗口 $CW_{max} = 2^m \times CW_{min}$，如图 4-38 所示。

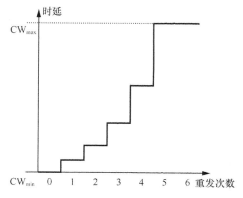

图 4-38　CW 时延与重发次数关系示意曲线

在 CSMA/CA 中，若节点有多个数据帧要传输，则需要进行预约，其具体工作过程如图 4-39 所示。在图 4-39（a）中，所有节点共享网络传输信道，且节点间的连线表示相应的节点可直接进行数据传输。

在图 4-39（b）中，在 t_i 时刻前完成了节点 6 与节点 5 之间的数据传输。在 t_i 时刻，节点 2 和节点 4 有数据帧到达，分别需要传输给节点 1 和节点 3。因此，节点 2 和节点 4 连续检测信道空闲 DIFS 时长后，分别产生随机退避数 7 和 9，如果检测到 1 个时隙的信道空闲，则令退避数减 1。

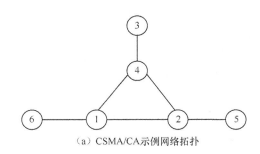

（a）CSMA/CA示例网络拓扑

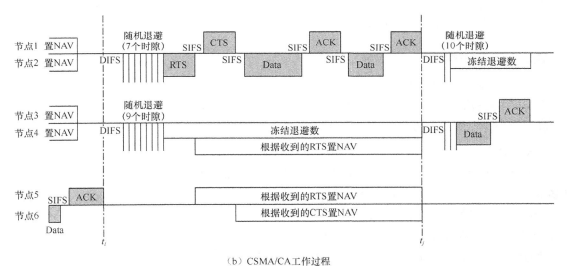

（b）CSMA/CA工作过程

图 4-39　CSMA/CA 示例

由于节点 2 产生的退避数较小，经过 7 个空闲时隙后为 0。由于节点 2 有多个数据需要发送给节点 1，因此节点 2 给节点 1 发送 RTS 以预约信道，其中除了有节点 2 的 ID 外，还包含有预约发送的时长。由图 4-39（a）所示的拓扑结构可知，节点 1、节点 4 和节点 5 都可以接收到数据。一方面，由于节点 2 发送的 RTS 导致信道状态为忙，所以节点 4 检测到信道状态为忙后，会冻结退避数，即产生随机退避数的剩余值 2。另一方面，节点 1、节点 4 和节点 5 待节点 2 发送完 RTS 后，会确定后续节点 2 要给节点 1 发送数据以及发送的时长。此时，节点 4 和节点 5 会根据 RTS 中包含的信道预约时长设置网络分配矢量 NAV，从而在 NAV 期间停止所有操作。

节点 1 在经过一个 SIFS 后，会给节点 2 回复 CTS 应答，其中除了有节点 1 的 ID 外，还有它允许节点 2 发送的时长。根据图 4-39（a）所示的拓扑结构可知，节点 2、节点 4 和节点 6 都可以接收到节点 1 发送的 CTS，从而可使节点 4 根据接收到的 CTS 重新调整 NAV，节点 6

根据接收到的 CTS 设置 NAV；节点 2 接收到 CTS 后，会根据 CTS 中允许发送的时长在一个 SIFS 后开始传输数据。

在图 4-39（b）所示的示例中，节点 2 一共给节点 1 发送了 2 个数据帧，并且每发送一个数据帧，节点 1 都要根据数据帧的接收情况回复应答帧；并且在连续的数据和应答发送过程中，都需要间隔一个 SIFS。

到 t_j 时刻，节点 2 与节点 1 之间的预约与数据传输全部结束后，信道状态恢复为空闲。在信道状态持续空闲 DIFS 后，节点 4 从冻结的退避数开始继续退避；而节点 2 由于有新的数据帧到来，再一次产生随机退避数。经过 2 个空闲时隙后，节点 4 得到的退避数为 0，开始数据帧的传输。由于节点 4 只发送 1 个数据帧给节点 3，所以不需要进行信道预约操作，直接进行数据传输。节点 4 开始发送数据后，节点 2 检测到信道状态为忙，即会冻结自己的退避数以停止退避。而节点 3 在接收到节点 4 发送的数据帧后，会经过一个 SIFS 然后给节点 4 发送应答 ACK 以进行回复。

在 CSMA/CA 中，一方面在发送数据前，持续监听信道空闲为 DIFS 后才进行相应的预约或数据传输，这减少了数据碰撞的可能。另一方面，虽然引入 RTS 和 CTS 带来了一定的开销，但是 RTS 和 CTS 都是非常小的短帧。通过 RTS/CTS 握手过程，可以确保后续的多个数据帧无冲突并可靠传输。因此，CSMA/CA 在无线通信网络中得到了广泛的应用。

4.3.3　防碰撞算法

无冲突协议以根本不可能产生冲突的方式解决了信道竞争问题，即使在竞争期中也不会发生冲突。在接下来描述的协议中，我们假定共有 N 个节点，每个节点都有唯一的地址，地址范围从 0 到 $N-1$。基本问题仍然存在，即在一次成功的传输之后哪个节点将获得信道。

1. 基本位图协议

基本位图协议的每个竞争期正好包含 N 个槽。如果 0 号节点有一帧数据要发送，则它在第 0 个槽中传送 1 位。在这个槽中，不允许其他节点发送。不管 0 号节点做了什么，1 号节点都有机会在 1 号槽中传送 1 位，但是只有当它有帧在排队等待时才会这样做。一般地，j 号节点通过在 j 号槽中插入 1 位来声明自己有帧要发送。当所有 N 个槽都经过后，每个节点都会知道哪些节点希望传送数据。这时，它们便会按照数字顺序开始传送数据，如图 4-40 所示。

图 4-40　基本位图协议

像这样在实际传送数据之前先广播自己有发送数据愿望的协议，称为预留协议。

2. 令牌传递

令牌传递即传递一个称为令牌的短消息，该令牌同样也是以预定义的顺序从一个节点传到下一个节点的。令牌代表了发送权限。如果节点有个等待传输的帧队列，则当它接收到令牌后就可以发送帧，然后再把令牌传递到下一个节点。如果它没有排队的帧要传，则会简单地把令牌传递下去。

在令牌环协议中，网络的拓扑结构被用来定义节点的发送顺序。所有节点连接成一个单环结构，其中各节点均会依次连接到下一个节点。因此令牌传递到下一个节点只是单纯地从一个方向上接收令牌和在另一个方向上发送令牌，如图 4-41 所示。帧也按令牌方向传输。这样，它们将绕着环循环，到达任何一个目标节点。然而，为了阻止帧陷入无限循环（像令牌一样），一些节点必须将它们从环上取下来。这个节点或许是最初发送帧的原始节点（在帧经历了一个完整的环游后将它取下来），或者是帧的指定接收节点。

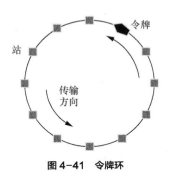

图 4-41　令牌环

3. 二进制倒计数

基本位图协议存在一个问题：因为每个节点的开销是 1 位，所以该协议不可能很好地扩展到含有上千个节点的网络中。二进制的节点地址更有效。如果一个节点想要使用信道，它就以二进制位串的形式广播自己的地址，从高序的位开始。假定所有地址都有同样的长度。不同节点地址中相同位进行逻辑或运算后被发送至信道。我们把这样的协议称为二进制倒计数（Binary Countdown，BC）协议。假设传输时延可忽略不计，则所有节点几乎能同时看到地址数据位。图 4-42 是二进制倒计数协议的示例。

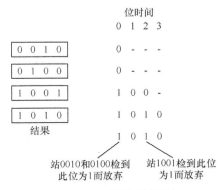

图 4-42　二进制倒计数协议

为了避免冲突，必须使用一条仲裁规则：一个节点只要看到自己的地址位中的 0 值位置被改写成了 1，它就必须放弃竞争。例如，如果节点 0010、0100、1001 和 1010 都试图要获得信道，则在第一位时间中，这些节点分别传送 0、0、1 和 1。对这些传送值进行逻辑或运算，得到 1。节点 0010 和 0100 看到了 1，即有高序的节点也在竞争信道，它们就会放弃这一轮的竞争。而节点 1001 和 1010 则继续竞争信道。

接下来的位为 0，于是两者继续竞争；再接下来的位为 1，所以节点 1001 放弃。最后的胜者是 1010，因为它有最高的地址。在赢得了竞争后，它即可传输一帧，之后又开始新一轮竞争。该规则如图 4-43 所示。

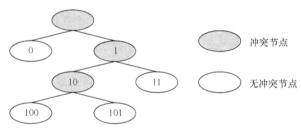

图 4-43　二进制搜索算法的冲突分解树

该协议具有这样的特性：高序节点的优先级比低序节点的优先级高。

RFID 使用的二进制搜索法是基于 TDMA 的防碰撞算法。解决防碰撞问题的关键是优化的防碰撞算法。现有的 RFID 防碰撞算法主要基于 TDMA 算法，可划分为 ALOHA 防碰撞算法和二进制搜索法。防碰撞算法可以使系统的吞吐率及信道的利用率更高，需要的时隙更少，数据的准确率更高。

轮询法和二进制搜索法都是 RFID 基于 TDMA 的防碰撞算法。

轮询法不断向标签发送询问命令，该命令中包含一个序列号。标签收到命令后，检测命令中的序列号是否与自己的序列号相同，如果不同就不回答。读写器在规定的时间内收不到回答，就再发送包含另一个序列号的询问命令，直到有一个标签的序列号符号要求，完成与读写器的数据通信。可以看出，该算法的效率很低。

二进制搜索法则在读写器收到标签的回答后，检测引起碰撞的位，并根据检测情况发送可使标签分组的询问命令。某标签收到命令后，看其是否在允许通信的分组内，如果是就继续回答，直到只有一个标签时，完成与读写器的数据交换。依此类推，直到完成所有标签与读写器的数据交换。

4.4　总体架构

整个链路控制子层的架构如图 4-44 所示。

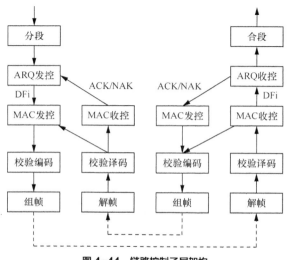

图 4-44　链路控制子层架构

收发双方都有组帧、解帧、校验编码、校验译码、MAC 发控和 MAC 收控 6 个单元，发送节点含有分段和 ARQ 发控两个单元，接收节点含有合段和 ARQ 收控两个单元。

整个链路的控制流程如下。

【发送节点】上层数据到达后，分段单元首先对其进行分段，加上分段信息后进入 ARQ 发控单元。

【发送节点】ARQ 发控单元根据所使用的 ARQ 方式构成 DLC 帧，并将其放入缓冲区等待发送。如果允许发送，那么从缓冲区中读取 DLC 帧并将其发送至 MAC 发控单元。

【发送节点】MAC 发控单元收到 DLC 帧后，根据 MAC 协议规定添加收发方身份标志及相应的控制字段，构成业务 MAC 帧，然后再进行信道占用操作。

【发送节点】假定 MAC 协议需要收发双方进行必要的交互以建立链路（信道占用），此时 MAC 发控单元会先产生相关的信令帧，并在进行校验编码和组帧处理后将其发送至物理层。

【接收节点】对物理层上传的比特流进行解帧并校验，正确的 MAC 帧上传至 MAC 收控单元。如果 MAC 帧是建立链路的信令 MAC 帧，则 MAC 收控单元会按照 MAC 协议的规定产生回复的信令帧，并在进行校验编码和组帧处理后将其发送至物理层。

【发送节点】对物理层上传的比特流进行解帧并校验，如果 MAC 帧与 MAC 发控相关，那么将其上传至 MAC 发控单元。MAC 发控单元接收到接收节点回复的信令 MAC 帧后，会根据协议要求继续进行链路建立操作。

【发送节点】MAC 发控单元一旦完成链路建立并可以发送帧时，就会将当前待传的业务 MAC 帧进行校验编码和组帧处理并发送至物理层，与此同时向 ARQ 发控单元汇报发送完成，ARQ 发控单元开始计时，同时决定是否再继续下发后续的 DLC 帧。若发送，则与前一帧进行相同的操作。

【接收节点】对物理层上传的比特流进行解帧并校验，正确的 MAC 帧上传至 MAC 收控单元，MAC 收控单元将其判定为业务数据后，会从 MAC 帧中提取出 DLC 帧，并将其上传至 ARQ 收控单元。

【接收节点】ARQ 收控单元收到数据后，会根据 ARQ 规则来决定是否产生相应的 ACK/NAK 和上传。若需要产生 ACK/NAK，则组建相应的 DLC 帧并将其发送到 MAC 发控单元，由发控单元根据 MAC 协议完成发送。

【发送节点】对物理层上传的比特流进行解帧并校验，正确的业务 MAC 帧会上传至 MAC 收控单元，MAC 收控单元将其判定为业务数据后，会从 MAC 帧中提取出 DLC 帧，并且会根据帧类型进行，分析若是 ACK/NAK 帧，则直接上传至 ARQ 发控单元。

【发送节点】ARQ 发控单元在定时未到期间，收到 ACK/NAK 后，会根据规则决定是否要发送以及所要发送的内容。如果在规定时间内未收到 ACK/NAK，那么 ARQ 发控单元就会直接重发前面已经发送的 DLC 帧。

【发送节点】如果 ARQ 发控单元完成所有数据的成功发送，那么该单元会向分段单元汇报发送成功，分段单元再向上层汇报数据帧成功发送。

【接收节点】ARQ 收控单元收到正确的数据后会按顺序将它们发送给合段单元，合段单元对收到的 DLC 帧进行重新组合以恢复出完整数据帧，并上传至上层。

至此，完整的数据传输完成。在此过程中，数据帧格式会随之发生变化，如图 4-45 所示。链路层协议对数据帧的处理包含分段、加段、加接入信息、加检验信息和组帧 5 部分。

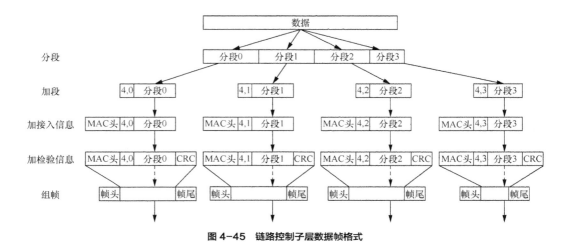

图 4-45　链路控制子层数据帧格式

链路层协议首先将网络数据进行分段,保证在物理层传输中的数据帧不超过规定的最大长度,每一种物理网络都会规定链路层数据帧的最大长度,除去链路附件的各种开销,剩下的就是每一段的最大长度。

为了能够区分不同的段,并且能够在接收端对收到的段数据进行重组,需要添加部分段信息,如段序号、段长度等。由于传输信道的复杂性,当接收段出现乱序等问题时,可以用段信息对它们进行重组。

由于网络的结构差异,有的数据可以直接传输到接收节点,有的数据的传输则需要经过多个中间节点的中转才能完成。所以在每一帧数据中,添加 MAC 头,包含本次传输的发送节点和接收节点信息、帧的类型以及其他点对点传输需要的信息。

数据在信道上传输,会发生传输错误。为使接收节点能够准确判断数据是否发生了错误,发送数据时会追加一些冗余数据以供接收节点校验,只有校验正确才可保存接收到的数据,否则将其丢弃。常用的校验方式包括 CRC、奇偶校验等。

信道上可以传输多个信息,为了区分不同的数据,需要添加帧头和帧尾的标志。

至此,通过在链路层分段、加段、加接入信息、加校验信息和组帧,上层数据被封装成了适合物理层传输的比特流,然后即可进行传输。

在接收节点收到数据后,会按照反向顺序将数据逐级恢复,最终实现数据的重新组合。

例如以太网中的数据帧格式,如图 4-46 所示。

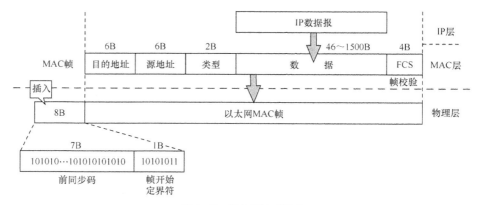

图 4-46　以太网数据帧格式

帧开始定界符：帧头是 1 个字节的帧开始定界符，前 6 位是 1 和 0 交替出现，最后的两个连续的 1 表示通知接收端适配器接收数据。

接收 MAC 地址：6 字节（MAC 地址占 48 位，如 0xff、0xff、0xff、0xff、0xff、0xff），发送节点的网卡（MAC）地址，用处是当接收到一个数据帧时，首先会检查该帧的目的地址，判断其是否与当前适配器的物理地址相同，如果相同则会进一步处理，如果不同则直接丢弃。

发送 MAC 地址：发送端的 MAC 地址同样占 6 字节。

类型：考虑当数据单元来到某一层时，它需要将 PDU 交付给上层，而上层协议众多，所以在处理数据时，必须要用一个字节来标识将其交付给谁。例如，该字段为 0x0800 时，表示将有效载荷交付给 IP 协议；为 0x0806 时，表示交付给 ARP；为 0x8035 时，表示交付给 RARP。

数据：数据也叫有效载荷，除去当前层协议需要使用的字段外，即需要交付给上层的数据，以太网帧数据长度规定最小为 46 字节，最大为 1500 字节，如果数据长度不到 46 字节，则会用填充字节将其填充到最小长度。

帧检验序列 FCS（使用 CRC 校验法）：检测该帧是否出现差错。

4.5　本章小结

本章主要介绍了数据链路层基本传输技术。数据链路层主要包含两个子层：数据链路控制子层主要介绍了组帧技术、分段技术、物联网常见的差错检测和差错控制技术；介质访问控制子层主要介绍了相关的接入协议。最后，通过梳理整个数据链路层的控制流程和数据帧的处理流程，搭建了一个面向物联网应用的完整的协议处理架构，从而使读者能够全面了解数据链路层的设计方法。

4.6　习题

1. 数据链路层的基本问题（分帧、差错检测）的解决技术有哪些？如果不解决会出现什么问题？

2. 长度为 100 字节的上层数据，交给数据链路层进行传输。传输前对其进行分段，每段的最大段长为 20 字节。在每段前添加 2 字节段序信息，再添加 5 字节 MAC 头与 2 字节 CRC 校验和。请给出段数及分段后每个数据段的信息长度，试求数据传输效率；若最大段长为 60 字节，则传输效率是多少？

3. 要发送的数据为 1101011011，采用 CRC 的生成多项式为 $g(x)=x^{16}+x^{12}+x^{5}+1$，试求计算后的校验和。若数据在传输中第 1 位 "1" 变成了 "0"，请问接收端能否发现？若数据在传输中前 2 位 "11" 变成了 "00"，请问接收端能否发现？

4. 数据链路层使用面向比特的组帧技术传输比特串 01101111111111110010，试问经过零比特填充法后其会变成怎样的比特串？若接收到的比特串为 0001110111101111110110，请问删除发送端加入的零比特后其会变成怎样的比特串？

5. 数据链路层采用返回 *n*-ARQ 差错控制协议，发送方发送编号 0~7 的帧。当计时器超时时，若发送方只接收到 0、3、4 的确认 ACK，则发送方需要重发多少帧？试给出协议执行的示意图。若选择重发 ARQ，情况又会如何呢？

6. 为什么网络协议必须把不利的情况都考虑到？介质访问中的主要不利因素有哪些？

7. 共有 4 个站进行码分多址 CDMA 通信，且 4 个站的码片序列为：

A：（−1 −1 −1 +1 +1 −1 +1 +1）　　　B：（−1 −1 +1 −1 +1 +1 +1 −1）

C：（−1 +1 −1 +1 +1 +1 −1 −1）　　　D：（−1 +1 −1 −1 −1 −1 +1 −1）

现收到码片序列：（−1 +1 −3 +1 −1 −3 +1 +1）。请问哪个站发送数据了？发送数据的站发送的是"1"还是"0"？

8. 简述 GSM 的接入技术。

9. 比较纯 ALOHA 与时隙 ALOHA 的优缺点。

10. 假定 1km 长的 CSMA/CD 网络的数据率为 1Gbit/s。设信号在网络上的传播速率为 1×10^5 km/s。求此协议的最短帧长。

11. CSMA/CD 协议与 CSMA/CA 协议有什么不同？

12. 防碰撞算法采用二进制倒计数，已知共有 6 个节点，节点号分别为 0010、0100、0111、1001、1101 和 1110。试画出冲突分解树，并描述节点 1110 是如何获得发送权的。

05 chapter

网络传输技术

　　物联网网络传输技术主要被用于完成感知信息的可靠传输，当来自感知层的信息到达承载网络后，重点工作就变成了如何将数据从源端正确、高效地发送到接收端。为了实现这个目标，网络层必须知道网络拓扑结构，即所有路由器和链路的集合，并从中选择出适当的传输路径。本章主要介绍物联网网络层在完成数据传输过程中遇到的路由算法问题。

　　本章学习目标：

　　（1）熟练掌握路由算法的基本概念；

　　（2）基于最短路径问题，深刻理解几种典型的集中式最短路径算法和分布式最短路径算法；

　　（3）熟练掌握自组织网络环境下的目的序列距离矢量路由协议和按需距离矢量路由协议；

　　（4）在无线传感器网络（Wireless Sensor Network，WSN）场景下，深刻理解几种常用的WSN路由算法。

在通信网络中，多个通信节点通过特定的信道按照一定的规程进行数据传输，这样就构成了一个网络。网络层关注的是如何将两个终端系统经过网络中的节点用数据链路连接起来，组成通信链路，最终实现两个终端系统之间数据的透明传送。

为了将信息从源端沿着网络路径发送到目的端，网络层必须知道通信子网的拓扑结构，并且要能够在该拓扑结构中选择适当的路径。网络层的功能包括寻址和路由，建立、保持和终止网络连接等。路由算法是网络层的核心，其目标是指引信息通过通信子网到达正确的目的节点。

因此，路由算法应包括以下两个方面的功能。

（1）为不同的源节点和目的节点对选择一条传输路径。

（2）在路由选择好了以后，将用户的消息正确地传送到目的节点。

网络设计者面临的问题是：采用什么策略来选择合适的路由？依据什么信息来进行这种选择？应该如何执行这种选择策略？用什么标准来判断所选路径的好坏？这些都是本章需要讨论的问题。

对于两点之间的无线链路传输来说，要达到同样的物理速率，若距离增至 N 倍，则其发射功率就需要增加到至少 N^2 倍。如果在两点之间增加（$N-1$）个中继节点，每个节点采用正常功率发送，其中间节点收到后转发一次，这样的系统只需要 N 倍功率就可以将数据传输距离增至 N 倍，比单独通过增加功率来增加传输距离的策略节约了大量的系统功率。但是多跳中继策略使传输时延变为 N 倍，成本增加了（$N-1$）倍。通常，称一个链路通信为一跳，通过多个不同的链路通信到达目的节点的传输为多跳传输。

在无线传感器网络场景下，当考虑到无线传输距离受限、网络布设简单、设备的电池容量有限等实际因素时，如果源节点希望与其射频覆盖范围之外的节点进行通信，那么可能需要多个中间节点进行中继，数据传输通过多个不同的链路通信串接完成。或者在实际的物联网接入过程中，若多个普通的感测节点不能直接接入互联网，则需要将数据分组传输到可以接入互联网的节点——网关，再由网关通过互联网将其传输到远程管理服务器。

由源节点、中继节点和目的节点构成的数据传输通道称为路由，这种拓扑的网络称为多跳网络。多跳网络有助于节能和铺设，同时具有一定的抗毁能力。在需要多点测量的网络场景中，节点位置相对比较密集，采用多跳中继传输的方式可以减少无线发射能量，提高网络整体的生存期。多跳网络中所有节点地位平等，节点可以随时加入或离开网络，不会因为某一个节点失效而导致网络瘫痪。在 WSN 中，某个传感器节点可能会因为电池能量耗尽或其他故障而退出网络，也可能会由于工作需要而被添加到网络中。因此，当多跳网络的拓扑结构随时发生变化时，首先需要解决的问题是如何得到最佳路由。

5.2 算法概述

多跳网络路由算法通常采用自适应算法，即网络节点会改变它们的路由决策以便反映出拓扑结构的变化。一般在每个节点均设置一张路由表，用来决定该分组的输出路径。路由表通常包括从源节点或本节点到达目的节点的路由信息，即到达目的节点必须经过的下一个节点以及该路由的有关质量和利用率的度量值。路由表可根据网络运行情况随时加以修改、更新。

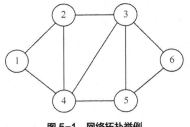

图 5-1　网络拓扑举例

1. 路由表

节点上的路由表指明了该节点如何选择该分组的传送路径。在图 5-1 所示的网络中，路由表的具体例子如表 5-1 所示。

表 5-1　节点上的路由表举例

节点 1 上的路由表		节点 4 上的路由表	
目的节点	下一个节点	目的节点	下一个节点
2	2	1	1
3	2	2	2
4	4	3	3
5	4	5	5
6	2	6	5

上述路径选择的原则是使到达目的节点的链路数（中转的次数或跳数）最少。当存在 2 条以上具有相同链路数的最少链路数路径时，可以选择其中任意一条。路由表会对每个目的节点指出分组应发向的下一个节点（输出链路）。

在分布式路由计算过程中，各节点中关于某一对节点的路由信息可能不一致。这将导致乒乓效应，形成环路等现象。例如，节点 I 上的路由表指出到目的节点 M 的最佳路径是通过下一个节点 J，而节点 J 上的路由表又指出下一个最佳节点是节点 I，则分组就会在节点 I 和 J 之间来回发送。当采用分布式算法时，特别是在适应网络变化的过程中，很难消除暂时出现的路由环路。

当路由表建立起来之后，在进行路由选择时只须简单地查找路由表中的信息，而无须再做计算。然而对于自适应路由选择来说，其会要求相当数量的计算来维持这张路由表。

通常路由表中还会包含一些附加信息，例如基于最少链路数准则的算法可能包括到达目的节点的估计链路数，这样表 5-1 所示的路由表就要修改为表 5-2 所示的形式。

表 5-2　包含最少链路数的节点 1 上的路由表

目的节点	下一个节点	链路数
2	2	1
3	2	2
4	4	1
5	4	2
6	2	3

2. 优化原则

在讨论具体的算法之前，需要先给出最优路径的一般性论述，这个论述称为最优化原则：

如果节点 J 在节点 I 到节点 K 的最优路径上，那么，从 J 到 K 的最优路径也必定会沿着同样的路径。为了更清楚地理解这一点，将从 I 到 J 的路径部分记作 r_1，余下的路径记作 r_2。如果从 J 到 K 还存在一条路径比 r_2 更好的话，那么，它可以与 r_1 串接起来，从而得到一条更好的从 I 到 K 的路径，这与 $r_1 r_2$ 是最优路径的假设相违背。

最优化原则的一个直接结果是，从所有的源到一个指定目标的最优路径的集合构成了一棵以目标节点为根的树。这样的树称为汇集树，如图 5-2 所示，图中的距离度量是跳数。但是汇聚树不必是唯一的，可能其他的树也具有同样的路径长度。路由算法的目标是为所有节点找到这样的汇集树，并根据汇集树来转发数据包。

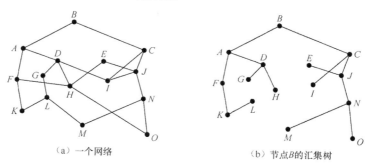

（a）一个网络　　　　　　　　（b）节点 B 的汇集树

图 5-2　汇集树

3. 最短路径

建立一个子网图，图中的每条边代表一条通信线路或者链路。为了在一对给定的节点之间选择一条路径，路由算法只须在图中找出这对节点之间的最短路径即可。

一种测量路径长度的方法是跳数。若采用这种度量方法，则图 5-3 中 ABC 和 ABE 两条路径是等长的。另一种度量是以 km 为单位的地理距离，在这种情况下，ABC 明显比 ABE 长很多（假定该图是按照比例画的）。

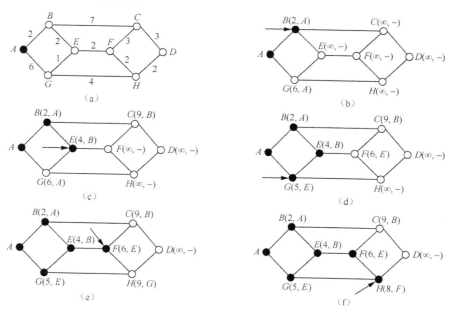

（箭头表明的是工作节点）

图 5-3　计算从 A 到 D 的最短路径的前 6 个步骤

　　然而，除了跳数和物理距离之外，还可以用许多其他度量来标示路径的长短。例如，每条边用一个标准测试包的平均时延来标记，这是每小时的测量结果。如果采用这种标记方法，则最短路径就是最快路径，而不是边数最少或者距离最短的路径。

　　一般情况下，边上面的标记可以作为距离、带宽、平均流量、通信成本、平均时延等因素的一个函数，通过计算得出。通过改变函数的权重，路由算法就可以根据任何一种标准或者多种标准的组合来计算"最短"路径。

　　许多实际的路由算法（如路由信息协议、开放最短路径优先路由协议等）都是基于最短路径这一概念的。这里首先要明确最短的含义，它取决于对链路长度的定义。长度通常是一个正数，它可以是物理距离的长短、时延的大小、各个节点队列长度等。如果长度取 1，则最短路径即为跳数（中转次数）最小的路径。其次，链路的长度随着时间可能是变化的，它取决于链路拥塞情况。路由算法的理论基础是图论，下面将首先讨论图论的基本概念，然后讨论常用的路由算法。

　　每一个网络都可以抽象成一个图 G。图 G 由一个非空的节点集合 N 和节点间的链路 A 组成，即 $G=(N, A)$。链路可以是有方向的，也可以是无方向的。如果节点 i 和 j 之间仅有 $i{\rightarrow}j$ 的链路，则称该链路是有方向的（或单向链路）。如果节点 i 和 j 之间同时有 $i{\rightarrow}j$ 及 $j{\rightarrow}i$ 的链路，则称该链路是无方向的（或双向链路）。

　　在一个网络中考虑业务流量问题时，通常必须要考虑业务的流向问题。这样就需要使用方向图的概念。方向图 $G=(N, A)$ 对应无方向图 $G'=(N', A')$，其中 $N'=N$，如果 $(i, j){\in}A$ 或 $(j, i){\in}A$ 或两者同时成立，则 $(i, j){\in}A'$。

　　定义以下几个术语。

　　关联：它表示链路与节点的关系。一条链路 (n_1, n_2) 关联的两个节点是 n_1 和 n_2。这里讨论的图不允许一条链路所关联的两个端点相同（节点不允许有一条自环的链路）。

　　方向性行走：它是指一个节点的序列 $(n_1, n_2, \cdots, n_l)$，该序列中关联的链路 (n_i, n_{i+1})，$1{\leqslant}i{\leqslant}l-1$，是 G 中的一个链路。

　　方向性路径：指无重复节点的方向性行走。

　　给每条链路 (i, j) 指定一个实数 d_{ij} 作为其长度，则一条方向性路径 $p=(i, j, k, \cdots, l, m)$ 的长度就是各链路长度之和，即 $d_{ij}+d_{jk}+\cdots+d_{lm}$。路由问题就是寻找从 i 到 m 的最小长度方向性路径。

　　路由问题有着非常广泛的应用，例如：如果定义 $d_{ij}=$ 使用链路 (i, j) 的成本，则最短路径就是从 i 到 m 发送数据成本最低的路由。如果定义 $d_{ij}=$ 分组通过链路 (i, j) 的平均时延，则最短路径就是最小时延路由。如果定义 $d_{ij}=-\ln P_{ij}$，P_{ij} 是链路 (i, j) 的可用概率，则寻找最短路径就是寻找 $i{\rightarrow}m$ 的最可靠的路径。

5.3　集中式路由算法

　　集中式路由算法是指网络的路由是由路由控制中心计算的，该中心周期性收集各链路的状态，经过路由计算后周期性地向各网络节点提供路由表。本节讨论两种集中式路由算法——Bellman-Ford 算法和 Dijkstra 算法，它们均属于点对多点的最短路径算法。

5.3.1 Bellman-Ford 算法

Bellman-Ford 算法（简记为 B-F 算法）是一种集中式的点到多点的路由算法，即寻找网络中一个节点到其他所有节点的路由。在图 5-4 所示的网络中，假定节点 1 是目的节点，要寻找网络中其他所有的节点到目的节点 1 的最短路径。假设每个节点到目的节点至少有一条路径。用 d_{ij} 表示节点 i 到节点 j 的长度。如果 (i, j) 不是图中的链路，则 d_{ij}=∞。

定义：最短（$\leqslant h$）行走是指在下列约束条件下从给定节点 i 到目的节点 1 的最短行走。

① 该行走中最多包括 h 条链路，即行走中包含的链路数至多为 h 条。

② 该行走仅经过目的节点 1 一次。

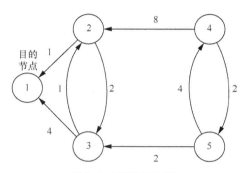

图 5-4　某网络的示意图

最短（$\leqslant h$）行走长度用 D_i^h 表示（这样的行走不一定是一条路径，它可能包含重复节点，但在一定的条件下，它将不包含重复节点）。对所有的 h，令 D_i^h=0。B-F 算法的核心思想是通过下面的公式进行迭代，即：

$$D_i^{h+1} = \min_j \left[d_{ij} + D_j^h \right], \quad (i \neq 1) \tag{5-1}$$

下面给出从 h 步行走中寻找最短路径的算法。

第一步：初始化，即对所有 $i(i \neq 1)$，令 $D_i^h = \infty$；

第二步：对所有节点 $j(j \neq i)$，先找出一条链路的最短（$h \leqslant 1$）行走长度；

第三步：对所有节点 $j(j \neq i)$，再找出两条链路的最短（$h \leqslant 2$）行走长度；

依此类推：如果对所有 i 均有 $D_i^h = D_i^{h-1}$（即继续迭代下去不会再有变化），则算法在 h 次迭代后结束。

下面描述图 5-4 中节点 4 到节点 1 的路由迭代过程。

在第 1 步中，由于仅可使用一条链路，故 $D_4^1 = \infty$。在第 2 步中，在仅使用两条链路的情况下，节点 4 通过节点 2 到达目的节点 1 的 $D_4^2 = 8 + D_2^1 = 9$。在第 3 步中，节点 4 不能通过引入新的链路来减少行走的长度，因此其路由不变。在第 4 步中，节点 4 通过节点 5 到达目的节点 1 的 $D_4^4 = 4 + D_5^3 = 8$，要小于节点 4 通过节点 2 到达目的节点 1 的 $D_4^3 = 9$，故节点 4 最终选择节点 5 作为其到达目的节点 1 的路由。具体过程如图 5-5 所示。

上述算法计算的是最短行走长度。下面的定理给出了最短行走长度等于最短路径长度的充分必要条件。

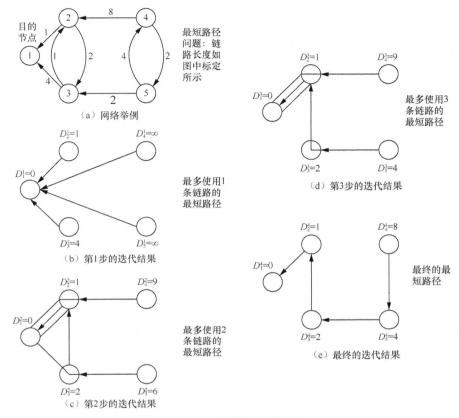

图 5-5　B-F 算法的迭代过程

定理：对于式（5-1）所示的 B-F 算法（初始条件：$i \neq 1$），有以下结论。

（1）由该算法产生的 D_i^h 等于最短（$\leq h$）行走的长度。

（2）当且仅当所有不包括节点 1 的环具有非负的长度时，算法在有限次迭代后结束。

此外，如果算法在最多 $k \leq N$ 次迭代后结束，则结束时 D_i^h 就是从节点 i 到节点 1 的最短路径长度。

定理（1）阐明了 D_i^h 与最短（$\leq h$）行走的关系。定理（2）阐明了算法何时结束，结束时所得结果是否为最短路径。

证明：采用归纳法证明定理（1）。

① 因为 $D_i^1 = d_{i1}$，所以显然有 D_i^1 等于最短（≤ 1）行走的长度。

② 假定 D_i^h 等于最短（$\leq h$）行走的长度，求证 D_i^{h+1} 等于最短（$\leq h+1$）行走的长度。

从图 5-5 中已经体会到，从 i 到 1 的最短（$\leq h+1$）行走包含的链路数有两种情况：一种情况是链路数小于 $h+1$，在此情况下，行走长度等于 D_i^h；另一种情况是链路数等于 $h+1$。在后一种情况下：

$$最短(\leq h+1)行走长度 = \min\left\{D_i^h, D_i^{h+1}\right\} = \min\left\{D_i^h, \min_{j \neq 1}\left[d_{ij} + D_j^h\right]\right\} \tag{5-2}$$

根据 D_i^h 等于最短（$\leq h$）行走的假设，有 $D_j^k \leq D_j^{k-1}$，$k \leq h$。这是因为从 k 到 1（$\leq k$）行走的集合包含了（$\leq k-1$）行走的集合，在更大范围内求极小值必然会越来越小。因此：

$$D_i^{h+1} = \min_j \left[d_{ij} + D_j^h \right] \leqslant \min_j \left[d_{ij} + D_j^{h-1} \right] = D_i^h \qquad (5\text{-}3)$$

将式（5-3）代入式（5-2）可得：

$$最短（\leqslant h+1）行走长度 = D_i^{h+1} \qquad (5\text{-}4)$$

至此，定理（1）得到证明。

③ 如果 B-F 算法在 h 次迭代后结束，即有：

$$D_i^k = D_i^h \quad (i\ 为任意数，k \geqslant h) \qquad (5\text{-}5)$$

则不可能通过添加更多的链路来减少最短的行走长度（否则，算法没有结束），也就是不可能存在一个负长度（不包括目的节点）的环。因为这样的负长度的任意大次数的重复将使行走的长度任意小，这与式（5-5）相矛盾。

相反，假定所有的不包括 1 的环具有非负长度。从最短（$\leqslant h$）行走中删除这些环，会得到长度相同或更短的路径。因此，对每一个 i 和 h，总存在一条从 i 到 1 的最短（$\leqslant h$）行走，其相应的最短路径长度等于 D_i^h。由于路径中没有环路，路径可能包括最多 $N-1$ 条链路。因此，$D_i^N = D_i^{N-1}$ 对所有 i 成立，即算法在最多 N 次迭代后结束。

上面的讨论中的主角是最短路径的长度。现在把重点移到如何直接构造最短的路径。

假定所有不包括节点 1 的环具有非负的长度，用 D_i 表示从节点 i 到达目的节点 1 的最短路径长度。根据前面的讨论，当 B-F 算法结束时，有：

$$D_i = \min_j \left[d_{ij} + D_j \right], \quad (i \neq 1)$$
$$D_1 = 0 \qquad (5\text{-}6)$$

该式称为 Bellman 方程。它表明从节点 i 到达目的节点 1 的最短路径长度，等于 i 到达该路径上第一个节点的链路长度，加上该节点到达目的节点 1 的最短路径长度。从该方程出发，只要所有不包括 1 的环具有正的长度（而不是 0 长度），就可以很容易地找到最短路径（而不是最短路径长度）。具体方法如下。

对于每一个节点 $i \neq 1$，选择一条满足 $D_i = \min_j \left[d_{ij} + D_j \right]$ 的最小值的链路 (i, j)，利用这 $N-1$ 条链路组成一个子图，则 i 沿该子图到达目的节点 1 的路径即为最短路径，如图 5-6 所示。

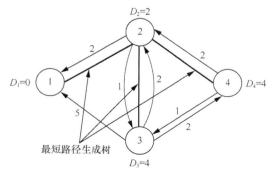

图 5-6　最短路径生成树的构造示意图

利用上面的构造方法可以证明：如果没有 0 长度（或负长度）的环，则 Bellman 方程式（5-6）（它可以看成一个含有 N 个未知数的 N 个方程）具有唯一解。如果有不包括节点 1 的环的长度为 0，则 Bellman 方程不再具有唯一解。注意：路径长度唯一并不意味着路径唯一。

利用该结论可以证明：即使初始条件 D_i^0（$i \neq 1$）是任意数（而不是 $D_i^0 = \infty$），B-F 算法也能正确工作，对于不同的节点，迭代的过程可以任意顺序并行。

5.3.2　Dijkstra 算法

Dijkstra 算法也是一种典型的点对多点的路由算法，即通过对路径的长度进行选代，计算出到达目的节点的最短路径。其基本思想是按照路径长度增加的顺序来寻找最短路径。假定所有链路的长度均为非负，那么，到达目的节点 1 的最短路径中最短的肯定是节点 1 的最近邻节点所对应的单条链路。由于链路长度非负，所以任何多条链路组成的路径的长度都不可能短于第一条链路的长度。最短路径中下一个最短的链路，肯定是节点 1 的下一个最近邻节点所对应的单条链路，或者是前面选定节点的最短的由两条链路组成的路径，依此类推。

Dijkstra 算法通过逐步标定到达目的节点路径长度的方法来求解最短路径。

设每个节点 i 标定的到达目的节点 1 的最短路径长度估计为 D_i。如果在迭代的过程中，D_i 已变成一个确定的值，则称节点 i 为永久标定的节点，这些永久标定的节点的集合用 P 表示。在算法的每一步中，在 P 以外的节点中，必定选择与目的节点 1 最近的节点加入集合 P。具体的 Dijkstra 算法如下。

① 初始化，即令 $P = \{1\}$，$D_1 = 0$，$D_j = d_{j1}$，$j \neq 1$（如果 $(j, 1) \notin A$，则 $d_{j1} = \infty$）。

② 寻找下一个与目的节点最近的节点，即求使下式成立的 $i(i \notin P)$。

$$D_i = \min D_j, \ (j \notin P) \tag{5-7}$$

置 $P = P \cup \{i\}$。如果 P 包括了所有的节点，则算法结束。

③ 更改标定值，即对所有的 $j \notin P$，置

$$D_j = \min_i \left[D_j, d_{ji} + D_i \right] \tag{5-8}$$

返回第②步。

B-F 算法和 Dijkstra 算法的应用如图 5-7 所示。

Dijkstra 算法的迭代过程如图 5-7 (c) 所示，第 1 次选代（第 1 张图）到达目的节点 1 的单条链路中最近的是链路（2,1），$D_2 = 1$，$P = \{1, 2\}$，其余的节点（3，4，5）相应地修改标定值。第 2 次选代（第 2 张图）下一个最近的节点是 5，$D_5 = 2$，$P = \{1, 2, 5\}$，其余的节点 $\{3, 4, 6\}$ 相应地修正标定值。第 3 次选代（第 3 张图）下一个最近的节点是 3 和 4，$D_3 = 3$，$D_4 = 3$，$P = \{1, 2, 3, 4, 5\}$，还剩节点 6，$D_6 = 5$。再经过一次选代，P 中将包含所有节点，算法结束。

在图 5-7 (b) 中还给出了 B-F 算法的迭代过程。很显然，在最坏的情况下，Dijkstra 算法的复杂度为 $O(N^2)$，而 B-F 算法的复杂度为 $O(N^3)$，即 Dijkstra 算法的复杂度要低于 B-F 算法。同时，从 Dijkstra 算法的讨论过程中可知以下结论。

① $D_i \leqslant D_j$，对所有 $i \in P$，$j \notin P$。

② 对于每一个节点 j，D_j 是从 j 到目的节点 1 的最短距离。该路径使用的所有节点（除 j 以外）都属于 P。

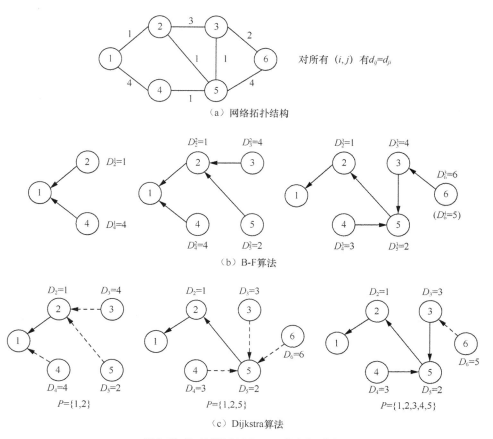

（a）网络拓扑结构

（b）B-F算法

（c）Dijkstra算法

图 5-7　B-F 算法和 Dijkstra 算法应用举例

5.4 分布式路由算法

分布式路由是指网络中所有节点通过相互交换路由信息，独立地计算到达各节点的路由。在分布式路由选择策略中，每个节点周期性地从相邻节点获得网络状态信息，同时也将本节点做出的决定周期性地通知周围的各节点，以使这些节点不断地根据网络新的状态更新自身的路由选择，整个网络的路由选择经常处于一种动态变化的状态。

这种路由算法的特点是各个节点的路由表会相互作用。当网络状态发生变化时，必然会影响到许多节点的路由表。因此，要经过一定的时间以后，各路由表中的数据才能达到稳定的数值。分布式路由算法的核心思想是各个节点独立地计算最短路径。

典型的分布式路由算法有距离矢量路由算法和链路状态路由算法。

5.4.1 距离矢量路由算法

距离矢量路由算法的基本思路是：每个节点维护一个表（即一个矢量），表中列出了当前已知的节点到每个目标的最佳距离以及所使用的链路。路由表通过邻节点之间相互交换信息而不断被更新，最终每个节点都了解到达每个目标节点的最佳路径，也称为分布式 B-F 路由算法。

1. 算法概述

在距离矢量路由算法中，每个节点维护一张路由表，它以网络中每个节点为索引，并且每个节点对应一个表项。该表项包含两部分：到达该目标节点的首选路径，以及到达该目标节点的距离估计值。距离的度量可能是跳数，或者其他因素。

假定节点知道它到每个邻节点的"距离"。如果所用的度量是跳数，那么该距离就是1跳。如果度量值为传播时延，则节点很容易测量出链路的传播时延。它只要直接发送一个特殊的 ECHO 数据包给邻节点，邻节点收到后，盖上时间戳，尽可能快地发回来即可。

举个例子，假设将时延作为距离度量，并且节点知道它到每个邻节点的时延。每隔一段时间，每个节点向它的每个邻节点发送一个列表，该表包含了它到每个目标节点的时延估计值。同时，它也从每个邻节点那里接收到了一个类似的表。假如节点 K 接收到了来自邻节点 J 的表，其中 τ_{JI} 表示节点 J 估计的到达节点 I 所需要的时间。如果节点 K 知道它到邻节点 J 的时延 τ_{JK}，那么它也能明白在 $\tau_{JI}+\tau_{JK}$ 之内经过节点 J 可以到达节点 I。对每个邻节点都执行这样的计算，最终可以发现到每个目标节点的最佳估计值，然后在新的路由表中使用这个最佳估计值以及对应的路径。

这个更新过程如图 5-8 所示。图 5-8（a）显示了一个网络。图 5-8（b）的前 4 列显示了节点 J 从邻节点接收到的时延矢量。A 声称它到 B 有 12ms 的时延，到 C 有 25ms 的时延，到 D 有 40ms 的时延……。假定 J 已经测量和估计了它到邻节点 A、I、H 和 K 的时延分别为 8ms、10ms、12ms 和 6ms。

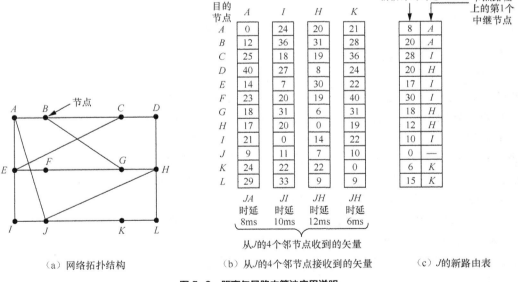

（a）网络拓扑结构　　　　（b）从 J 的 4 个邻节点接收到的矢量　　　（c）J 的新路由表

图 5-8　距离矢量路由算法应用说明

现在考虑 J 如何计算它到节点 G 的新路径。它知道在 8ms 之内可以到达 A，并且 A 声称可以在 18ms 内到达 G，所以 J 知道，如果它将那些目标地址为 G 的数据包转发给 A 的话，那么到 G 的时延为 26ms。类似地，它计算出经过 I、H 和 K 到达 G 的时延分别为 41（即 31+10）ms、18（即 6+12）ms 和 37（即 31+6）ms。在这些计算得出的距离值中，最好的结果是 18ms，所以在 J 的路由表中，对应于 G 的表项中的时延值为 18ms，所用的路径是经过 H 的那条。对于所有其他的目标地址执行同样的计算过程，最后得到的新路由表如图 5-8（c）最后一列所示。

2. 无穷计算问题

距离矢量路由算法作为一项简单技术很有用，因为节点可以在所有路径中有选择地计算出一条最短路径。但实际上它有一个严重的缺陷：虽然它总是能够收敛到正确的答案，但速度可能非常慢。尤其是，它对于好消息的反应非常迅速，而对于坏消息的反应却异常迟缓。例如，一个节点到目标 X 的最佳路径非常大。如果在下一次交换信息时，邻节点 A 突然报告说它到 X 有一条时延很短的路径，那么，该节点只是将发送给 X 的流量切换到通向 A 的线路。经过一次矢量交换，好消息就发挥作用了。

图 5-9 所示为一个 5 节点（线型）网络，这里的时延度量为跳数，每一条链路的长度为 1 跳（图中标明了各节点到达目的节点 A 的跳数）。假定 A 最初处于关机状态，所有其他的节点都知道这一点。换句话说，它们都将到达 A 的跳数记录为无穷大。

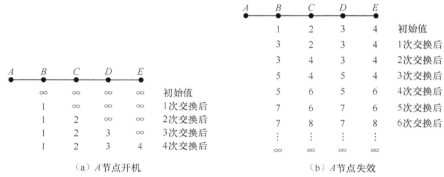

图 5-9　无穷计算问题举例

图 5-9（a）为 A 节点开机的情形。当 A 启动时，其他的路由器通过矢量交换知道了这一点。简单地说，网络会定期地启动所有节点，同时进行矢量交换。在第 1 次交换时，B 知道它左边的邻节点到 A 的时延为 0。于是 B 在它的路由表中建立一个表项，说明 A 离它有一跳远。所有其他节点仍然认为 A 是停机的。这时，针对 A 的路由表项如图 5-9（a）中的第 2 行所示。在接下来的交换中，C 知道 B 有一条路径通向 A，并且路径长度为 1，所以它会更新自己的路由表，指明它到 A 的路径长度为 2，但是 D 和 E 要到以后才能听到这个好消息。很显然，好消息扩散的速度是每交换一次往远处走一跳。如果一个网络中的最长路径是 N 跳，那么经过 N 次交换之后，每个节点都将知道新恢复的链路和节点。

现在考虑图 5-9（b）的情形，在这里所有的线路和节点最初都是正常工作的。网络中各节点 B、C、D 和 E 都有到达目的节点 A 的正确路由，距离分别为 1、2、3 和 4。突然间节点 A 关机了，或者 A 和 B 之间的链路断了（从节点 B 的角度来看这两种情况的效果是相同的）。

在第 1 次路由信息交换的过程中，节点 B 没有听到来自节点 A 的任何信息。但节点 C 报告它有到达节点 A 的路由，距离为 2。由于节点 B 不知道节点 C 是通过本节点到达节点 A 的，节点 B 可以认为节点 C 有多条独立的长度为 2 的到达 A 的路由。这样，节点 B 就可以认为它可以通过 C 到达 A，路径长度为 3。在第 1 次交换之后，D 和 E 并不更新它们的 A 表项。

在第 2 次信息交换过程中，C 注意到，它的每个邻节点都声称有一条通向 A 的长度为 3 的路径。因此，它随机地选择一个邻节点作为到达 A 的路由，并将到达 A 的距离更新为 4，如图 5-9（b）中的第 3 行所示。后续的交换和路由修正过程如图 5-9（b）所示。

从图 5-9 中可以看出，坏消息传播得很慢，没有一个节点会将其距离设置成大于邻节点报告的最小距离值加 1，所有的节点都会逐步增加其距离值，直至无穷大。这一问题被称为"计数至无穷问题"。在实际系统中，可以将无穷大设置为网络的最大跳数加 1。但是当把时延作为距离的长度时，将很难定义一个合适的时延上界。该时延的上界应足够大，以避免将长时延的路径认为是故障的链路。

3. 路由示例

下面通过一个简单示例来描述一下整个算法的执行过程。

每个节点维持一个路由表，包含所有可用的目的节点（Dest.）、到达目的节点的下一个节点（Next）和到达目的节点的跳数（Metric），并周期性地向所有邻节点发送路由表来维持网络拓扑。某一节点的路由表结构如图 5-10 所示。

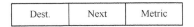

Dest.	Next	Metric

图 5-10　距离矢量算法路由表

假设某一网络拓扑由节点 A、B、C 组成，网络拓扑结构和距离矢量表如图 5-11 所示。

图 5-11　距离矢量表举例

路由表更新过程如图 5-12 所示。

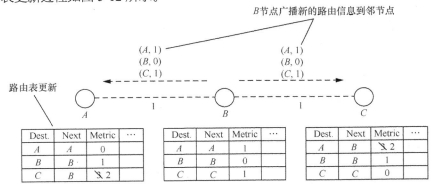

图 5-12　路由表更新过程示意图

增加新节点的过程如图 5-13 所示，节点 A 向邻节点广播信息，收到节点 B 的回应后，将 $(B，1)$ 路由信息加入路由表项中。同理，B 节点将 $(A，1)$、$(C，1)$ 路由信息加入 B 节点的路由表项中，C 节点将 $(B，1)$ 路由信息加入 C 节点的路由表项中，这时路由表项发生变换，各节点又向邻节点发送路由表，A 收到 B 节点发送的路由表项 $(C，1)$，则会把到 C 节点的路由加入本地路由表中，跳数加 1，进而形成 $(C，2)$ 路由信息。同理，C 收到 B 节点发送的路由表项 $(A，1)$，并将到 A 节点的路由信息加入本地表项，形成 $(A，2)$，依此类推，形成了遍布整个网络的路由信息。

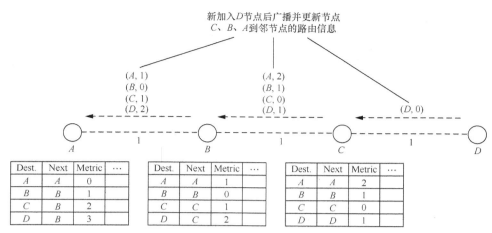

图 5-13　距离矢量路由算法路由流程图

算法存在"好消息传得快，坏消息传得慢"的现象，具体过程如图 5-14 和图 5-15 所示。

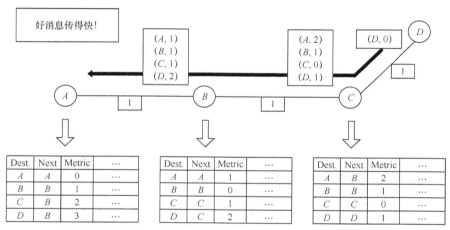

图 5-14　距离矢量路由算法路由发现

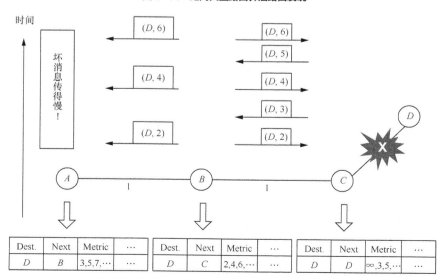

图 5-15　距离矢量路由算法路由故障

如图 5-14 所示，如果这时加入一个 D 点，根据上面的信息 A 点将很快获取到达 D 点的路由(D，3)，这就是所谓的好消息传得快。但如果这时 D 点断开了与网络的连接，如图 5-15 所示，因 C 节点有路由表项(D，1)，B 节点有路由表项(D，2)，这时进行路由广播，C 会发现到 D 节点的路由信息不通了，这时 B 节点发送了本地的路由表项(D，2)，C 认为 B 可以通往 D 节点，于是在路由表项里面加入新的路由信息(D，3)，跳数在 B 节点上加 1，接着广播自己的路由表项，这时 B 节点收到后，加到 D 的路由表项的跳数会在 C 的基础上加 1，更新自己的路由表项，并发送广播。以此形成死循环直至跳数增加到无穷大，这就是无穷计算问题。

5.4.2 链路状态路由算法

当网络拓扑结构发生变化后，距离矢量路由算法需要太长时间才能收敛到稳定状态（由于无穷计数问题）。因此，距离矢量路由算法被一个全新的算法所替代，该算法称为链路状态路由算法。

链路状态路由算法的设计思想非常简单，可以用 5 个部分加以描述。每个节点必须完成以下事情，算法才能正常工作。

（1）发现邻节点，并获取其网络地址。

（2）测量到达每个邻节点的距离或者成本度量值。

（3）构造一个数据包来通告它所知道的所有路由信息。

（4）将该数据包发送到所有其他节点，并接收来自所有其他节点的数据包。

（5）计算节点到所有其他节点的最短路径。

实际上，算法会将完整的拓扑结构和所有的时延都已经分发到网络中的每一个节点。随后，每个节点都可以运行 Dijkstra 算法找出从本地到其他所有节点的最短路径。下面将详细讨论上述 5 个步骤。

1. 发现邻节点

当一个节点启动以后，它的第 1 个任务就是找出哪些节点是它的邻节点。为了实现这个目标，它只须在每一个输出链路上广播一个特殊的 HELLO 数据包即可。在这些链路另一端的节点将会发送回一个应答数据包，告知它是谁。所有节点的名字（地址）必须是全球唯一的，因为当一个远程节点听到有 3 个节点都能连接到 F 时，它必须能够确定这 3 个节点所提到的 F 是同一个节点 F。

当两个或者多个节点通过一个广播链路（如一个交换机、环或经典以太网等）进行连接时，情形会稍微复杂一些。图 5-16（a）显示了一个广播局域网（Local Area Network，LAN）直接与 3 个节点 A、C 和 F 连接的情形，每个节点都连接到一个或者多个其他的节点上。

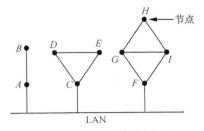
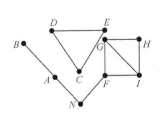

（a）通过 LAN 互连节点形成的网络　　　　（b）用虚拟节点 N 等效的网络

图 5-16　节点通过 LAN 互联时的模型

广播 LAN 为连接到其上的任何一对节点提供了彼此的连通性。然而，把 LAN 建模成许多个点到点链路会增大拓扑结构，从而浪费消息。模拟局域网的一个更好的方法是把它看作一个节点，如图 5-16（b）所示。在这里，我们引入了一个新的人造节点 N，它与 A、C 和 F 连接。LAN 上的一个指定节点被选中替代 N 运行路由协议。事实上，从 LAN 上的 A 到 C 是可能的，这里用路径 ANC 表示这条路径。

2. 设置链路成本

为了寻找最短路径，链路状态路由算法需要每条链路以距离或成本进行度量。到邻节点的成本可自动设置或由网络运营商配置。一种常用的选择是使成本与链路带宽成反比。例如，1Gbit/s 以太网的成本可能是 1，而 100Mbit/s 以太网的成本可能是 10。这样可以使得高容量的路径成为路由更好的选择。

如果网络在地理上分散，则链路的时延可以被作为成本的组成部分，这样才能更好地选择较短链路上的路径。确定这种时延的最直接方法是通过线路给另一边发送一个特殊的 ECHO 数据包，要求对方立即发回。通过测量往返时间再除以 2，发送节点即可得到一个合理的时延估算值。

3. 构造链路状态包

一旦收集到了所需的交换信息，每个节点的下一步工作是构建一个包含所有这些信息的数据包。该数据包的内容首先是发送方的标识符，接着是一个序号和年龄，以及一个邻节点列表。对于每个邻节点，同时要给出到这个邻节点的时延。图 5-17（a）给出了一个网络实例，每条线路上均标出了时延信息。这 6 个节点所对应的链路状态数据包如图 5-17（b）所示。

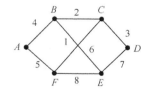

（a）网络拓扑

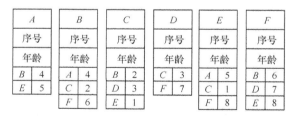

（b）该网络的链路状态包

图 5-17 链路状态分组的格式

构造链路状态数据包很容易，难的是确定什么时候构造数据包。一种可能的做法是周期性地创建数据包，也就是说，以一定的时间间隔创建链路状态数据包。另一种可能的做法是每当发生某些重要的事情时创建数据包，例如当一条线路断掉、一个邻节点停机、它们重新恢复运行或者它们的特性发生了一定变化时，创建数据包。

4. 分发链路状态包

所有节点必须快速并可靠地获得全部的链路状态数据包。如果不同的节点使用了不同版本的拓扑结构，那么它们计算出来的路由可能会不一致，例如出现环路、目标节点不可达或者其他的问题。

基本思路是使用泛洪算法将链路状态数据包分发给所有节点。为了控制泛洪规模，每个数据包都包含一个序号，序号会随着每个新数据包的发出而逐一递增。节点会记录下它所看到的所有（源节点、序号）对。当一个新的链路状态数据包到达时，节点会检查这个新来的数据包是否已经出现在上述观察到的列表中。如果这是一个新数据包，则把它转发到除入境线路之外的所有其他线路上。如果这是一个重复数据包，则把它丢弃。如果数据包的序号小于当前所看到过的来自该源节点的最大序列号，则它将被当作过时数据包而被拒绝接受，因为节点已经有了更新的数据。

在每个数据包的序号之后包含一个年龄字段，并且每隔一定时间就将年龄减1。当年龄字段的值被减到0时，来自节点的该信息将被丢弃。通常情况下，每隔一段时间，一个新的数据包就会到来。所以，只有当一个节点停机时（或者多个连续的数据包被丢失，这种情形发生的可能性不大），节点信息才会超时。在初始泛洪过程中，每个节点都要递减年龄字段，这样可以确保没有数据包被丢失，也不会无限制地生存下去。

当一个链路状态数据包被泛洪到一个节点时，它并没有立即被排入队列等待传输。相反，它首先被放到一个保留区中等待一段时间。如果在这个数据包被转发出去之前，另一个来自于同一个源节点的链路状态数据包也到了，那么就比较它们的序号。如果两个数据包的序号相等，则丢弃重复数据包。如果两者不相等，则丢弃老的数据包。为了防止线路产生错误导致丢包和错包，所有的链路状态数据包都要被确认。

在图 5-17（a）所示的网络中，节点 B 使用的数据结构如图 5-18 所示。这里的每一行对应一个刚到达但是还没有完全处理完毕的链路状态数据包。该表记录的数据包括包的来源、序号、年龄以及状态数据。而且，针对 B 的 3 条线路（分别到 A、C 和 F）还记录了发送和确认标志。发送标志表明该数据包必须在所指示的线路上发送。确认标志表明它必须在这条线路上得到确认。

源节点	序号	年龄	发送标志			确认标志			数据
			A	C	F	A	C	F	
A	21	60	0	1	1	1	0	0	
F	21	60	1	1	0	0	0	1	
E	21	59	0	1	0	1	0	1	
C	20	60	1	0	1	0	1	0	
D	21	59	1	0	0	0	0	1	

图 5-18　图 5-17（a）中节点 B 的状态包缓冲区

在图 5-18 中，来自 A 的链路状态数据包可以直接到达，所以 B 必将它发送给 C 和 F，并且按照标志位的指示向 A 发送确认。类似地，B 必须把来自 F 的数据包转发给 A 和 C，并且向 F 返回确认。

然而，第 3 个数据包（即来自 E 的数据包）有所不同。它到达两次，一次经过 EAB，另一次经过 EFB。因此，它只须被发送给 C，但是要向 A 和 F 发送确认，正如标志位所示。

如果一个重复数据包到来时原来的数据包仍然在缓冲区中，那么标志位必须做相应的改变。例如，如果表中第 4 项被转发出去之前，C 的链路状态数据包的一份副本从 F 到达，那么这 6 位将被改变为 100011，以表明该数据包必须向 F 发送确认，但是不用转发了。

5. 计算新路由
一旦节点已经积累了全部的链路状态数据包，它就可以构造出完整的网络图，因为每条链路都已经被表示出来了。事实上，每条链路被表示了两次，每个方向各表示 1 次。不同方向的链路可能有不同的成本。最短路径计算可找到从 A 到 B 与从 B 到 A 不同的路径。

现在可以在节点本地运行 Dijkstra 算法，以便构建出从本地出发到所有可能目标节点的最短路径。这个算法的运行结果告诉节点到达每个目标节点能走哪条链路。这个信息被安装在路由表中，而且恢复正常操作。

相比距离矢量路由算法，链路状态路由算法需要更多的内存和计算。对于一个具有 n 个节点的网络，每个节点有 k 个邻节点，那么，用于存储输入数据所要求的内存与 kn 成正比，这至少与列出全部目标节点的路由表一样大。不过，在许多实际场合，链路状态路由算法工作得很好，因为它没有慢收敛问题。

5.5 自组织网络路由

Ad Hoc 网络是由一组带有无线收发装置的移动终端组成的一个多跳的临时性自治系统。移动终端具有路由功能，可以通过无线连接构成任意的网络拓扑，这种网络可以独立工作，也可以与其他网络互联。

Ad Hoc 网络中，每个移动终端兼备主机和路由器两种功能：作为主机，终端需要运行面向用户的应用程序；作为路由器，终端需要运行相应的路由协议，根据路由策略和路由表参与分组转发和路由维护工作。由于终端的无线传输范围有限，两个无法直接通信的终端节点往往会通过多个中间节点的转发来实现通信。所以，它又被称为多跳无线网或无线自组网。

Ad Hoc 网络具有以下显著特点。

（1）无中心和自组织性

Ad Hoc 网络采用无中心结构，所有节点的地位平等。其是一个对等式网络，各节点通过分层的网络协议和分布式算法协调彼此的行为。节点可以随时加入和离开网络。任意节点的故障不会影响整个网络的运行。

（2）动态变化的网络拓扑

在 Ad Hoc 网络中，移动终端能够以任意可能的速度和移动模式移动，并且可以随时关闭电台。网络拓扑随时可能发生变化，而且变化的方式和速度都难以预测。在网络拓扑图中，这些变化主要体现在节点和链路的数量及分布的变化中。

（3）多跳路由

由于节点发射功率的限制，节点的覆盖范围是有限的。当其要与覆盖范围之外的节点进行通信时，需要中间节点的转发。Ad Hoc 网络中的多跳路由是由普通节点共同组建的，而不是由专用的路由设备（如路由器）组建的。

为了适应自组织网络的特点，路由协议要能够动态获取拓扑信息并实时调整路由。其通常会在传统的路由算法上进行改进，以满足 Ad Hoc 网络的传输需求。

5.5.1 DSDV

DSDV 是通过表来驱动的先应式路由协议，其采用距离矢量路由算法对路由信息进行更新，所有节点会保存并更新"可达"信息，会维护自身到网络中所有节点的路由信息，所有节点的路由信息都已经存在，且随时可以使用。

DSDV 路由协议所用的算法（下文统称为 DSDV 路由算法）是在距离矢量路由算法的基础上通过改进而得的，其保持了距离矢量路由算法的简单性，在路由表中加入一个带有目的序列号的项，以此确保无路由回路问题，并且改进了对拓扑变化的反应速度，当路由表发生重大变化时立即重新启动路由发现，对于不稳定的路由加以通告，节点要延迟一段时间再发送路由更新信息，从而减缓了路由波动。

DSDV 路由算法在距离矢量路由算法的路由表中增加了 Sequence Number、Install Time、Stable Data 3 个表项。DSDV 的路由表结构如图 5-19 所示。

（1）Sequence Number (Seq.Nr)：目的主机的编号，由目标节点生成，用来保证不产生路由回路。

（2）Install Time：该路由表项的创建时间，用来删除表中过时的路由信息。

（3）Stable Data：指向一张路由表的指针，用来保存路线的稳定性。

Destination	Next	Metric	Seq.Nr	Install Time	Stable Data
A	A	0	A-550	001200	Ptr_A
B	B	1	B-102	001200	Ptr_B
C	B	3	C-588	001200	Ptr_C
D	B	4	D-312	001200	Ptr_D

图 5-19 DSDV 路由表结构

1. 初始状态

通过上述 3 种措施，每个节点向邻节点广播自己的路由信息，网络拓扑和 DSDV 路由表项如图 5-20 所示。广播的路由信息包含：目的地址（Dest.）、下一跳地址（Next）、到达目的地址的跳数（Metric）和目的地址序列号（Seq.）。

Dest.	Next	Metric	Seq.
A	A	0	A-550
B	B	1	B-100
C	B	2	C-588

Dest.	Next	Metric	Seq.
A	A	1	A-550
B	B	0	B-100
C	C	1	C-588

Dest.	Next	Metric	Seq.
A	B	2	A-550
B	B	1	B-100
C	C	0	C-588

图 5-20 DSDV 路由表项

2. DSDV 路由信息更新

在 DSDV 路由算法中，目的地址序列号的设置规则如下：①在每次广播时将自己的目的序列号加 2；②如果一个节点不可达，就将这个节点的序列号加 1 并设置 Metric 为无穷大。这样，广播目标序列号就能很容易地判断节点的可达性。以 B 节点为例，发送路由更新信息的过程为：首先，B 节点将自己的序列号从 B-100 增加到 B-102；其次，B 节点广播自己的路由信息到邻节点 A 和 C。B 节点发送 DSDV 路由更新信息的过程如图 5-21（a）所示。

为了维护路由表的更新，节点需要周期性地广播路由更新数据包。邻节点收到路由更新数据包后，会先与自己的路由表进行比较，选择目的序列号大的路由，这样就能确保使用的总是来自目标节点的最新路由信息。如果目标序列号相同，则选择 Metric 中跳数较小的路由。

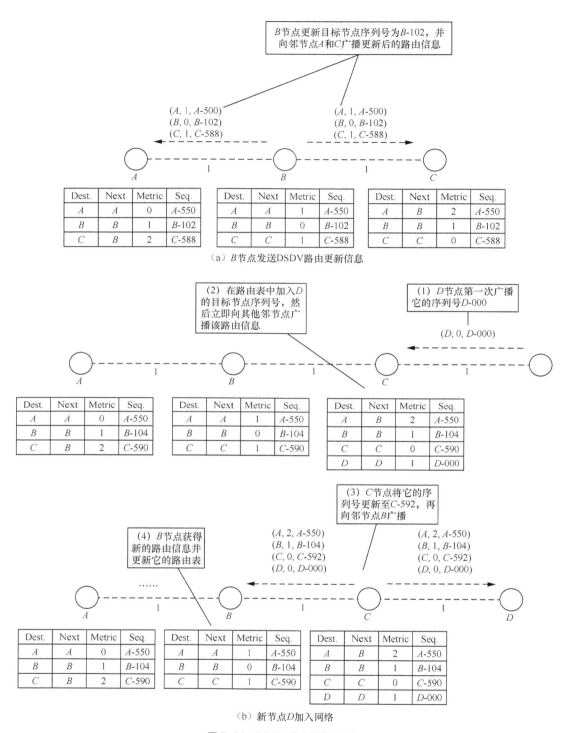

（a）B节点发送DSDV路由更新信息

（b）新节点D加入网络

图 5-21　DSDV 路由算法流程图

当有一个新的节点加入 D 网络时，首先，节点 D 第一次广播自己的信息发送序列号 D-000，C 节点将 D 节点加入自己的路由表，然后 C 节点按照目标节点序列号的设置规则将自己的目标节点序列号加 2，再将新的路由信息广播给节点 B。类似地，节点 B 在接收到新的路由信息后也需要更新自己的路由表项。图 5-21（b）给出了新节点加入时路由信息的更新过程。

3. DSDV 路由算法小结

由前面的论述可以看出，DSDV 由经典的 B-F 算法改进而来，它通过序列号机制对新旧路由加以区分，从而有效防止了路由环路的产生。DSDV 路由算法延时性很低，对于要发送的信息可以直接查找路由表，将信息送达。

但由于网络一般节点较多，有的还存在随机移动现象，这就导致了路由收敛太慢，甚至不收敛的现象，而且网络节点一般采用电池供电，因此节能问题尤其重要。DSDV 网络时时刻刻都在保持路由、更新路由表，导致节点即使在没有数据通信时仍然不能进行休眠，并且路由表中大部分的路由信息是从来不使用的，这就导致了能量的浪费。在周期性地更新信息的过程中，DSDV 不可避免地产生了大量的网络开销，而这种开销随着网络规模 N 的变化以 $O(N \times N)$ 的规模呈爆炸式增长。所以 DSDV 路由并不适用于节点数目较多、能耗要求高的网络。

5.5.2 AODV

无线自组网按需平面距离向量路由（Ad Hoc On-demand Distance Vector Routing，AODV）协议是一种按需路由协议。当一个节点需要给网络中的其他节点传送信息时，若没有到达目标节点的路由，则进行路由操作，否则直接从预存的路由表中选择中继节点。

AODV 协议是在 DSDV 协议的基础上加入按需机制改进而来的。与 DSDV 相比，它不需要维护全网路由信息。

1. 基本思路

为了描述 AODV 算法，可以考虑图 5-22 中新形成的 Ad Hoc 网络。假设节点 A 想给节点 I 发送数据包。AODV 算法在每个节点上维护了一张距离矢量表，以目标节点为关键字，每个表项给出了有关该目标节点的信息，包括将数据包发送给哪个邻节点才可以到达这个目标节点。首先，A 检查自己的表，没有发现针对 I 的表项。因此，它现在必须去发现一条通向 I 的路径。这种只有当需要时才找寻路径的特性，使得这个算法是"按需"进行的。

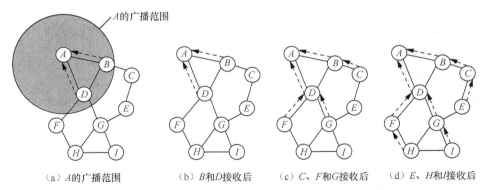

（a）A 的广播范围　　（b）B 和 D 接收后　　（c）C、F 和 G 接收后　　（d）E、H 和 I 接收后

注：阴影节点是新的接收者，虚线表示可能的逆向路由，实线表示发现的路由。

图 5-22 AODV 算法示意图

为了找到节点 I，A 构造了一个路由请求包并且使用泛洪算法广播它。该数据包从节点 A 传输到节点 B 和 D，如图 5-22（b）所示。每个节点重新广播，该数据包继续到达节点 F、G 和 C，如图 5-22（c）所示，然后再到达节点 H、E 和 I，如图 5-22（d）所示。源端设置一个序号，用来淘汰泛洪过程中的重复请求包。例如，D 丢弃来自 B 的传输，如图 5-22（c）所示，因为它已经转发过请求数据包了。

最后，请求包到达节点 I，节点 I 构造一个路由应答包。这个包沿着请求包所遵循的路径逆向单播给发送者。这项工作要求每个中间节点必须记住给它发送请求包的节点。图 5-22（b）~图 5-22（d）显示了存储的逆向路由信息。每一个中间节点在转发应答数据包时还要将跳数增加 1，告诉节点到目标节点有多远。应答数据包还需要告诉每个中间节点，能到达目标节点的邻节点正是给它们发送应答数据包的节点。中间节点 G 和 D 在处理应答数据包时把听到的最好的路由填入它们的路由表中。当该应答到达节点 A 时，一条新路由 $ADGI$ 就被创建了出来。

因为节点可以移动或者关闭，所以网络的拓扑结构自然会发生变化。例如，在图 5-21 中，如果节点 G 关闭了，那么节点 A 并不会立即意识到它刚刚用过的通向 I 的路径（$ADGI$）已不再有效了。每个节点依旧周期性地广播一个 HELLO 消息，并且期望它的邻节点做出响应。如果没有响应到来，消息的广播者就知道它的邻节点已经离开接收范围或者失效了，因而不再跟自己有连接。类似地，如果它试图给一个邻节点发送数据包而没有得到响应，那么它也知道该邻节点已不再可用。

这些信息可被用来清除那些不再有效的路由。对于每个可能的目标节点，每个节点（如节点 N）都会记录自己的活跃邻节点，即那些在最近给它发过到达该目标的数据包的节点。当 N 的任何邻节点变得不可达时，它就检查自己的路由表看哪些通往目标节点的路由使用了刚刚离开的邻节点。对于这些路径中的每个节点，通知相应的活跃邻节点，因为它们经过 N 的路径不再有效，必须从路由表中删除。例如，节点 D 从路由表中删除到 G 和 I 的表项，并通知 A 也删除到 I 的表项。一般情况下，活跃邻节点会再告诉它们自己的活跃邻节点，如此递归下去，直到所有依赖丢失节点的路由从全部的路由表中删除。

在这个阶段，无效的路由已被清除出网络，发送者可以再使用路由发现机制来发现新的有效路由。

为了保证快速收敛，路由包括一个由目标节点控制的序号。目标节点每次发送一个新路由回复时就递增该序号。发送者请求发现一条新路由时，就在路由请求包中包括它最后使用的那条路由的序号，这个序号要么是刚刚被清除的路由的序号，要么作为初始值被设置为 0。该请求包将被广播，直到发现一条具有更高序号的路由为止。中间节点存储具有更高序号的路由，或者当前序号下具有更小跳数的路由。

2. 路由表结构

在路由中，每个节点都要维护一个包含到达目标节点路由信息的路由表。路由表字段包含：目标节点地址、目标节点序列号、目标节点序列号的有效标志位、下一个节点地址、本节点到达目标节点的跳数、前驱节点列表、生存时间、网络层接口、其他的状态和路由标志位等。路由表格式如表 5-3 所示。

其中，生存时间实际上是一个计时器。只要路由开始被使用，生存时间就要重新设置并开始计数。如果生存时间达到预定值（RFC 3561 定位它为 3s），则路由失效。

目标节点序列号在网络中是唯一存在的，其值越大则说明该路由信息越新，且决定了节点能否接收路由信息。节点接收到路由信息后，会先比较该信息中的目标节点序列号与自己的序列号的大小。如果前者大，则说明收到的是最新路由信息，并更新自己的路由表；反之，则说明收到过时的路由信息，不做处理。

表 5-3　路由表格式

路由表条目	大小
目标节点地址	16bit
下一跳地址	16bit
目标节点序列号	8bit
邻节点地址	16bit
生存时间	16bit

AODV 路由协议使用目标节点序列号来保证路由无环路并且所有的路由信息都是最新的，同时避免了传统距离矢量路由算法具有的问题。路由表维护着有效的邻节点的相关信息，使路由上的各个节点都可以知道路由信息的变化。路由表每项只记录下一跳路由的信息，而不是整条路由的信息，简化了路由表的建立和维护。

3. 主要操作

（1）路由请求

在两个节点之间的路由有效、通信正常的情况下，AODV 协议不起作用。只有当源节点 S 需要向目标节点 D 发送数据包，但又没有 D 节点的路由入口时，才会发起路由请求，即发送路由广播帧 RREQ。当 RREQ 在网络中传播时，中间节点会更新各自到源节点的路由，称之为反向路由。RREQ 请求帧中包含源节点以前记录的到目标节点的序列号，但此序列号可能不是最新（最大）的。中间节点如果有到目标节点的路由，则只有当该节点记录的目标节点序列号比 RREQ 中的目标节点序列号更新（更大）时，才认为这条路由是有效的。

（2）路由应答

当 RREQ 最终到达目标节点时，目标节点会通过向该反向路由（即该 RREQ 传播路线）发送 RREP 应答帧，从而在该条路径的各个节点建立通向目标节点的前向路由。只有当该节点本身就是目标节点，或者是中间节点但是有通向目标节点的活跃路径时，才会产生 RREP。当 RREP 传播到源节点时，中间节点会根据该 RREP 更新它们各自指向目标节点的路由信息。节点只对第 1 次收到的 RREQ 发送 RREP 应答帧。

（3）路由检错

若发生以下情况，则广播 RERR 路由错误帧：一个节点检测到与一个邻节点的链路断裂（即该邻节点不可达）；节点收到一个数据包，而该节点路由表没有指向数据包制定的目标节点的有效路由，并且该路由并非处于修复状态；节点收到来自邻节点的 RERR 路由错误信息帧，该帧可能指示多个目标节点不可达。

RERR 信息的发送方式：单播（将 RERR 信息单播给一个接收者）、重复单播（将 RERR 信息分别单播给多个接收者）、广播（将 RERR 信息同时发送给多个接收者，使用 IP 地址 255.255.255.255 进行广播，TTL=1）。

4. 路由过程

（1）路由发现

广播 RREQ 路由请求帧，中间节点更新各自到源节点的路由表，如果收到 RREQ 的节点不是目标节点，并且没有到达目标节点的有效路由，则转发该 RREQ，中间节点维护指向路由源节点的反向路由。目标节点或存在到目标节点有效路由的中间节点产生 RREP 路由应答帧，

RREP 通过之前建立的反向节点单播至源节点，源节点收到 RREP 应答帧，至此源节点可以向目标节点发送数据包。AODV 路由发现过程如图 5-23 所示。

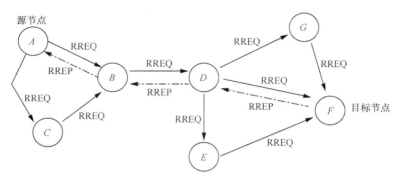

图 5-23　AODV 路由发现过程示意图

路由发现算法概括如下。

● 源节点：应用层有数据发送请求，并且指向目标节点的路由有效，直接通过该路由发送数据包，如果没有到达目标节点的有效路径，则产生 RREQ 广播帧，RREQ 的序列号、ID字段加 1，将源节点地址、序列号、目标节点地址、序列号等信息添加到 RREQ 中，广播至网络。

● 中间节点：如果中间节点路由表中记录的到目标节点的路由有效，并且记录的目标节点的序列号大于或等于 RREQ 中的目标节点序列号，则该中间节点可以产生路由应答帧。如果该中间节点不产生应答帧，则更改 RREQ 中的目标节点序列号至当前最大，跳数字段加 1，然后转发。

● 目标节点：目标节点的序列号加 1，产生 RREP 应答帧（包括源节点地址、目标节点地址和更新后的序列号），并单播至源节点。

（2）路由维护

HELLO 消息帧就是 TTL=1 时的 REEP 帧，用于检测活跃路径上相邻节点的链接状况。只有当某节点位于某活跃路径之上时，才能发送 HELLO 消息帧。活跃路径节点以HELLO_INTERVAL 为周期发送 HELLO 消息。在 DELETE_PERIOD 的时间内没有收到来自邻节点的 HELLO 消息，则认为该链路失效；发起一次指向该邻节点的局部修复操作，路由修复超时以后，路由错误信息 RERR 向源节点和目标节点发送；RERR 在传播过程中，各中间节点会删除该失效路径上相应的路由信息。

（3）路由信息新旧判断

AODV 依赖网络中的每个节点维护自身的序列号，源节点在广播 RREQ 帧之前要更新自己的序列号，即将序列号加 1，目标节点在产生 RREP 应答帧之前也要将自身的序列号加 1，每个节点在对各自的序列号加 1 时，是将其视为无符号数进行的。通过比较来自目标节点路由控制帧中的序列号 SN1 和本节点维护的目标节点的序列号 SN2，就可以确定本链路的新旧程度。如果 SN2-SN1<0（有符号数相减），则说明路由表中的维护信息已过时，应将路由信息更新为路由控制帧最新的路由信息。

（4）拥塞控制

源节点在发送 RREQ 后，在规定的时间内没有收到来自目标节点的 RREP 时，可以选择再次发送 RREQ 路由请求帧。在尝试了 RREQ_RETRIES 次之后，如果依旧收不到 RREP，则在路由表中标记该目标节点不可达，并通知应用层。每次在重新发送 RREQ 请求帧时，等待 RREP 应答帧的时间要在原来时间的基础上乘以 2，以避免拥塞。

5. AODV 小结

与其他路由协议相比，AODV 协议有以下优点：①扩展性能强大；②每个节点拥有唯一的目标序列号，可以避免产生路由环路；③能够快速修复失效路由；④路由协议简单；⑤由于中间节点参与路由发现过程，源节点向邻节点广播的次数较少。

按需协议的精髓在于中间节点只存储正在使用的路由。在广播期间了解的其他路由信息经过短暂时延后会超时。相比需要定期广播路由更新信息的标准距离向量协议，只发现并存储那些要使用的路由，有助于节省带宽和电池寿命。

5.6 WSN 路由

5.6.1 WSN 概述

随着计算机技术、网络技术与无线通信技术的迅速发展，无线网络技术与传感器技术的结合使得 WSN 应运而生。WSN 由部署在检测区域内大量的微型传感器节点组成，通过无线的方式形成一个多跳的自组织网络，不仅可以接入互联网，还可以适用于有线接入方式所不能胜任的场合，提供优质的数据传输服务。由于网络节点自身固有的通信能力、能量、计算速度及存储容量等方面的限制，WSN 的研究具有很大的挑战性和宽广的空间。

WSN 是一种特殊的 Ad Hoc 网络，它是由许多无线传感器节点协同组织起来的。这些节点具有协同合作、信息采集、数据处理、无线通信等功能，可以随机或者特定地布置在监测区域内部或者附近，它们之间通过特定的协议自组织起来，能够获取周围环境的信息并且相互协同工作以完成特定任务。

WSN 的典型体系架构如图 5-24 所示，包括分布式传感器节点、汇聚节点、互联网和监控中心等。在传感器网络中，各个传感器节点的功能都是相同的，它们既是信息包的发起者，也是信息包的转发者。大量传感器节点被布置在整个监测区域中，每个节点将自己所探测到的有用信息经过初步的数据处理和信息融合之后，通过相邻节点的接力传送方式，多跳路由给网关，然后再通过互联网、卫星信道或移动通信网络传送给最终用户。用户也可以对网络进行配置和管理，发布监测任务以及收集监测数据等。

无线传感器节点的处理能力、存储能力和通信能力相对较弱，通过小容量电池供电。从网络功能上看，每个传感器节点除了进行本地信息收集和数据处理外，还要对其他节点转发来的数据进行存储、管理和融合，并与其他节点协作完成一些特定任务。

汇聚节点的处理能力、存储能力和通信能力相对较强，它是连接传感器网络与 Internet 等外部网络的网关，实现两种协议间的转换，同时向传感器节点发布来自监控中心的监测任务，并把 WSN 收集到的数据转发到外部网络上。汇聚节点可以是一个具有增强功能的传感器节点，其有足够的能量供给和更多的存储空间。因此，汇聚节点在传感器节点和公共网络之间起到了非常重要的作用，以完成与监控中心的通信。

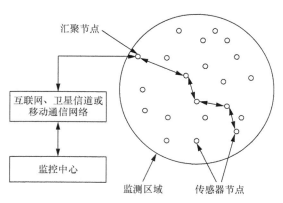

图 5-24　WSN 体系架构

监控中心用于动态地管理整个 WSN，传感器网络的所有者通过监控中心访问 WSN 的资源。

与传统的无线网络相比，WSN 具有一些独有的特点，这些特点使得 WSN 得到了广泛的应用，同时也提出了很多新的挑战。WSN 的主要特点如下。

（1）节点数量众多，分布密集。为了对某片区域进行监测，往往有成千上万个传感器节点分布在监测区域。传感器节点分布非常密集，通常可以利用节点之间的高度连接性来保证系统的容错性和抗毁性。

（2）硬件资源有限。传感器节点由于受价格、体积和功耗的限制，其计算能力、内存空间都不如普通的计算机。因此决定了在传感器节点软件设计中，协议层不能太复杂。

（3）电源容量有限。WSN 节点一般由电池供电，其特殊的应用领域决定了在使用传感器节点的过程中，不能给电池充电或更换电池，一旦电池能量用完，这个节点也就失去了作用。因此，在设计 WSN 的过程中，任何技术和协议的使用都要以节能为前提。

（4）自组织网络。WSN 的布设和展开无须依赖任何预设的网络设施，节点通过分层协议和分布式算法协调各自的行为，节点开机后就可以快速、自动地组成一个独立的网络。

（5）无中心的网络。WSN 中没有严格的控制中心，所有节点地位平等，是一个对等式网络。节点可以随时加入或离开网络，任何节点的故障都不会影响整个网络的运行，具有很强的抗毁性。

（6）多跳路由。WSN 节点的通信距离有限，一般在几百米范围内，节点只能与它的邻节点直接通信，如果希望与其射频覆盖范围之外的节点进行通信，则需要通过中间节点进行路由。固定网络的多跳路由往往使用网关和路由器来实现，而在 WSN 中没有专门的路由器，它的多跳路由可以由任一传感器节点来完成。每个传感器节点既是信息的发起者，也是信息的转发者。

（7）动态拓扑。WSN 是一个动态网络，传感器节点可以随处移动。某个节点可能会因为电池能量耗尽或其他故障而退出网络，也可能由于工作的需要而被添加到网络中。这些都会使网络的拓扑结构随时发生变化，因此 WSN 应该具有动态拓扑组织功能。

WSN 路由协议的设计目标是：延长网络生命周期，提高路由的容错能力，形成可靠的数据转发机制。评价一个 WSN 路由协议设计的性能指标一般包括 WSN 的生命周期、传输时延、健壮性和可扩展性等。

对比一般的无线网络，WSN 路由协议主要用于提供较高的服务质量，均等、高效地使用网络带宽传送数据。WSN 路由协议一般具有以下特点。

（1）节点的能量消耗小且均衡。由于 WSN 中的节点能量有限，且一般无法补充，当 WSN 中的某些节点由于能量的耗尽而死亡时，可能导致整个网络无法运行，以致死亡。因此，尽量减小节点能量的消耗，使整个 WSN 中所有节点尽可能均衡地消耗能量（即尽量减少某些节点的能量消耗），从而延长整个网络的生存期，这是 WSN 路由协议设计的重要目标。

（2）网络拓扑信息、计算资源有限。WSN 为了节省通信时节点的能量，通常采用多跳的通信模式。另外，由于 WSN 的节点是低成本的，不具有较高的存储能力和计算能力，也无法存储太多包括拓扑结构在内的网络信息，节点所存储的拓扑信息是局部的。因此，节点无法进行太复杂的计算以得到全局优化路由。为此，如何实现简单有效的路由机制就成为了 WSN 的基本问题。

（3）以数据为核心。WSN 中节点采集的数据，将向汇聚节点传输，转发节点所转发的数据很可能是采集的同一个信息，因此会出现数据冗余现象，需要在转发节点处进行数据融合，以降低数据的冗余率，减少转发的数据量，从而降低能耗。另外，WSN 的网络规模较大，WSN 的节点一般采用随机部署的方式获取有关监测区域的感知数据。整个系统更关心的是感知数据，而不是具体哪个节点获取的信息，因而 WSN 信息的获得不依赖于节点的地址信息，而是依赖局部区域内所感知的信息。所以 WSN 的通信协议是以数据为中心的。

（4）与应用密切相关。WSN 应用目的不同、应用环境也不同，这就决定了 WSN 模式的不同，因此无法找到一个路由机制适合所有的应用目的和应用环境，这是 WSN 应用相关性的一个体现。这就要求应用者从实际出发，结合具体的应用需求，设计与之适应的特定路由机制。

5.6.2 WSN 常用路由协议

WSN 各节点构成了复杂的网络拓扑，而每个节点携带的能量是有限的，各节点能量消耗的比例中，通信占有较大的比重。这就意味着要使整个网络获得较长的生命周期，应合理地应用各节点的中继功能。因此，采用合理、科学的路由技术是整个 WSN 通信的关键，而依据某种指标所指定的路由算法则是整个通信的核心。

WSN 网络层协议负责路由的发现与维护，在 WSN 中占据重要地位。路由协议的正确选择是网络设计成功的关键。WSN 路由协议依据不同的标准有多种分类。例如，根据网络的拓扑结构可以划分为平面式路由协议、分级层次式路由协议和基于位置信息的路由协议。

平面式路由协议包括前面介绍的 DSDV、AODV 等自组织网络路由协议。下面介绍主要的层次式路由协议和基于位置信息的路由协议。

5.6.2.1 低功耗自适应集簇分层型协议

随着网络规模的增大，节点的路由表也成比例增长。不断增长的路由表不仅消耗节点内存，而且还需要更多的 CPU 时间来扫描路由表以及更多的带宽来发送有关的状态报告。当网络增长到一定规模时可能会达到某种程度，此时每个节点不太可能再为其他每个节点维护一个表项，网络路由不得不分层次进行。

在采用分层路由之后，节点被划分成区域。每个节点都知道如何将数据包路由到自己所在区域内的目标节点，但是对于其他区域的内部结构毫不知情。当不同的网络互联在一起时，每个网络将会很自然地被当作一个独立的区域，一个网络中的节点不必知道其他网络的拓扑结构。

对于大型网络，两级的层次结构可能还不够，可能有必要将区域组织成簇，将簇组织成区，将区组织成群等等，直到将所有的集合名词用完为止。

图 5-25 给出了一个两级层次的定量分析例子，其中包含了 5 个区域，如图 5-25（a）所示。节点 1A 的完整路由表有 17 个表项，如图 5-25（b）所示。如果采用分层路由，则路由表如图 5-25（c）所示，所有针对本区域内的节点表项都跟原先一样，但是，所有到其他区域的路由都被压缩到了单个节点中。因此，所有到区域 2 的流量都要经过 1B-2A 线路，其余的远程流量都要经过 1C-3B 线路。层次路由使得节点 1A 的路由表长度从 17 项降低为 7 项。随着区域数与每个区域中节点数量之比值的增加，节省下来的表空间也随之增加。

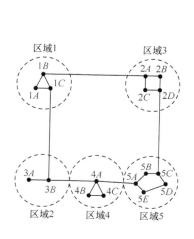

目标地址	线路	跳数
1A	—	
1B	1B	1
1C	1C	1
2A	1B	2
2B	1B	3
2C	1B	3
2D	1B	4
3A	1C	3
3B	1C	2
4A	1C	3
4B	1C	4
4C	1C	4
5A	1C	4
5B	1C	5
5C	1B	5
5D	1C	6
5E	1C	5

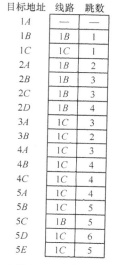

目标地址	线路	跳数
1A	—	
1B	1B	1
1C	1C	1
2	1B	2
3	1C	2
4	1C	3
5	1C	4

（a）两级层次网络　　　（b）节点1A的完整路由表　　　（c）节点1A的层次路由表

图 5-25　分层路由

不幸的是，这种空间的节省不是免费得来的，它需要以增加路径长度为代价。例如，从 1A 到 5C 的最佳路径是经过区域 2，但采用了分层路由之后，所有到区域 5 的流量都要经过区域 3，因为对于区域 5 中的大多数目标来说这是更好的选择。

低功耗自适应集簇分层型（Low Energy Adaptive Clustering Hierarchy，LEACH）算法是美国麻省理工学院的学者为 WSN 设计的低功耗自适应聚类路由算法。与一般的平面多跳路由协议和静态聚类算法相比，LEACH 可以将网络生命周期延长 15%。LEACH 在运行过程中会不断循环执行簇的重构过程，簇的重构过程主要分为两个阶段：簇建立阶段和稳定运行阶段。簇建立阶段和稳定运行阶段所持续的时间总和为一轮。为了减小协议开销，稳定运行阶段的持续时间一般大于簇建立阶段的持续时间。

LEACH 算法的工作循环方式如图 5-26 所示。

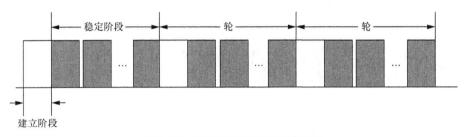

图 5-26　LEACH 算法的工作循环方式

1. 簇建立阶段

簇的建立过程可分成 4 个阶段：簇首节点的选择、簇首节点的广播、簇首节点的建立和调度机制的生成。簇首节点的选择依据网络中所需要的簇首节点总数和迄今为止每个节点已成为簇首节点的次数来进行。具体的选择办法是：每个传感器节点随机选择 0 ~ 1 的一个数。如果该随机数小于阀值 $T(n)$，那么这个节点就被选为簇首节点。

在每轮循环中，如果节点已经当选过簇头，则将 $T(n)$ 设置为 0，这样该节点就不会再次当选为簇头。对于未当选过簇头的节点，将以 $T(n)$ 的概率当选；随着当选过簇头的节点数量的增多，剩余节点当选簇头的阈值 $T(n)$ 会随之增大，节点产生小于 $T(n)$ 的随机数的概率也会随之增大，所以节点当选为簇头的概率会增大。当只剩余一个节点未当选时，$T(n)=1$，表示该节点一定会当选。$T(n)$ 可表示为：

$$T(n) = \begin{cases} \dfrac{P}{1 - P \times \left[r \bmod \left(\dfrac{1}{P} \right) \right]}, & n \in G \\ 0, & \text{其他} \end{cases} \quad (5\text{-}9)$$

式中，P 为簇头在所有节点中所占的百分比，r 是当前轮数，$r \bmod \left(\dfrac{1}{P} \right)$ 表示这轮循环中当选过簇头的节点个数，G 是这轮循环中未当选过簇头的节点集合。

节点当选簇头后，通过广播告知整个网络。网络中的其他节点根据接收信息的信号强度决定从属的簇，并通知相应的簇首节点，完成簇的建立。当簇头收到所有的加入信息后，就产生一个 TDMA 定时信息，为簇中的每个成员分配通信时隙。

2. 稳定运行阶段

在稳定运行阶段，传感器节点将持续采集检测数据并传送到簇首节点。簇首节点对簇中所有节点所采集的数据进行信息融合后再传送给汇聚节点，这是一种叫减少通信业务量的合理工作模型。稳定运行阶段持续一段时间后，网络重新进入簇的建立阶段，进行下一轮的簇重构。为了避免附近簇的信号干扰，簇头可以决定本簇中所有节点所用的 CDMA 编码。这个用于当前阶段的 CDMA 编码会连同 TDMA 一同被定时发送。

如图 5-27 所示，经过一轮选举，可以看到整个网络覆盖区域被划分为 5 个簇，图中黑色节点表示簇头。可以明显看出，经过 LEACH 算法选举出的簇头分布并不均匀，这是需要改进的一个方面。

LEACH 协议的优点：通过将区域划分成簇、簇内进行本地化协调和控制来有效地进行数据收集；独特的选簇算法（随机轮换）；首次运用了数据融合的方式。

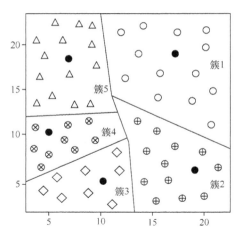

图 5-27 LEACH 算法中簇的划分

LEACH 协议的缺点：由于簇头节点负责接收簇内成员节点发送的数据，进行数据融合，然后将数据传送到基站，簇头消耗能量比较大，这是网络中的瓶颈。LEACH 协议中簇头选举的方式是随机循环选举。簇头选举没有依据节点的剩余能量以及位置等因素，这会导致有的簇过早死亡。LEACH 协议要求节点之间以及汇聚节点之间均可以直接通信，网络的扩展性不强。

5.6.2.2 地理位置能量敏感路由协议

该路由协议利用传感器节点的位置信息，把数据转发给需要的地域，从而缩减数据的传送范围。实际上许多 WSN 的路由协议都假设节点的位置信息为已知，所以可以方便地利用节点的位置信息将节点分为不同的域。基于域进行数据传送能缩减传送范围，减少节点能量消耗，从而延长网络生命周期。典型算法为地理位置能量敏感路由（Geographical and Energy-Aware Routing，GEAR）算法。

GEAR 算法是根据事件区域的地理位置信息，建立汇聚节点到事件区域的优化路径的。该机制可避免洪泛传播方式带来较大的路由建立开销，降低节点的能量消耗。

GEAR 算法假设已知事件区域的位置信息，每个节点知道自己的位置信息和剩余能量信息，并通过一个简单的 HELLO 消息交换机制获知所有相邻节点的位置信息和剩余能量信息。在 GEAR 算法中，节点间的通信链路是对称的。

在 GEAR 算法中，查询消息传播分为两个阶段。第 1 阶段，汇聚节点发出查询命令，并根据事件区域的地理位置将查询命令传送到区域内距汇聚节点最近的节点；第 2 阶段，该节点将查询命令传输到区域内的其他所有节点，监测数据沿查询消息的反向路径向汇聚节点传送。

1. 查询消息传送到事件区域

GEAR 算法用实际代价和估计代价两种代价值表示路径代价。当路径未建立时，中间节点使用估计代价来决定下一跳节点。估计代价定义为归一化的节点到事件区域的通信所消耗的能量和节点的剩余能量之和。节点到事件区域的距离用节点到事件区域几何中心的距离来表示。由于所有节点均知道自己的位置和事件区域的位置，因而所有节点都能够计算出自己到事件区域几何中心的距离。节点自身到事件区域几何中心估计代价值的计算公式为：

$$c(N,R) = ad(N,R) + (1-a)e(N) \tag{5-10}$$

式中，$c(N, R)$ 为节点 N 到事件区域 R 的估计代价，$d(N, R)$ 为节点 N 到事件区域 R 的距离，

$e(N)$为节点 N 的剩余能量，a 为比例参数；$d(N，R)$和$e(N)$均为归一化后的值。

查询信息到达事件区域后，事件区域内的节点沿查询路径的反方向传输监测数据，该数据携带每跳节点到事件区域的实际能量消耗值。对于数据传输所经过的各节点，节点首先记录携带的能量代价，然后对所记录的能量代价进行更新（即消息中的能量代价+本节点发送该数据到下一跳节点的能量消耗），将更新后的能量消耗值连同其他数据转发出去。节点下一次转发查询消息时，用刚才记录的与事件区域通信所消耗的实际能量代价代替式（5-10）中的 $d(N，R)$，计算其到汇聚节点的实际代价值。节点用调整后的实际代价选择到达事件区域的优化路径。

以汇聚节点开始的路径建立过程一般采用贪婪算法。节点在相邻节点中选择到事件区域路由代价最小的节点作为下一跳节点，并将自己的路由代价设为下一跳节点的路由代价加上与该节点一跳通信的代价。如果节点的所有相邻节点到事件区域的路由代价都比自己的大，则会陷入路由空洞，如图 5-28 所示。

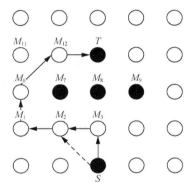

图 5-28　路由空洞情况示意图

图 5-28 中，S 为汇聚节点，T 为目标节点，M_7、M_8、M_9 为死亡（失效）节点。节点 M_3 是 S 的相邻节点中到目标节点的路由代价最小的节点，但节点 M_3 的所有相邻节点到目标节点 T 的路由代价都比 M_3 到 T 的路由代价要大，并且 M_7、M_8、M_9 为死亡（失效）节点，这就造成了路由空洞。

一般的解决方法为：M_3 选取路由代价最小的邻节点 M_2 作为下一跳节点，并将自己的代价值设置为 M_2 节点的路由代价加上 M_3 节点到 M_2 节点的下一跳的路由代价。同时，节点 M_3 将这个新的代价值通知给汇聚节点 S，S 在转发查询命令给节点 T 时，选择节点 M_2 作为下一跳节点，而不选择节点 M_3。

2. 查询消息在事件区域内传播

当查询命令传送到事件区域后，可用洪泛方式将其传播到事件区域内的所有节点。但当 WSN 节点密度较大时，洪泛方式的能量开销会比较大，这时可以采用迭代地理转发机制，如图 5-29 所示。事件区域内首先收到查询命令的节点会将事件区域分为若干个子区域，并向所有子区域的中心位置转发查询命令，在每个子区域中，靠近区域中心的节点（如图 5-29 中的 N_i）接收查询命令，并将自己所在的子区域再划分为若干个子区域后，向各子区域中心转发查询命令。该消息传播过程是一个迭代过程，当节点发现自己是某个子区域内唯一的节点或某个子区域没有节点存在时，停止向这个子区域发送查询命令。当所有子区域转发过程全部结束时，整个迭代过程终止。

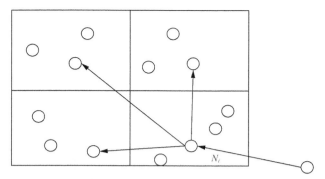

图 5-29　事件区域内的迭代地理转发示意图

当事件区域节点数较多时，迭代地理转发的消息转发次数较少；而节点较少时，使用洪泛策略的路由效率较高。GEAR 算法可以使用如下方法在两种机制中做选择：当查询命令到达区域内的第一个节点时，如果该节点的相邻节点数量大于预设的阈值，则使用迭代地理转发机制，否则使用洪泛机制。

GEAR 算法通过携带机制获取实际路由代价，进行数据传输路径优化，从而形成能量高效的数据传输路径。GEAR 算法假设节点的地理位置固定或变化不频繁，因而适用于节点移动性不强的应用环境。

5.7　本章小结

本章主要介绍支持物联网网络传输的常用路由算法。

（1）基于集中式最短路径算法。文中详细介绍了 B-F 路由算法和 Dijkstra 路由算法的迭代过程。

（2）基于分布式最短路径算法。文中主要介绍了距离矢量路由算法的基本概念和无穷计算问题，以及链路状态路由算法的设计思想，分为发现邻节点、设置链路成本、构造链路状态包、分发链路状态包和计算新路由。

（3）DSDV 和 AODV 路由算法。在自组织网络环境下，DSDV 路由算法在距离矢量路由算法的基础上于路由表中加入一个带有目标序列号的项，确保路由无回路。为了解决 DSDV 路由算法网络开销大的问题，又介绍了一种无须维护全网路由信息的 AODV 路由算法。

（4）WSN 路由算法。在 WSN 网络环境下，主要介绍了 LEACH 算法的工作循环方式：簇建立阶段和稳定运行阶段，以及 GEAR 算法的查询消息传播方式。

5.8　习题

1. 路由算法的基本思想是什么？路由算法应包含哪些功能？
2. 分别使用 B-F 算法和 Dijikstra 算法求解图 5-30 中从每个节点到达节点 1 的最短路径。
3. 在距离矢量法中为什么会出现"计数至无穷"现象？如何解决？
4. 链路状态法的基本步骤是什么？它与距离矢量法相比有何优点？

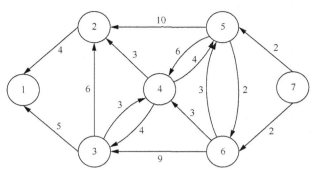

图 5-30　习题 2 图

5. 考虑图 5-17（a）中的网络。假设节点 *C* 刚刚收到下列矢量：来自节点 *B* 的(5，0，8，12，6，2)；来自节点 *D* 的(16，12，6，0，9，10)；来自节点 *E* 的(7，6，3，9，0，4)。设从节点 *C* 到节点 *B*、*D* 和 *E* 的链路成本分别为 6、3 和 5。请使用距离矢量路由算法给出节点 *C* 的新路由表，包括使用的路径和成本。

6. 在图 5-20 的 DSDV 路由算法流程图中，若新节点 *D* 在加入网络之后，由于节点发生故障而又与网络断开，那么节点 *D* 断开的消息是如何在网络中传输的？会出现"无穷计算问题"吗？请给出后续节点 *A*、*B* 和 *C* 的路由表更新过程。

7. AODV 路由算法的优点有哪些？与 DSDV 路由算法相比有何改进？

8. 适用于 WSN 环境的路由协议具有哪些特点？

9. 常见的 WSN 路由协议有哪几类？说明各类路由协议的主要特点。

10. LEACH 算法是如何进行分簇的？

11. 简述 GEAR 算法的基本思想和算法执行的基本过程。

典型物联网通信系统

chapter

06

物联网通信系统不仅是一个通信传输与网络协议相融合的技术体，而且又是一个面向用户的应用体。当用户需求及应用场景不同时，相应的通信系统也会不同。对于一个物联网通信系统，其整体架构与相关技术是与应用需求相匹配的，技术参数的选取是相互配合和制约的。只有了解了完整的通信系统架构和关键参数，才能真正理解物联网通信相关技术的原理和作用。

本章主要介绍两个典型的物联网通信系统，即 PAN 的 ZigBee 和广域网的 NB-IoT。主要对它们的系统架构、信道传输、接入及网络协议等关键技术内容进行描述和说明。

本章学习目标：

（1）深入理解物联网通信系统是如何利用前面所讲述的知识来解决实际问题的，从而建立系统观，使所学知识融会贯通；

（2）熟练掌握典型物联网通信系统的网络架构和通信协议，能够领会通信系统的开发理念；

（3）熟练掌握系统整体运行原理，有助于通信系统的应用开发。

6.1 ZigBee

ZigBee 基于 IEEE 802.15.4 标准，由 ZigBee 联盟制定，具有自组网、低速率、低功耗的特点，尤其适用于小型设备、节点之间组网。

6.1.1 网络体系架构

ZigBee 网络采用 4 层体系架构，如图 6-1 所示。

1. 应用层

应用层（Application Layer）直接为用户应用对象提供服务，这里的应用对象是正在运行的程序或者和一个应用相关的数据以及对这个数据的操作。一个节点可包括多个应用对象。

应用层中的应用支持子层（Application Support Sub-Layer，APS）有 3 个任务：一是负责运行在节点上的不同应用对象端点与网络层的信息传送；二是负责维护绑定表，通过绑定表可以减少数据转发的次数，更方便地在两个设备之间传输数据；三是负责设备发现，即发现与本节点有关的其他设备。

应用层中的 ZigBee 设备对象（ZigBee Device Object，ZDO）定义了节点在网络中的角色，即发现节点和决定为它们提供哪些服务，并在网络节点之间建立安全体系。

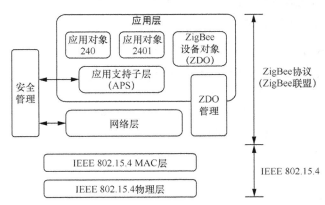

图 6-1 ZigBee 网络体系架构简图

2. 网络层

网络层（Network Layer）承担路由管理功能，负责建立网络拓扑结构和维护网络连接，主要功能是路由管理，即节点的加入网络和离开网络所要采用的措施，以及对应用支持子层传来的数据加以处理并将其转发到下面的 MAC 层。

3. MAC 层

MAC 层采用 IEEE 802.15.4 标准。MAC 层将网络层提交来的数据组装成帧，在两个节点之间透明地传送帧中的数据。每一帧包括数据和必要的控制信息，典型的帧长是几十到几百字节。

接收数据时，控制信息使接收端能够知道帧的起止以及是否有差错。如有差错，则 MAC 层就丢弃这个有错的帧，并采取措施改正之。如无差错，则 MAC 层就会从中提取出数据部分并交给网络层。

4. 物理层

物理层将数据比特调制为适合无线信道传输的信号，并从接收的信号中解调出数据比特。图 6-2 说明应用对象中的数据在各层之间传递时所经历的变化。

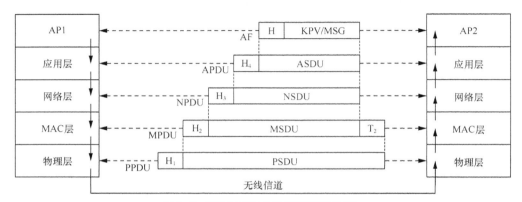

图 6-2　数据在各层之间传递时所经历的变化

6.1.2　IEEE 802.15.4 协议

IEEE 802.15.4 协议主要规范了用于低速率无线 PAN 的物理层和 MAC 层的协议。它能支持消耗功率最少并且通信范围在直径 100m 以内工作的简单设备，支持两种网络拓扑，即单跳星形网络和超过通信范围的多跳对等拓扑网络，但对等拓扑的逻辑结构由网络层定义。

1. 工作频段和数据速率

IEEE 802.15.4 协议工作在免费的 ISM 频段，它定义了两类物理层的工作频率和数据速率，如下所示。

（1）868MHz 频段（欧洲）/915MHz 频段（北美），868MHz 频段只有 1 个 20kbit/s 的信道，915MHz 频段有 10 个 40kbit/s 的信道。

（2）2.4 GHz 频段全球通用，有 16 个速率为 250kbit/s 的信道。

上述频段都是免许可证的，即免费的频段。

2. 支持简单的设备

IEEE 802.15.4 协议具有低速率、低功耗和短距离传输的特点，定义了 14 个物理层基本参数和 35 个媒体接入控制层基本参数，总共 49 个。

IEEE 802.15.4 协议中定义了两种设备，介绍如下。

（1）全功能设备：支持所有 49 个基本参数，在网络中既可作为功能比较复杂的协调器使用，也可作为简单的终端设备使用。

（2）简化功能设备：在最小配置时只要求支持 38 个基本参数，在网络里只能作为不需要发送大量数据的终端设备。

3. 信标方式和超时帧结构

IEEE 802.15.4 协议可工作于有信标方式或无信标方式中。在有信标方式中，协调器定期广播信标，以使有关节点同步或实现其他目标，此种方式使用超时帧的结构；在无信标方式中，协调器不广播信标，当其他节点请求信标时，其会向该节点单独发送信标。

4. 数据传输

IEEE 802.15.4 协议规定了以下 3 种不同的数据传输方式。

（1）直接数据传输：直接数据传输采用带冲突避免的载波侦听多址接入（CSMA/CA）技术。

（2）间接数据传输：间接数据传输适用于协调器到其他节点的数据转发过程，在此种方式中，数据帧由协调器保存，再通知目标节点来提取。

（3）有保证时隙（Guaranteed Time Slot，GTS）的数据传输：在无竞争模式下，协调器会给每个节点指定一个时隙用于传输数据，该时隙被称为 GTS。

5. 自配置

在媒体接入控制层中加入了"关联"和"分离"功能，自配置不仅能自动建立一个星形网，而且还允许创建自配置的对等网。

在关联过程中可以实现以下配置：

（1）为网络选择信道和识别符 ID；

（2）为网络中的节点分配 16 位短地址；

（3）设定电池寿命延长选项。

6. 低功耗

终端在数据传输过程中引入了延长电池寿命和节省功率的机制。

7. 安全性

IEEE 802.15.4 为了提高灵活性和支持简单应用，提供了以下几种安全方式：

（1）若安全性不重要或上层已提供安全保护，则在 IEEE 802.15.4 协议中可不考虑安全问题；

（2）采用接入控制清单防止非法器件获取数据；

（3）采用高级加密标准加密技术。

6.1.3 ZigBee 物理层协议规范

6.1.3.1 ZigBee 物理层概述

1. ZigBee 工作频率的范围

ZigBee 所使用的频率范围主要分为 868/915MHz 和 2.4GHz ISM 频段，各个具体频段的频率范围如表 6-1 所示。

表 6-1 不同地区 ZigBee 频率工作范围

工作频率范围(MHz)	频段范围	地区
868~868.6	ISM	欧洲
902~928	ISM	北美
2400~24 835	ISM	全球

IEEE 802.15.4 协议对于不同的频率范围，规定了不同的调制方式，因而在不同的频段上，数据的传输速率不同，具体调制方式和数据传输速率如表 6-2 所示。

表 6-2　不同频段对应的调制方式和数据传输速率

频段（MHz）	扩展参数		数据参数		
	码片速率（kchip/s）	调制方式	比特速率（kbit/s）	符号速率（kBaud）	符号
868~868.6	300	BPSK	20	20	二进制
902~928	600	BPSK	40	40	二进制
2400~2483.5	2000	O-QPSK	250	62.5	16 相正交

2. 信道分配和信道编码

ZigBee 使用了 3 个工作频段，各频段的宽度不同，所分配的信道个数也不同。IEEE 802.15.4 规范标准定义了 27 个物理信道，信道编号为 0~26。不同的频段对应的带宽不同。其中，2450MHz 频段定义了 16 个信道，915MHz 频段定义了 10 个信道，868MHz 频段定义了 1 个信道。信道 k 的中心频率为 f_k MHz，满足：

$$f_k = \begin{cases} 868.3, & k = 0 \\ 906 + 2(k-1), & k = 1, 2, \cdots, 10 \\ 2405 + 5(k-11), & k = 11, 12, \cdots, 26 \end{cases} \quad （6\text{-}1）$$

频率和信道的分布状况如图 6-3 所示。

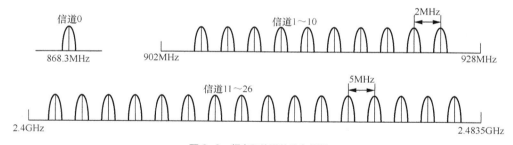

图 6-3　频率和信道的分布状况

通常，ZigBee 不能同时兼容上述 3 个工作频段。在选择 ZigBee 设备时要满足当地无线管理委员会的规定，我国规定 ZigBee 的使用频段为 2.4GHz。

3. 发射功率

ZigBee 技术的发射功率也有严格的限制，其大发射功率应该遵守不同国家所制定的规范。ZigBee 的常规发射功率范围为 0～+10dBm，通信范围通常为 10m，但是也可扩大到约 300m。

4. 接收灵敏度

接收灵敏度是在给定接收误码率的条件下，接收设备的最低接收门限值，通常用 dBm 表示。ZigBee 的接收灵敏度的测量条件为，在无干扰条件下，传送长度为 20 字节的物理层数据包，在误码率小于 1% 的条件下，接收天线端所测量的接收功率即为 ZigBee 的接收灵敏度，通常要求为-85dBm。

5. 扩频调制

在 2.4GHz 物理层中采用 16 相位准正交调制技术。每 4 位比特组成一个符号数据，根据该符号数据，从 16 个几乎正交的伪随机序列（PN 序列）中选一个序列作为传送序列。将所选出的 PN 序列串接起来，并使用 O-QPSK 将其调制到载波上。

（1）调制器框图

图 6-4 中的各功能模块为 2.4GHz 物理层扩展调制功能的参考模块，每个模块中所涉及的数据功能，将在下面的内容中进行介绍。

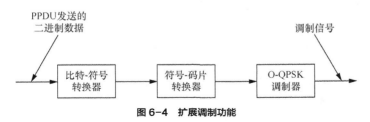

图 6-4　扩展调制功能

（2）比特-符号转换器

将每个字节按 4 比特位进行分解，将低 4 位（b_0,b_1,b_2,b_3）转换成一个符号数据，高 4 位（b_4,b_5,b_6,b_7）转换成一个符号数据。物理层协议数据单元的每个字节都要逐个进行处理，即从它的前同步码字段开始到它的最后一个字节。在每个字节处理过程中，优先处理低 4 位（b_0,b_1,b_2,b_3），随后处理高 4 位（b_4,b_5,b_6,b_7）。

（3）符号-码片转换器

将处理得到的符号数据进行扩展，即将每个符号数据映射成一个 32 位的伪随机序列（PN 序列），如表 6-3 所示。

表 6-3　符号与码片的映射

符号数据 （十进制）	符号数据（二进制） （b_0,b_1,b_2,b_3）	PN 序列 （$c_0,c_1,\cdots,c_{30},c_{31}$）
0	0000	11011001110000110101001000101110
1	1000	11101101100111000011010100100010
2	0100	00101110110110011100001101010010
3	1100	00100010111011011001110000110101
4	0010	01010010001011101101100111000011
5	1010	00110101001000101110110110011100
6	0110	11000110101001000010111011011001
7	1110	10011100001101010010001011101101
8	0001	10001100100101100000011101111011
9	1001	10111000110010010110000001110111
10	0101	01111011100011001001011000000111
11	1101	01110111101110001100100101100000
12	0011	00000111011110111000110010010110
13	1011	01100000011101111011100011001001
14	0111	10010110000001110111101110001100
15	1111	11001001011000000111011110111000

（4）O-QPSK 调制器

扩展后的码元序列通过半正弦脉冲形式的 O-QPSK 调制器进行调制。将编码为偶数的码元调制到同相支路（也称 I 支路）的载波上，编码为奇数的码元调制到正交支路（也称为 Q 支路）的载波上。每个符号数据用 32 码元的序列来表示，所以，码元速率（一般为 2.0Mchip/s）是符号速率的 32 倍。为了使 I 和 Q 两支路的码元调制存在偏移，Q 支路的码元相对于 I 支路的码元要延迟 T_c 后发送，T_c 是码元速率的倒数，如图 6-5 所示。

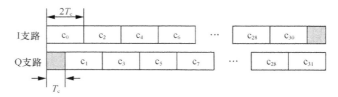

图 6-5　O-QPSK 码元相位偏移

（5）调制脉冲形状

每个基带码元均用半正弦脉冲形式来表示，表达式如下：

$$p(t) = \begin{cases} \sin(\pi t / 2T_c), & 0 \leqslant t \leqslant T_c \\ 0, & 其他 \end{cases} \qquad （6\text{-}2）$$

图 6-6 画出了半正弦脉冲形式的基带码元序列的样图。

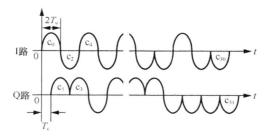

图 6-6　半正弦脉冲形式的基带码元序列

在每个符号周期内，最低有效码片 c_0 优先发送，最高有效码片 c_{31} 最后发送。

6.1.3.2　2.4 GHz 频带的无线通信规范

1. 发射功率谱密度

发射功率谱密度（Power Spectral Density，PSD）各参量应低于表 6-4 所列的限度值。无论是相对限度还是绝对限度，平均的功率谱都用 100kHz 带宽的分辨率来测量。相对限度的参考值是最高的平均频谱功率，它是在载波信号的 ±1MHz 带宽内测得的。

表 6-4　发射功率谱密度各参量的限度值

频率	相对限度	绝对限度
$\lvert f - f_c \rvert > 3.5\text{MHz}$	−20 dB	−30 dBm

2. 符号速率

2.4 GHz 物理层的符号速率为 62 500 符号/秒，数据信息的传输速率为 250kbit/s，并且传输速率精度为±40ppm（ppm 表示百万分之一）。

3. 接收灵敏度

任何一个合适的设备都能够达到−85dBm 或更高的灵敏度，如 Freescale 公司的 MC13192 的接收灵敏度为−92dBm。

4. 接收机抗干扰性

表 6-5 给出了接收机最小的抗干扰电平。其中，邻近信道是指距离有用信道任何一边频率最近的信道，交替信道是指比邻近信道还远的信道。例如，信道 13 是有用信道，那么信道 12 和信道 14 就是邻近信道，信道 11 和信道 15 就是交替信道。

表 6-5　2.4GHz 物理层要求的接收机最小抗干扰电平

临近信道最小抗干扰电平	交替信道最小抗干扰电平
0 dB	30 dB

6.1.3.3　868/915MHz 物理层描述

1. 868/915 MHz 频带的数据率

物理层工作在 868MHz 的频带上时，其数据率为 20kbit/s；工作在 915MHz 的频带上时，其数据率为 40kbit/s。

2. 扩展调制

物理层的调制方式采用 DSSS+BPSK，符号数据的编码采用差分编码方式。

（1）调制器参考模型

物理层的扩展调制功能的参考模型如图 6-7 所示。物理层协议数据单元的每个比特位从前同步码开始直到物理层服务数据单元的最后一个字节结束，按照字节的顺序依次经过差分编码、比特-码片映射和调制模块。在每个字节中，最低有效比特位 b_0 最先处理，最高有效比特位 b_7 最后处理。

图 6-7　扩展调制功能参考模型

（2）差分编码

差分编码是指将原始数据比特位与前一差分编码比特进行模二加运算，即：

$$E_n = R_n \oplus E_{n-1} \tag{6-3}$$

其中，R_n 为编码的原始数据；E_n 为与 R_n 相对应的差分编码比特位；E_{n-1} 是 E_n 的前一个差分编码比特位。

对于每个数据包的发送，R_1 为第一位所编码的原始数据，同时，假设 E_0 为 0。反之，译码过程由接收机来完成，用公式描述为：

$$R_n = E_n \oplus E_{n-1} \tag{6-4}$$

对于每个接收的数据包，E_1 为第一位所译码的比特位，假设 E_0 为 0。

3. 比特与码片的映射

将每个输入的比特位都映射成 15 位的 PN 序列，如表 6-6 所示。

表 6-6　比特与码片的映射

输入比特	码片（$c_0c_1\cdots c_{14}$）	输入比特	码片（$c_0c_1\cdots c_{14}$）
0	111101011001000	1	000010100110111

4. BPSK 调制器

码片序列通过升余弦脉冲形式（滚降系数 $\alpha=1$）的 BPSK 调制到载波信号上。其中，868MHz 频带的码片速率是 300kchip/s，915MHz 频带的码片速率是 600kchip/s。

每个基带码片均用升余弦脉冲（$\alpha=1$）来描述，表达式如下：

$$p(t) = \frac{\sin(\pi t / T_c)}{\pi t / T_c} \frac{\cos(\pi t / T_c)}{1 - \left(4t^2 / T_c^2\right)} \tag{6-5}$$

在一个符号周期内，最低有效码片 c_0 最先发送，最高有效码片 c_{14} 最后发送。

6.1.3.4　868/915 MHz 频带的无线通信规范

1. 工作频率的范围

868MHz 的工作频段为 868.0MHz~868.6MHz，带宽为 0.6MHz；915MHz 的工作频段为 902MHz~928MHz，带宽为 8MHz。

2. 915 MHz 频带的发射功率谱密度

915 MHz 频带的发射功率谱密度的各参量应低于表 6-7 所列的限度值。对于相对限度和绝对限度，平均的频谱功率用 100kHz 带宽的分辨率来测量。相对限度的参考值为最大的平均频谱功率，它是在载波信号的±600kHz 内测得的。

表 6-7　915MHz 频带的发射功率谱密度各参量的限度值

频率	相对限度	绝对限度
$\left\|f - f_c\right\| > 1.2\text{MHz}$	−20dB	−20dBm

3. 符号传输速率

在 ZigBee 物理层标准协议中，868MHz 频带的符号传输速率为 20 000 符号/秒±40ppm，码片传输速率为 300kchip/s；915MHz 频带的符号传输速率是 40 000 符号/秒±40ppm，码片传输速率为 600kchip/s。

4. 接收灵敏度

接收机的灵敏度最低为−92dBm 或者更高。

因为在 868.0MHz~868.6MHz 频带上仅有一个信道可以利用，因此，在协议规范中只对 902MHz~928MHz 频带上的接收机抗邻近信道干扰性进行了限定。表 6-8 给出了接收机最小的抗干扰电平。

表 6-8　915MHz 物理层要求的接收机最小抗干扰电平

临近信道抗干扰电平	交替信道抗干扰电平
0 dB	30 dB

6.1.4　媒体访问控制层规范

IEEE 802.15.4 定义的 MAC 层协议提供了数据传输服务和 MAC 层管理服务。

MAC 公共部件子层（MAC Common Part Sub-layer，MCPS）保证 MPDU 在物理层数据服务中的正确收发，主要负责 MAC 帧的传输。

MAC 子层管理实体（MAC Sub-Layer Management Entity，MLME）负责 MAC 层的管理工作，并维护一个数据信息库。MLME 主要管理信道的访问、PAN 的开始和维护、PAN 节点的加人和退出、设备间的同步以及传输事务等。

在 MAC 层中，设备实际上就是网络中一个节点。MAC 层的主要功能有以下 7 项：

（1）支持 PAN 的构建与解体，即承担 PAN 的关联和取消关联操作；

（2）为协调器生成并发送信标帧；

（3）设备与信标同步；

（4）支持信道接入时采用 CSMA/CA 机制；

（5）支持时隙保护机制；

（6）在两个对等的 MAC 实体之间提供可靠的通信链路；

（7）支持设备的安全机制。

其中，关联操作是指一个设备加入一个特定网络时，向协调器注册以及认证身份的过程。设备有可能从一个网络切换到另一个网络，这时就需要关联和取消关联等操作。

6.1.4.1　IEEE 802.15.4 协议的网络通信模式

IEEE 802.15.4 提供了解以下两种网络通信模式供选择：

（1）有信标网络模式，即信标使能通信；

（2）无信标网络模式，即信标不使能通信。

在无信标网络中，协调器不发送信标，一直处于"听"的状态，设备发送信息采用 CSMA/CA 竞争信道。每当节点要发送数据时，它首先会等待一段随机长的时间，如果信道忙，则节点需要继续等待一段随机时间并检测信道状态，直到能够发送数据。协调器接收到数据帧后会确认是否需要回应确认帧，若需要，则会紧接着发送确认帧给设备。

在有信标网络中，采用超时帧的结构，规定将包括信标帧的超时帧分为 16 个时隙（0~15），协调器定期发送信标帧，信标帧除了用于同步之外，也会传送网络的相关信息。

1. 超时帧结构

超时帧结构是一种特殊的时帧结构，包含了若干个不同类型的时帧。网络中的协调器通过超时帧来限定和分配信道的访问时间，超时帧将通信时间分为"活跃"时段和"不活跃"时段两部分。在"活跃"时段，设备通过竞争或非竞争的方式使用信道，而在"不活跃"时段，各个设备均进人睡眠状态，以达到节能的目的。

网络协调器会通过发送"信标帧"来标志超时帧的开始，如图 6-8 所示。

图 6-8　超时帧结构简图

活跃时段被分成 16 个相等的时隙，所有设备只能在特定的时隙中进行数据收发。

超时帧的活跃阶段可以划分为以下 3 个时段。

（1）信标发送时段（占用第 1 个时隙）。网络的协调器在超时帧的第 1 个时隙发送信标帧，用于标志一个超时帧的开始。其他设备可通过检测信标帧来识别超时帧的开始，进而实现与网络协调器的同步。

（2）竞争访问时段。在此时段，网络设备使用时隙 CSMA/CA 访问机制获得通信权，任何通信都必须在竞争访问时段结束前完成。此时段占用多少时隙由网络协调器分配。竞争访问时段的功能包括：设备可以通过 CSMA/CA 机制收发数据、设备向协调器申请 GTS 时段以及新设备加入当前网络等。

（3）非竞争访问时段。此时段里的时隙为 GTS。协调器根据上一个超时帧期间网络中设备申请 GTS 的情况，将非竞争访问时段划分为若干个 GTS。每个 GTS 由若干个时隙构成，时隙数目在设备申请 GTS 时确定。申请成功的设备可以使用分配给它的 GTS 时间片，而不再通过使用 CSMA-CA 机制与其他设备进行竞争。如图 6-8 所示，第 1 个 GTS 由时隙 11~13 构成，第 2 个 GTS 由时隙 14 与 15 构成。如果协调器将第 1 个 GTS 分配给某个设备，那么该设备就可以使用第 1 个 GTS 进行通信。GTS 的分配收回和改动等统一由协调器进行管理。

超时帧中非竞争访问时段必须跟在竞争访问时段后面。

2. 数据传送方式

（1）数据传送到协调器。在有信标网络中，设备必须先取得信标以与协调器保持同步。之后设备须应用时隙 CSMA-CA 方法选择一个合适的时隙，把数据帧发送给协调器。协调器成功接收到数据后，回送一个确认帧以表示成功收到了该数据帧，如图 6-9 所示。

在无信标网络中，设备会利用非时隙 CSMA/CA 方式占用信道来传送数据，协调器成功接收到数据之后，回送一个确认帧以表示成功收到了该数据帧，如图 6-10 所示。

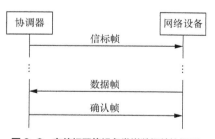

图 6-9　有信标网络设备发送数据给协调器

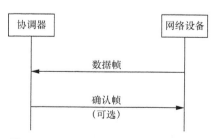

图 6-10　无信标网络设备发送数据给协调器

（2）数据从协调器中送出。在有信标网络中，协调器会利用信标中的字段来说明协调器中存有某个设备的数据要发送，而设备则会周期性地监听信标帧。目标设备得知属于自己的数据在协调器中后，会利用时隙 CSMA/CA 机制向协调器发送请求传送数据的 MAC 命令。协调器收到数据请求帧后，会先回应一个确认帧，表示收到请求命令，然后开始传送数据。设备成功接收到数据后再回送一个确认帧；协调器收到这个确认帧后，才会将数据从数据队列中去掉。整个流程如图 6-11 所示。

在无信标网络中，设备会根据应用程序事先定好的时间间隔，使用 CSMA/CA 机制定期向协调器发送数据请求帧，以查询协调器中是否有属于自己的数据，协调器回应一个确认帧就表示收到数据请求命令。协调器内如果有属于该设备的数据等待发送，那么就利用 CSMA/CA 机制选择时机并发送数据帧；协调器内如果没有该设备的数据，那么就发送一个 0 长度的数据帧给设备，以表示协调器内没有属于该设备的数据。设备成功收到数据帧后，会回送一个确认帧，至此整个数据传送过程结束，如图 6-12 所示。

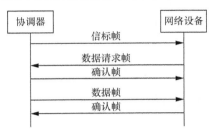

图 6-11　有信标网络中协调器发送数据给设备

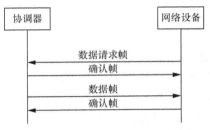

图 6-12　无信标网络中协调器发送数据给设备

（3）点对点数据传送。在进行点对点数据传送时，所有设备均可同射频通信范围内的其他设备通信。通信的设备要么保持持续接收状态，利用 CSMA/CA 机制收发数据；要么彼此完全同步，利用超时帧实现点对点数据传送。

6.1.4.2　MAC 层帧结构

在说明帧结构时，将其全部用表格来列出，表格中的各列均为帧的某一部分的组成部分。第 1 行为该部分的长度，以字节或位为单位且用斜线隔开的 2 个数字，表示在不同情况下其长度的可能取值；第 2 行为各组成部分的名称。

1．MAC 层帧结构概述

一个完整的 MAC 层由帧头（MAC HeadeR, MHR）、帧载荷（MAC Payload）和帧尾（MAC FooteR，MFR）3 部分组成。MAC 层帧结构如表 6-9 所示。

表 6-9　MAC 层帧结构

2B	1B	0/2B	0/2/8B	0/2B	0/2/8B	可变	2B
帧控制域	帧序列号	目的网标识符	目的地址	源网标识符	源地址	帧载荷	FSC
		地址域				帧载荷	帧尾
帧头							

帧头由帧控制域、帧序列号和地址域组成。帧载荷具有可变长度，具体内容由帧类型确定。帧尾是帧头和载荷数据的 16 位 CRC 校验码。

（1）帧控制域

帧控制域共 16 位，其格式如表 6-10 所示。

表 6-10　帧控制域的格式

0~2bit	3bit	4bit	5bit	6bit	7~9bit	10~11bit	11~13bit	14~15bit
帧类型	安全允许控制	未处理数据标记	请求确认	PAN 内部标记	PAN 内部标记	保留	目的地址模式	源地址模式

① 帧类型

帧类型占 3 位，不同的值代表的含义如表 6-11 所示。

表 6-11 帧类型的定义

帧类型值（ $b_2 b_1 b_0$ ）	帧类型定义描述
000	信标帧（Beacon）
001	数据帧（Data）
010	确认帧（Acknowledgement）
011	MAC 命令帧（Command）
100~111	保留（Reserved）

② 安全允许控制位 b_3

b_3=0，当前帧无须进行加密。

b_3=1，对该帧用预定的方案进行加密处理后，再将其传送到物理层。

③ 未处理数据标记位 b_4

b_4=1，表示传输当前帧的设备还有后续的数据要发送，因此接收该帧的设备应向发送方再次发送请求数据命令，直到所有的数据都发送完。

b_4=0，表明发送当前帧的设备没有后续的数据要发送。

④ 请求确认位 b_5

b_5=1，此位指定接收设备在收到数据帧或命令帧时，应发送确认帧。

b_5=0，不需要发送确认帧。

⑤ PAN 内部标记位 b_6

b_6=1，表示该 MAC 帧在本身所属的 PAN 内传输。这时，帧的地址域中不包括源 PAN 标识符。

b_6=0，表示该帧传输到另外一个 PAN，帧中必须包含源 PAN 标识符和目的 PAN 标识符。

⑥ 目的地址模式

目的地址模式占用 b_{10} 和 b_{11}，其值与含义描述如表 6-12 所示。

表 6-12 地址模式的值与含义描述

地址模式值（ $b_{11}b_{10}$ 或 $b_{15}b_{14}$ ）	含义描述
00	PAN 标识符与地址子域不存在
01	保留
10	包含 16 位短地址的地址域
11	包含 64 位扩展地址的地址域

⑦ 源地址模式

源地址模式占用 b_{14} 和 b_{15}。

（2）帧序列号

长度为 8 位（取值 0~255），它是帧的唯一序列标识符。MAC 有两个属性：macDSN 用于数据帧、命令帧或确认帧的序列号；macBSN 用于信标帧的序列号。

MAC 层每产生一个帧，macDSN/macBSN 的值加 1，帧的接收方将接收帧的序列号保存。

当接收到一个新的帧时，MAC 层的管理实体将接收到的帧的序列号与保存的序列号进行比较。若接收的序列号等于保存的序列号加 1，则保留，并上传接收的帧，同时更新保存的序列号；否则，丢弃该帧。

（3）目的网标识符

目的网标识符长度为 16 位，它是接收该帧的设备所在 PAN 的唯一标识符。当该值为 0xFFFF 时，代表该帧采用广播方式，即在同一信道上的所有设备均可接收该帧；只有帧控制域中目的地址模式为非 00 时，本标识符才存在。

（4）目的地址

目的地址是帧接收设备的地址，其长短根据"目的地址模式"的规定进行确定，分别是 0 位、16 位短地址和 64 位长地址。

（5）源网标识符

源网标识符的长度为 16 位，它是发送该帧的设备所在 PAN 的唯一标识符；仅在"源地址模式"为非 00 和内部 PAN 标记为 0 时，本标识符才存在。

（6）源地址

源地址是帧发送设备的地址，其长度根据"源地址模式"进行确定，分别是 0 位、16 位和 64 位。

（7）帧载荷

帧载荷即帧传送的数据，其长度视具体帧而定。

（8）帧校验序列

帧校验序列是 16 位的 ITU-T CRC 校验码，通过对帧头和 MAC 载荷两部分进行计算得出。生成多项式为 $g(x)=x^{16}+x^{12}+x^5+1$。

2. MAC 层帧结构分析

MAC 层帧使用哪种地址类型由帧控制字段内容决定，由于在物理层数据帧中包括表示 MAC 帧长度的字段，因此在 MAC 帧结构中没有表示帧长度的字段，MAC 帧载荷长度可以通过物理层帧长和 MAC 帧头的长度表示出来。

IEEE 802.15.4 定义了 MAC 层以下 4 种类型的帧的结构。

（1）信标帧的结构

在使用有信标的网络中，协调器周期地发送信标。信标帧中包含了 PAN 的基本信息，其总体结构与 MAC 层帧大致相同，如表 6-13 所示。

表 6-13　信标帧的结构

2B	1B	4/10B	2B	KB	MB	NB	2B
帧控制	序列号	地址域	超时帧描述	GTS 分配字段	待发数据 目标地址	信标 负载	帧校验
帧头				载荷			帧尾

① 帧头

在帧控制域中，帧类型值为 000 表示这是一个信标帧，信标域中没有目的地址，只有源地址，包括传输信标帧设备的 PAN 标识符和地址。源地址模式设置与协调器地址一致。序列号为当前的 MAC 层信标帧序号。

② 载荷（MAC 数据服务单元）

载荷主要包括超时帧描述、GTS 分配字段、待发数据目的地址、信标负载等。

超时帧描述，规定了这个超时帧的持续时间、活跃部分的持续时间以及竞争访问时段的持续时间等信息。

GTS 分配字段，它将无竞争时段划分为若干个 GTS，并把 GTS 具体分配给了某个设备。

待发数据目标地址，列出了协调器所保存的待发数据要到达的某一设备的地址，这个设备发现自己的地址出现在待转发数据目标地址的字段时，就应向协调器发出请求传送数据的 MAC 命令帧。

信标负载，承载上层信标信息，数据量不超过规定的最大长度。

（2）数据帧的结构

数据帧用来传输上层发送到 MAC 子层的数据，它的负载字段包含了上层需要传送的数据。数据负载传送至 MAC 层时，被称为 MAC 服务数据单元（MAC Service Data Unit，MSDU），它的首部和尾部分别加上帧头和帧尾，就构成了 MAC 数据帧。其结构如表 6-14 所示。

表 6-14　数据帧的结构

2B	1B	4~20B	NB	2B
帧控制	序列号	地址域	数据帧负载	帧校验
帧头			数据服务单元	帧尾

（3）确认帧的结构

当设备收到属于自己的数据帧或 MAC 命令帧，即帧的目的地址与自己的地址相同，而且帧的控制信息字段的确认请求位被置 1 时，就应回送一个确认帧。确认帧的序列号应与被确认帧的序列号相同。确认帧会紧接着被确认帧发送，而不需要使用 CSMA-CA 机制竞争信道。确认帧的结构如表 6-15 所示。

表 6-15　确认帧的结构

2B	1B	2B
帧控制	序列号	帧校验
帧头		帧尾

（4）命令帧的结构

MAC 的命令帧主要完成 3 个功能：①组建 PAN 网络，把设备关联到 PAN 网络；②与协调器交换数据；③分配 GTS。

命令帧的具体功能由 MAC 命令帧的帧载荷数据表示，MAC 帧载荷数据的长度是可变的，其第一个字节是命令类型字节，后面的命令帧负载数据针对不同的命令类型有不同的含义，其结构如表 6-16 所示。

表 6-16　命令帧的结构

2B	1B	4~20B	1B	NB	2B
帧控制	序列号	地址域	命令类型	命令帧负载	帧校验
帧头			数据服务单元		帧尾

3. 数据传输的可靠性

影响数据传输可靠性的因素主要有两个：无线通信误码率和多个设备共享信道所产生的冲突。网络采用 CSMA/CA 机制、帧确认机制和帧校验机制来保证数据传送的可靠性。

CSMA-CA 是带冲突避免的载波多路侦听访问技术，通过随机退避来降低数据发送冲突的概率。根据网络配置可采用两种信道访问机制，即有信标网络中使用时隙 CSMA-CA 机制和无信标网络中使用无时隙 CSMA-CA 机制。

协调帧确认机制是一种可选项，发送"帧"的设备可以要求接收"帧"的设备在成功接收数据后发送确认帧。

确认机制只用于数据帧和命令帧，不对信标帧或确认帧回送确认。设备发送一帧（数据帧或命令帧）后，如果在一定的时间内没有收到确认帧，就认为传输失败，需要重新选择时机发送该帧。

在无线信道中，数据传输会有比较大的误码率。在网络中，采用两种措施解决传输误码问题：一种措施是采用短帧格式（小于 128 字节）以减少单个帧出错的概率；另一种措施是利用 MAC 帧中的校验码验证接收到的数据是否有错。

6.1.5　网络层规范

6.1.5.1　网络层规范概述

网络层是 ZigBee 协议的核心组成部分，负责网络拓扑的建立和保持网络的连接，主要功能包括设备的加入和离开网络时所采用的措施、在帧传送过程中所采用的安全性机制、邻居发现以及邻居表与路由的发现与维护。

在 ZigBee 网络中，由于设备扮演的角色不同，网络层的功能也不同。协调器中的网络层承担一个新网络的创建工作，并须为新加入的设备分配地址。路由器中的网络层因为要完成信息的转发，所以需要负责发现邻居，并构建到某节点的路由。而终端设备则相对简单，其功能只是加入和离开一个网络。

网络层承上启下，位于 MAC 层与应用层之间，它一方面要提供一些必要的函数，确保在 IEEE 802.15.4 协议中 MAC 子层所定义的接口服务功能一切正常；另一方面，还要为应用层提供适当的服务接口。如图 6-13 所示，为了与应用层进行通信，网络层定义了两个服务实体，即网络层数据实体（Network Layer Data Entity，NLDE）和网络层管理实体（Network Layer Management Entity，NLME）。

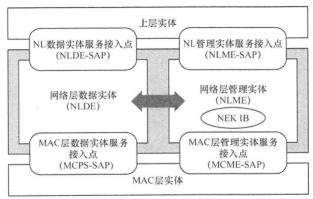

图 6-13　网络层参考模型

1. NLDE

NLDE 通过数据实体服务接入点为上层提供数据传输服务，在同一应用网络的两个或多个设备的对等层之间传输应用协议数据单元（APDU）。

网络层数据实体提供如下服务。

（1）生成网络层协议数据单元（Network Protocol Data Unit，NPDU）。在从应用支持子层来的 APDU 上附加一个网络层协议头即可构成 NPDU。

（2）选择通信路由。在通信中，NLDE 可发送一个网络层的协议数据单元到一个合适的设备，这个设备可能是最终的目的设备，也可能是通信链路中的一个中间设备。

2. NLME

网络层管理实体提供如下管理服务功能。

（1）配置一个新设备，完成对一个 ZigBee 协调器的初始化或连接一个现有网络。

（2）初始化一个网络，使之具有建立一个新网络的能力。

（3）加入和离开一个网络。

（4）为新加入网络的设备分配 16 位短地址。

（5）邻居设备发现，具有发现、记录和汇报有关邻居设备信息的能力。

（6）路由发现，具有发现和记录路由的能力。

（7）接收控制，具有控制设备接收状态的能力，即控制接收器在何时接收以及接收持续时间的长短，以保证与 MAC 层同步或直接接收。

6.1.5.2　网络层的帧结构

网络层的帧结构，即网络协议数据单元的格式。网络层定义了两种类型的帧，即数据帧与命令帧。

1.　网络层的通用帧结构

网络层的通用帧由帧头和有效载荷两部分组成，如表 6-17 所示。

表 6-17　网络层通用帧的结构

2B	2B	2B	1B	1B	0/8B	0/8B	0/1B	可变	可变
帧控制域	目的地址	源地址	广播半径	序列号	目的地址	源地址	多点传送控制	源路由帧	有效载荷
帧头									有效载荷

（1）帧控制域

帧控制域的长度为 16bit，其中包含帧类型、地址以及其他信息，如表 6-18 所示。

表 6-18　帧控制域的格式

0~1bit	2~5bit	6~7bit	8bit	9bit	10bit	11bit	12bit	13~15bit
帧类型	版本	发现路由	多播标志	安全	源路由	目的 IEEE 地址	源 IEEE 地址	保留

帧类型字段占 2bit，取值 00 表示数据帧，取值 01 表示命令帧。

版本字段占 4bit，表示设备使用的 ZigBee 网络层协议版本号。

发现路由字段占 2bit，用于控制发送帧时的路由发现操作，00 表示抑制路由发现，01 表示使能路由发现，10 表示强制路由发现，11 表示保留。

多播标志字段占 1bit，如果是单播帧或者广播帧，则此位置为 0；如果是多播帧，则此位置为 1。

安全字段占 1bit，该帧需要执行网络层安全操作时，此位置为 1；该帧在其他层执行安全操作或不需要执行安全操作时，此位置为 0。

源路由字段占 1bit，如果源路由子帧在网络层帧头中存在，则此位置为 1，否则此位置为 0。

目的 IEEE 地址字段：当帧控制字段中的目的 IEEE 地址标记位置是 1 时，网络帧头包含整个目的 IEEE 地址（64 位）。

源 IEEE 地址字段：当帧控制字段中的源 IEEE 地址标记位是 1 时，网络帧头包含整个源 IEEE 地址（64 位）。

（2）目的地址字段与源地址字段

帧中的目的地址字段和源地址字段的长度均为 2B，分别包含的是目的设备或源设备的 16 位网络地址或广播地址 0xFFFF。设备的网络地址与 IEEE 802.15.4 协议的 MAC 短地址相同。

（3）广播半径字段

广播半径字段的长度为 1 字节，只有在目的地址为广播地址（即 0xFFFF）时，才存在此字段，其值规定了广播帧的传输范围。在传输时，每当设备接收一次广播帧，就将该字段的值减 1。

（4）序列号字段

序列号字段的长度为 1B，设备每发送一个新的帧就把序列号的值加 1，单字节长（0~255）的序列号与帧的源地址字段共同确定帧的唯一性。

（5）有效载荷字段

有效载荷字段的长度是可变的，是帧传送的具体信息。

2. 数据帧

数据帧的结构与表 6-18 所示的通用帧的结构完全相同。其帧控制字段中帧类型项应为 00，表明这是一个数据帧。帧载荷部分是上层需要网络层传送的数据，地址字段根据具体要求确定。

3. 命令帧

在命令帧的结构中，帧控制字段中帧类型项应为 01，表明这是一个命令帧，但其载荷部分的第 1 个字节是网络层命令标识符，其余部分是网络层命令载荷，如表 6-19 所示。

表 6-19　网络层命令帧结构

2B	参见表 6-18	1B	可变长
帧控制	路由域	命令标识符	命令载荷
帧头		载荷	

网络层命令主要有：路由请求（0x01）、路由应答（0x02）、路由错误（0x03）、离开（0x04）。

6.2 NB-IoT

NB-IoT 是基于蜂窝网络的窄带物联网技术，聚焦于低功耗广域网，支持物联设备在广域网的数据连接，可直接部署于 LTE 网络中。在该网络中，传感器节点是固定或低速移动的，且数据量小，以设备上传数据到平台的形式为主，如智能抄表、环境监控、资产管理等。

6.2.1 NB-IoT 网络部署模式

全球大多数电信运营商选择低频部署 NB-IoT 网络，低频建网可以有效地降低站点数量，提升深度覆盖。对于运营商来说，NB-IoT 支持 3 种网络部署模式，分别是独立（Standalone）部署、保护带（Guard-Band）部署、带内（In-Band）部署，如图 6-14 所示。

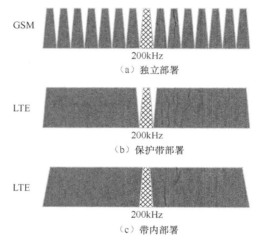

图 6-14　NB-IoT 的网络部署模式

其中，在独立部署模式下，系统带宽为 200kHz。在保护带部署模式下，可以在 5MHz、10MHz、15MHz、20MHz 的 LTE 系统带宽下部署 NB-IoT 网络。在带内部署模式下，可以在 3MHz、5MHz、10MHz、15MHz、20MHz 的 LTE 系统带宽下部署 NB-IoT 网络。

在独立部署模式下，载波中心的频率是 100kHz 的整数倍，信道间隔为 200kHz。在带内部署和保护带部署模式下，载波的中心频率和信道栅格之间会有偏差，偏差为±7.5kHz、±2.5kHz，两个相邻的载波间的信道间隔为 180kHz。在保护带部署模式下，要求 LTE 系统发送带宽的边缘到 NB-IoT 带宽的边缘的频率间隔为 15kHz 的整数倍。

6.2.2 NB-IoT 网络架构

NB-IoT 系统架构和 LTE 系统架构相同，都称为演进的分组系统（Evolved Packet System，EPS）。EPS 包括 3 个部分，分别是演进的核心系统（Evolved Packet Core，EPC）、基站（eNodeB，eNB）、用户终端（User Equipment，UE）。网络分为无线网和核心网。无线网由一个或多个基站构成无线接入网，也称为 E-UTRAN；核心网由 EPC 负责。

NB-IoT 的端到端系统架构分为 5 部分：用户终端、无线接入网、核心网、支撑平台和应用服务器（Application Server，AS），如图 6-15 所示。

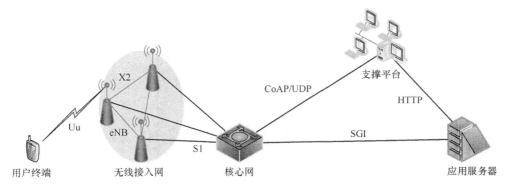

图 6-15　NB-IoT 网络体系架构

在无线接入网中，eNB 通过 Uu 接口与 UE 通信，给 UE 提供用户面和控制面的协议终止点。eNB 基站之间通过 X2 接口直接互联，解决 UE 在不同 eNB 基站之间的切换问题。接入网和核心网之间通过 S1 接口进行连接，eNB 基站通过 S1 接口连接到 EPC。

在核心网中，EPC 提供全 IP 连接的承载网络，对所有的基于 IP 的业务都是开放的。EPC 能提供所有基于 IP 业务的能力集，包括移动性管理实体（Mobility Management Entity，MME）、业务能力开放单元（Service Capability Exposure Function，SCEF）、服务网关（Serving Gateway，S-GW）、分组数据网关（PDN Gateway，P-GW）、归属用户服务器（Home Subscribe Server，HSS）。MME 是接入网络的关键控制节点，负责空闲模式下 UE 的跟踪与寻呼控制；通过与 HSS 的信息交流，完成用户验证功能。SCEF 为新增单元，支持对新的 PDN 类型 Non-IP 的控制面数据传输。S-GW 负责用户数据包的路由和转发。对于闲置状态的 UE，S-GW 则是下行数据路径的终点，并且在下行数据到达时触发寻呼 UE。P-GW 提供 UE 与外部分组数据网络连接点的接口，进行上/下行业务等级计费。图 6-16 为 EPC 功能结构图。

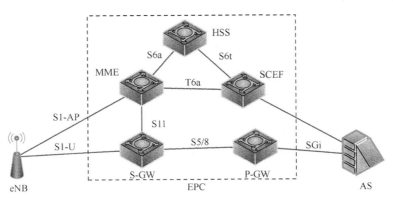

图 6-16　EPC 功能结构图

eNB 基站通过 S1-AP 连接到 MME，通过 S1-U 连接到 S-GW。S1 接口支持 MME/S-GW 和 eNB 基站之间的多对多连接，即一个 eNB 基站可以和多个 MME/S-GW 连接，多个 eNB 基站也可以同时连接到同一个 MME/S-GW。

网络可以传输 3 种数据：IP、Non-IP、SMS（短消息）。NB-IoT 数据传输方案分为控制面传输方案与用户面传输方案，如图 6-17 所示。这里，控制面主要承载无线信令，负责 UE 接入、资源分配等，而用户面主要承载用户数据。

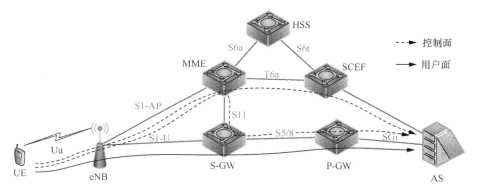

图 6-17 数据传输方案

控制面数据传输方案针对小分组数据传输进行优化，支持将 IP 数据包、非 IP 数据分组或 SMS 封装到 PDU 中进行传输，无须建立无线承载和基站与 S-GW 间的 S1-U 承载。当采用控制面传输方案时，小分组数据通过信令随路传输到 MME，并通过与 S-GW 间建立 S11 连接，完成小分组数据在 MME 与 S-GW 间的传输。当 SGW 收到下行数据时，如果 S11 连接存在，则 SGW 会将下行数据发给 MME，否则触发 MME 执行寻呼。这里可以得到在控制面传输方案下的两条传输路径：UE→eNB→MME→S-GW→P-GW 和 UE→eNB→MME→SCEF。

用户面传输通过重新定义的挂起流程与恢复流程，使空闲态用户快速恢复到连接态，减少相关空口资源和信令开销。当终端从连接态进入空闲态时，eNB 和核心网挂起暂存该终端的 AS 信息、S1-AP 关联信息和承载上下文，终端存储 AS 信息，MME 存储终端的 S1AP 关联信息和承载上下文。有数据传递时快速恢复，不需要重新建立承载和安全信息的重协商。

6.2.3 无线接入资源

1. 频率资源

NB-IoT 下行物理层信道基于传统的 FDMA 方式。一个 NB-IoT 载波对应一个资源块，包含 12 个连续的子载波，全部基于 15kHz 的子载波间隔设计，并且 NB-IoT 用户终端只工作在半双工模式。

NB-IoT 上行物理层信道除了采用 15kHz 子载波间隔之外，为了进一步提升功率谱密度，以起到上行覆盖增强的效果，引入了 3.75kHz 子载波间隔。因此，NB-IoT 上行物理层信道基于 15kHz 和 3.75kHz 两种子载波间隔设计，分为单音和多音两种工作模式。

NB-IoT 上行物理层信道的多址接入技术采用 SC-FDMA。在单音模式下，一次上行传输只分配一个 15kHz 或 3.75kHz 的子载波。在多音模式下，一次上行传输支持 1、3、6 或 12 个子载波传输方式。

NB-IoT 沿用 LTE 系统定义的频段号，NB-IoT Rel-13 指定了 14 个工作频段。一个 NB-IoT 载波，在频域上会占用 180kHz 的传输带宽。

2. 时帧结构

NB-IoT Rel-13 仅支持 FDD 帧结构类型，不支持 TDD 帧结构类型。

一个 NB-IoT 载波相当于 LTE 系统中的一个物理资源块（Physical Resource Block，PRB）占用的 180kHz 带宽。在下行方向上，子载波间隔固定为 15kHz，由 12 个连续的子载波组成。在时域上，由 7 个 OFDM 符号组成了 0.5ms 的时隙，每个子载波上承载的一个 OFDM 符号被称为资源元素（Resource Element，RE）。

下行物理资源栅格如图 6-18 所示。

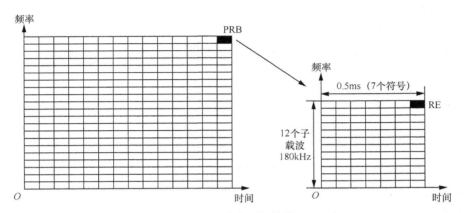

图6-18　下行物理资源栅格

当子载波间隔为 15kHz 时，下行和上行都支持 E-UTRAN 无线时帧结构 1（FS1）。时帧结构如图 6-19 所示。

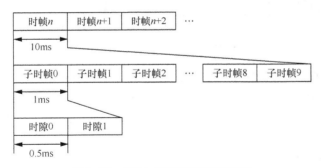

图6-19　15kHz 子载波间隔的时帧结构

在图 6-19 中，每个时隙（Slot）为 0.5ms，2 个时隙组成 1 个 1ms 的子时帧（Sub-Frame），10 个子时帧组成 1 个 10ms 的无线时帧（Radio Frame）。因此，1 个无线时帧包含 20 个时隙。

当子载波间隔为 3.75kHz 时，NB-IoT 的上行通道定义了一种新的时帧结构，每个时隙为 2ms，5 个时隙组成一个 10ms 的无线时帧，如图 6-20 所示。

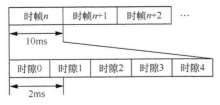

图6-20　3.75kHz 子载波间隔的时帧结构

3. 上/下行链路物理信道

系统采用时域和频域联合构成上/下行的传输信道。

下行链路定义了 3 种物理信道：窄带物理广播信道（Narrowband Physical Broadcast Channel, NPBC）、窄带物理下行控制信道（Narrowband Physical Downlink Control Channel, NPDCC）和窄带物理下行共享信道（Narrowband Physical Downlink Share Channel, NPDSC）。还定义了 3 种信号：窄带参考信号（Narrowband Reference Signal, NRS）、窄带主同步信号（Narrowband Primary Synchronization Signal, NPSS）和窄带辅同步信号（Narrowband Secondary Synchronization Signal, NSSS）。图 6-21 是下行链路信道与信号的分布示意图。

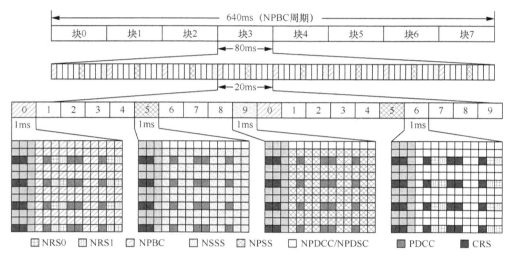

图 6-21　下行链路信道与信号的分布

上行链路定义了两种物理信道：窄带物理上行共享信道（Narrowband Physical Uplink Share Channel, NPUSC）和窄带物理随机接入信道（Narrowband Physical Random Access Channel, NPRAC）。还定义了上行解调参考信号（Demodulation Reference Signal, DMRS）。

6.2.4　下行链路物理传输机制

下行链路的多址接入采用 OFDMA 技术，该技术基于 15kHz 的子载波间隔而被设计。下行最小调度单元为一个 PRB，频域上每个载波只包含一个 PRB，只使用 15kHz 子载波间隔，只支持 UE 半双工操作。由于带宽的限制，一个 TB 传输块最多可以占用 10 个时域上的 PRB。考虑 UE 的低成本与低复杂度，Rel-13 仅支持半双工 FDD，需要 UE 在不同时间点进行发送和接收。

UE 的上行传输只支持单天线端口，下行传输最多支持两个天线端口。当下行使用 2 个天线端口时，一种是 eNB 基站通过天线端口 0 进行单天线端口发送；另一种是 2 个天线端口开环发射分集，eNB 基站在下行共享信道、广播信道和控制信道上采用 2 个天线端口的空间频率块编码进行传输。

6.2.4.1　同步信号

每个 UE 通过对同步信号的检测，来实现与小区在时间和频率上的同步，以此来获取小区的 ID。同步信号包括 NPSS 和 NSSS。

NPSS 用于完成时间和频域的同步。NPSS 中不携带任何小区的 ID 信息，仅用于获取定时和频偏的粗略估计。NSSS 携带物理小区 ID（Physical Cell ID，PCID），范围为 0~503，提供 504 个唯一的小区标志。

UE 在寻找 eNB 基站时，会先检测 NPSS，故 NPSS 的设计为短的 ZC（Zadoff-Chu）序列，这降低了初步信号检测和同步的复杂性。当识别出小区 ID 后，UE 可以使用下行小区指定参考信号来解调或测量天线端口数量。

在独立部署和保护带部署模式下，NPSS 和 NSSS 资源映射示意图如图 6-22 所示。在带内部署模式下，NPSS 和 NSSS 都通过打孔的方式占用资源，资源映射示意图如图 6-23 所示。

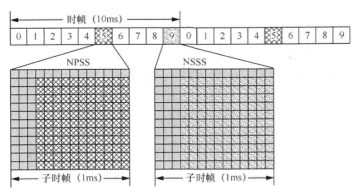

图 6-22　独立部署和保护带部署模式下 NPSS 和 NSSS 资源映射

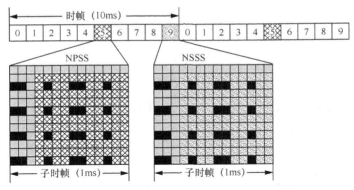

图 6-23　带内部署模式下 NPSS 和 NSSS 资源映射

NPSS 的周期是 10ms，在子时帧 5 上传输；NSSS 的周期是 20ms，在子时帧 9 上传输。

在天线端口 0 和 1 中，除了无效子时帧和 NPSS 或 NSSS 会发送子时帧，在每个时隙的最后两个 OFDM 符号中还会插入参考信号。每个下行端口发送一个 NRS，天线的下行端口数量是 1 或 2。

1. NPSS

NPSS 仅占用 1 个子时帧内的 11 个符号（避开前 3 个 OFDM 符号），而每个符号占用 11 个子载波。

主同步信号序列由频域的 Zadoff-chu 序列生成，生成公式如下：

$$d_l(n) = s(l) \cdot \mathrm{e}^{-j\frac{5\pi n(n+1)}{11}}, \qquad n = 0,1,\cdots,10 \tag{6-6}$$

其中

$$s(l) = \begin{cases} 1, & l = 3,4,5,6,9,10,11,13 \\ -1, & l = 7,8,12 \end{cases} \tag{6-7}$$

$d_l(n)$ 代表符号 l 在子载波 n 上的值。因此，每个符号上承载 11 位 Zadoff-chu 序列。

在频域上，NPSS 占用 0~10 共 11 个子载波。

在时域上，NPSS 固定占用每个无线时帧中的第 5 个子时帧，从第 4 个符号开始共 11 个符号。

2. NSSS

NSSS 是长度为 131bit 的频域 Zadoff-chu 序列，通过 Hadamard 矩阵加扰。

利用 Zadoff-Chu 的根和 4 个 Hadamard 矩阵来指示 504 个小区 ID，通过 4 个时域循环移位来指示在 80ms 内的时帧序号。

NSSS 也是由频域的 Zadoff-Chu 序列生成的。公式如下：

$$d(n) = b_q(m) e^{-j2\pi\theta_f n} e^{-j\frac{\pi u n'(n'+1)}{131}} \tag{6-8}$$

式中，$n=0,1,\cdots,131$，$n'=n\%131$，$m=n\%128$，$u = N_{\mathrm{ID}}^{N_{\mathrm{cell}}}\%126+3$，$q = \left\lceil \dfrac{N_{\mathrm{ID}}^{N_{\mathrm{cell}}}}{126} \right\rceil$。

循环移位计算公式为 $\theta_f = \dfrac{33}{132}\left(\dfrac{n_f}{2}\right)\%4$，其中 n_f 为时帧号。

扰码序列 $b_q(m)$ 是 4 个长度为 128bit 的 Hadamard 序列，其定义如表 6-20 所示。

表 6-20 Hadamard 序列

Q	$b_q(0),\cdots,b_q(127)$
0	[1 1]
1	[1 −1 −1 1 −1 1 1 −1 −1 1 1 −1 1 −1 −1 1 −1 1 1 −1 1 −1 −1 1 1 −1 −1 1 −1 1 1 −1 1 −1 −1 1 −1 1 1 −1 −1 1 1 −1 1 −1 −1 1 −1 1 1 −1 1 −1 −1 1 1 −1 −1 1 −1 1 1 −1 −1 1 1 −1 1 −1 −1 1 1 −1 −1 1 −1 1 1 −1 −1 1 1 −1 1 −1 −1 1 1 −1 −1 1 −1 1 1 −1 −1 1 1 −1 1 −1 −1 1 −1 1 1 −1 1 −1 −1 1 1 −1 −1 1 −1 1 1 −1 1 −1 −1 1 −1 1 1 −1 −1 1 1 −1]
2	[1 −1 −1 1 −1 1 1 −1 −1 1 1 −1 1 −1 −1 1 −1 1 1 −1 1 −1 −1 1 1 −1 −1 1 −1 1 1 −1 −1 1 1 −1 1 −1 −1 1 1 −1 −1 1 −1 1 1 −1 1 −1 −1 1 −1 1 1 −1 −1 1 1 −1 1 −1 −1 1 −1 1 1 −1 1 −1 −1 1 1 −1 −1 1 −1 1 1 −1 1 −1 −1 1 −1 1 1 −1 −1 1 1 −1 1 −1 −1 1 1 −1 −1 1 −1 1 1 −1 −1 1 1 −1 1 −1 −1 1 −1 1 1 −1 1 −1 −1 1 1 −1 −1 1 −1 1 1 −1 1 −1 1 1]
3	[1 −1 −1 1 −1 1 1 −1 −1 1 1 −1 1 −1 −1 1 −1 1 1 −1 1 −1 −1 1 1 −1 −1 1 −1 1 1 −1 −1 1 1 −1 1 −1 −1 1 1 −1 −1 1 −1 1 1 −1 1 −1 −1 1 −1 1 1 −1 −1 1 1 −1 1 −1 −1 1 1 −1 1 −1 −1 1 −1 1 1 −1 1 −1 −1 1 −1 1 1 −1 −1 1 1 −1 1 −1 −1 1 1 −1 −1 1 −1 1 1 −1 −1 1 1 −1 1 −1 −1 1 −1 1 1 −1 1 −1 −1 1 1 −1 −1 1 −1 1 1 −1 −1 1 1 −1 1 −1 −1 1]

NB-IoT 小区的 PCID，通过 Zadoff-Chu 序列的根索引和扰码序列索引的组合关系来确定：

$$u=\text{PCID}\%126+3 \qquad\qquad (6\text{-}9)$$

$$q=\left[\frac{\text{PCID}}{126}\right] \qquad\qquad (6\text{-}10)$$

由于 NSSS 只在偶数时帧发送，因此四种循环移位可以确定 NSSS 在 80ms 内的位置。在频域上，NSSS 占用全部 12 个子载波。在时域上，NSSS 只在偶数时帧号发送；在子时帧内，从第 4 个符号开始。

3. 同步过程

物理层的同步过程分为小区搜索和时频同步。小区搜索是一个 UE 获得一个小区的时频同步并检测出小区物理 ID 的过程。UE 可通过解析 NPSS 和 NSSS 来获得时频同步和小区 ID。此外，NB-IoT 对于带内部署会通过 MIB 中的操作模式信息（Operation Mode Info，OMI）来指示是否与 LTE 系统小区有相同的小区 ID。

小区搜索是基于 NPSS 和 NSSS 进行的。NSSS 在载波的每个无线时帧的第 6 个子时帧的第 1~11 个子载波上传输，NSSS 在载波的每隔一个无线时帧的第 10 个子时帧上的全部 12 个子载波上传输。

UE 通过 NPSS 和 NSS 进行小区下行同步以获取小区 ID，并根据基站下发的 TA 指令进行上行发送以调整定时，并且完成上行同步。

6.2.4.2 NPBC

系统信息广播提供了接入网系统的主要信息，也包括少量的 NAS 和核心网的信息。

NPBC 传输 34bit 信息，采用 CRC-16 校验码后变为 50bit，通过 1/3 码率的 TBCC 编码后变为 150bit，速率适配后输出的比特为 1600bit。

使用小区专有扰码序列对速率匹配后的比特进行加扰，其中扰码序列中满足 SFN%64=0 的无线时帧通过 PCID 进行初始化。

加扰后的比特被分为 8 个子块，每个子块 200bit。每个子块经 QPSK 调制后变为 100 个符号，映射到 1 个子时帧的 100 个 RE 上。图 6-24 为 NPBC 资源映射示意图。

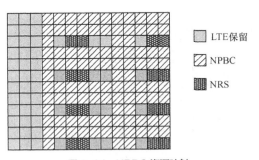

图 6-24　NPBC 资源映射

NPBC 均不使用前 3 个 OFDM 符号。在带内部署模式下，NPBC 还要考虑存在 LTE 端口和 NRS 端口的速率匹配。

NPBC 采用固定的重复样式发送。每个子块发送使用 8 个时帧，在每个时帧的子时帧 0 处发送一次，重复发送 8 次，共用 80ms。所有子块发送完成需要 64 个时帧共 640ms，NPBC 的时频域映射如图 6-25 所示。

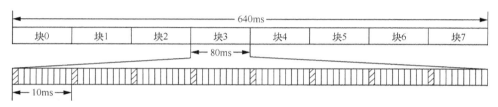

图 6-25 NPBC 的时频域映射

6.2.4.3 NPDCC

PDCC 主要用来发送下行链路信息，其传输的信息包括公共控制信息（如系统信息、寻呼信息等）和用户专属信息。

NPDCC 用来承载下行控制信息（Downlink Control Information，DCI）。调度必须由基站侧（网络侧）统一负责，UE 负责资源的使用，终端有申请权。不同的无线网络识别号（Radio Network Identifier，RNI）会被指定给 UE。对于特定的终端，在与系统建立 RRC 连接时，系统即会给每个 UE 指定一个唯一的 C-RNTI，这些都会被用作 NPDCC 的 CRC 加扰。终端用这些密码去解扰 NPDCC，从而判断其是否属于自己。

NPDCC 中承载的 DCI 包含一个或多个 UE 上的资源分配和他的控制信息。UE 需要先解调 NPDCC 中的 DCI，然后才能够在相应的资源位置上解调属于 UE 自己的 NPDSC，包括广播消息、寻呼 UE 的数据等。

各个搜索空间由 RRC 子层配置相应的最大重复次数 R_{max}，其搜索空间的出现周期大小即为相应的 R_{max} 与 RRC 子层配置的 1 个参数的乘积。RRC 子层也可配置 1 个偏移来调整搜索空间的开始时间。在大部分的搜索空间配置中，所占用的资源大小为 1 个 PRB，仅有少数配置会占用 6 个子载波。

在 PRB 中定义了两个控制信道单元，每个控制信道单元在子时帧内形成资源池。NPDCC 支持 C-RNTI、临时 C-RNTI、P-RNTI 和 RA-RNTI。

NPDCC 直接定义窄带控制信道单元（Narrowband Control Channel Element，NCCE）为一个子时帧中连续的 6 个子载波，如图 6-26 所示。

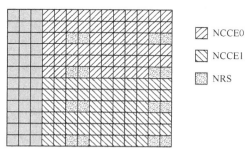

- ▨ NCCE0
- ◣ NCCE1
- ▦ NRS

图 6-26 NPDCC 的 NCCE 示意图

NPDCC 的子载波 0~5 定义为 NCCE0，子载波 6~11 定义为 NCCE1。NPDCC 定义了两种格式：格式 0 包含 1 个 NCCE，格式 1 包含 2 个 NCCE。

NPDCC 信道处理过程包括加扰、调制、层映射、预编码、资源映射等步骤。其中，由于 NPDCC 支持重复，每 4 个 NPDCC 子时帧可重新初始化加扰序列。NPDCC 采用 QPSK 调制，层映射和预编码均采用与 NPBC 相同的天线端口。

NPDCC 定义了用户终端专有搜索空间（UE-specific Search Space，USS）和两种类型的小区专有搜索空间（Cell-specific Search Space，CSS）。USS 用于用户特定的单播信道，Type1-CSS 用于寻呼信道，Type2-CSS 用于 RAR、Msg3 重传和 Msg4。这几种搜索空间分别用于配置 NPDCC 的最大重传次数和计算搜索空间周期的参数。

用于 USS 的参数通过用户特定 RRC 信令配置，用于 CSS 的参数通过广播信息配置。其中，由于 Type2-CSS 为用于与 RACH 相关的 NPDCC 的参数配置，而每个覆盖等级均有一组 NPRAC 的配置信息，因此每个覆盖等级均有一组 Type2-CSS 的 NPDCC 的配置参数。在一个搜索空间中，UE 会监听多个候选 NPDCC，其中候选 NPDCC 集合可以表示为聚合等级、重复次数、盲检次数。

6.2.4.4 NPDSC

NPDSC 的子时帧结构和 NPDCC 一样。NPDSC 用来传输下行业务数据和系统消息，包括单播业务数据、寻呼消息、RAR 信息等。NPDSC 所占用的带宽大小同一个 PRB 相等。一个传输块依据所使用的调制与编码策略，可能需要使用多于 1 个子时帧来传输，因此在 NPDCC 中接收到的下行链路分配中会包含一个传输块对应的子时帧数目和重复传输次数的指示。

NPDSC 物理层使用 TBCC。NPDSC 对应的 ACK/NACK 通过单音传输中的 NPUSC 发送，由下行链路来指示频域资源和时域资源。

NPDSC 的处理过程包括加扰、调制、层映射、预编码以及资源映射等步骤。其中，调制方式为 QPSK，层映射和预编码采用 LTE 系统中与 NPBC 具有相同天线数目的映射方式。NPDSC 支持重复传输，每 $\min\left(M_{\mathrm{rep}}^{\mathrm{NPDSC}},4\right)$ 次传输都会根据第 1 个时隙和时帧重新初始化加扰，对于承载 BCCH 的 NPDSC，每次重传都会进行重新初始化加扰。

NPDSC 引入子时帧级重复，子时帧级重复次数为 $\min(M_{\mathrm{rep}}^{\mathrm{NPDSCH}},4)$。子时帧级重复的优先级高于子编码块重复，即当 $M_{\mathrm{rep}}^{\mathrm{NPDSC}} \leqslant 4$ 时，仅支持子时帧级重复。子时帧级重复的引入是为了让 UE 可以通过非相干解调的方式，直接累积能量，提高接收端的信号与干扰的噪声比，从而提高解码性能。此外，对于承载系统消息（除 SIB1 外）的 NPDSC，其可以被映射到所有下行子时帧。

NPDSC 的调度单位为 1 个 PRB，在 DCI 格式 N1 中，采用 3bit 指示 PRB 的个数{1~6,8,10}。其中，PRB 的个数跳过 7 而引入 10，是为了在不增加 DCI 开销时尽量增大每个调制与编码策略所支持的最大编码块。

为了支持一个 NPDCC 搜索空间可以调度两个 NPDSC，DCI 的动态调度时延是下行子时帧数目。为了避免 UE 提前成功解码 NPDCC，DCI 中还利用 2bit 或 3bit 来指示实际 NPDCC 的重传次数。

NPDSC 的最大传输块大小为 680bit，传输时长为 3ms。因此，NDSC 峰值物理层速率为 680bit÷3ms≈226.7kbit/s。

6.2.4.5 NRS

NB-loT 系统在下行方向上仅支持一种参考信号，即 NRS，亦称为导频信号。NRS 的主要作用是进行下行信道质量测量，并将测量结果用于 UE 的相关检测和解调。在用于广播和下行专用信道时，无论有没有数据传输，所有下行子时帧都要传输 NRS。

NRS 由插入到下行 NB-loT 天线端口 0 和 1 的每个时隙（除了非 NB-IoT 子时帧、传输 NPSS

和 NSSS 子时帧之外）的最后两个 OFDM 符号位置上的已知参考符号组成，每个下行天线端口传输一个 NRS。

UE 使用 NRS 进行物理信道（如 NPDSC、NPBC、NPDCC）的下行解调。UE 会在空闲状态下，对 NRS 进行接收功率和接收质量的测量，并会将测量结果用于空闲状态下的小区重选。

NRS 资源会映射到一个时隙的最后 2 个 OFDM 符号，如图 6-27 所示。对于带内部署，NRS 与 LTE CRS 的频域位置相同。

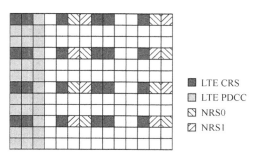

图 6-27 NRS 下行信号参考示意图

在所有 NPBC、S1B1-NB 的 NPDSC 子时帧中，NRS 总是存在的。在成功解码 S1B1-NB 消息之前，UE 并不知道哪些子时帧是 NB-IoT 下行子时帧，所以只能假定在子时帧 0（NPBC）、子时帧 4（S1B1-NB 发送子时帧）和具有奇数时帧号的子时帧 9（偶数时帧号用作 NSSS）上总是发送 NRS。下行发送 NPSS 和 NSSS 的子时帧上没有 NRS。

6.2.5　上行链路物理传输机制

上行物理层信道基于 15kHz 和 3.75kHz 两种子载波间隔设计，分为单音和多音两种工作模式。如果上行链路子载波间隔 15kHz，则有 12 个连续的子载波。如果上行链路子载波间隔 3.75kHz，则有 48 个连续的子载波。

上行物理层信道的多址接入技术采用了 SC-FDMA。在单音模式下，一次上行传输只分配一个 15kHz 或 3.75kHz 的子载波。在多音模式下，一次上行传输支持 1、3、6 或 12 个子载波传输方式。

在上行链路中，采用资源单位（Resource Unit，RU）进行基本调度，其中 RU 是时域和频域这两个域资源的组合。根据子载波的数目分别制定了相应的资源单位 RU 作为资源分配的基本单位。

各种场景下的 RU 的持续时长和子载波有所不同。子载波数目与时隙数目组合如表 6-21 所示，其中 3、6、12 个子载波对应的 RU 有 168 个 RE，而单子载波（3.75kHz 和 15kHz）仅有 112 个 RE。

对于 3.75kHz 的子载波间隔，系统定义了由 7 个符号组成的 2ms 时长的窄带时隙。1 个 3.75kHz 的子载波空间符号长度为 $8192T_s$（266.67μs），每个 CP 循环前缀的长度是 $256T_s$（8.33μs），每个时隙后还引入 1 个长度为 $2304T_s$（75μs）的保护间隔（Guard Period，GP）。

上行时隙结构如图 6-28 所示。

表 6-21　NB-IoT 上行资源单位的子载波数目与时隙数目结合

NPUSC 格式	子载波间隔 Δf / kHz	每个RU子载波数N_{sc}^{RU}	每个RU时隙数N_{slots}^{UL}	每个RU的TTI长度/ms	每个时隙的符号数N_{symb}^{UL}	NPUSC 调制方式
格式 1	3.75	1	16	32		$\pi/2$-BPSK
	15	1	16	8		$\pi/4$-QPSK
		3	8	4	7	QPSK
		6	4	2		
		12	2	1		
格式 2	3.75	1	4	8		$\pi/2$-BPSK
	15	1	4	2		$\pi/4$-QPSK

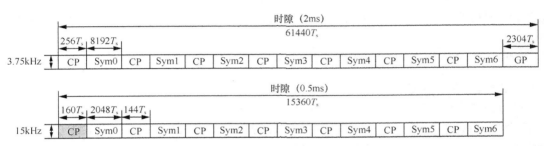

图 6-28　上行时隙结构

系统可以通过一个小区同时在多个载波上提供服务，但 UE 在同一时间内只能在一个载波上收发数据。上行控制信息包括对 NPDSC 的 ACK/NACK，使用单音传输方式所占用的资源由下行控制资源调度。

6.2.5.1　NPUSC

NPUSC 用来传输上行数据和上行控制信息。单音传输使用 $\pi/2$-BPSK 和 $\pi/4$-QPSK，多音传输使用 QPSK。

对于单音传输，3.75kHz 子载波间隔时 RU 为 32ms，15kHz 子载波间隔时 RU 为 8ms。对于多音传输，3 个子载波时 RU 为 4ms，6 个子载波时 RU 为 2ms，12 个子载波时 RU 为 1ms。

NPUSC 支持两种格式：NPUSC 格式 1 和 NPUSC 格式 2。

NPUSC 格式 1 用于传输上行信道的数据，可采用单音传输或多音传输方式，它支持 3.75kHz 单音和 15kHz 单音，3、6、12 个子载波，由于 NB-IoT 上行控制信息仅包括 1bit 的 HARQ-ACK，并不支持 SR 或通道状态信息（Channel Status Information，CSI）回报，为了降低开销，每个 RU 仅支持 14×2 个符号，即 3.75kHz 为 8ms 的传输时间间隔（Transmission Time Interval，TTI）长度，15kHz 为 2ms 的 TTI 长度。

NPUSC 格式 2 用于传输上行控制信息（Uplink Control Information，UCI），只采用单音传输方式。

NPUSC 信道的处理过程包括加扰、调制、层映射、变换编码、预编码、资源映射等步骤。NPUSC 支持重复传输，每次编码块传输都会根据第 1 个时隙和第 1 个系统时帧重新初始化。

对于 NPUSC 格式 1，一个传输块通过编码和速率匹配后，需要经过若干次重复传输。其中最高优先级为子时帧重复，其次为编码块重复，其中每次编码块重复会采用不同的冗余版本。当重传次数不大于 4 时，仅进行子时帧重复；当重传次数大于 4 时，进行子时帧重复和编码块重复。

对于 NPUSC 格式 1，当子载波空间为 3.75kHz 时，只支持单频传输，1 个 RU 在频域上包含 1 个子载波，在时域上包含 16 个时隙，因此 1 个 RU 的长度为 32ms。当子载波空间为 15kHz 时，支持单频传输和多频传输。1 个 RU 包含 1 个子载波时，有 16 个时隙的时长，即 8ms；当 1 个 RU 包含 12 个子载波时，有 2 个时隙的时长，即 1ms，此 RU 刚好是 LTE 系统中的 1 个子时帧。

对于 NPUSC 格式 2，RU 总是由 1 个子载波和 4 个时隙组成。当子载波空间为 3.75kHz 时，1 个 RU 时间长度为 8ms；当子载波空间为 15kHz 时，1 个 RU 时间长度为 2ms。NPUSC 格式 2 是 UE 用来传输指示 NPDSC 有无成功接收的 HARQ-ACK/NACK，所使用的子载波的索引会在对应的 NPDSC 的下行分配（Downlink Assignment）中指示，重传次数由 RRC 参数配置。

NPUSC 峰值数据速率为：1000bit÷4ms=250kbit/s。

6.2.5.2 NPRAC

eNB 基站会根据各个 CE Level 来配置相应的 NPRAC 资源。随机接入开始之前，UE 会通过下行测量来决定 CE Level，并使用该 CE Level 所指定的 NPRAC 资源。若随机接入前导传输失败，NB-loT UE 会再升级 CE Level 并重新尝试，直到尝试完所有 CE Level 的 NPRAC 资源为止。

NPRAC 支持符号组跳频的 3.75kHz 的单子载波信号，有以下两种格式。

（1）格式 0：CP 长度为 66.67μs，支持 10km 小区半径。

（2）格式 1：CP 长度为 266.67μs，支持 40km 小区半径。

为了估计上行信号到达时间偏差，NPRAC 会通过跳频的方式来增加信号经历的带宽，以提高估计精度。为了避免相位模糊，引入了两级跳频。NPRAC 定义了 1 个 CP 和 1 个符号组（包含 5 个相同的符号）。对于格式 0 和格式 1，1 个符号组的时间长度分别为 1.4ms 和 1.6ms。

此外，在各次重复之间会引入类型 2 的伪随机跳频，该跳频被限制在 12 个子载波之内。

6.2.5.3 DMRS

DMRS 是 NB-IoT 上行参考信号。

在 NPUSC 格式 1 中，每 7 个 OFDM 符号中有 1 个 OFDM 符号会作为 DMRS 对应的 OFDM 符号。在单音模式下，当子载波间隔为 15kHz 时，NPUSC 通过每个 Slot 时隙的第 4 个符号来传输 DMRS；当子载波间隔为 3.75kHz 时，NPUSC 通过每个 Slot 时隙的第 5 个符号来进行传输。在多音模式下，NPUSC 通过每个 Slot 时隙的第 4 个符号来进行传输。NPUSC 格式 1 的 DMRS 位置如图 6-29 所示。

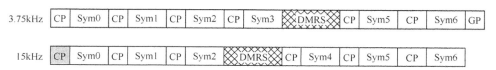

图 6-29 NPUSC 格式 1 的 DMRS 位置

在 NPUSC 格式 2 中，每 7 个 OFDM 符号中有 3 个 OFDM 符号会作为 DMRS 对应的 OFDM 符号。在单音模式下，当子载波间隔为 15kHz 时，NPUSC 会通过每个 Slot 时隙的第 2、3、4 个符号来传输 DMRS；当子载波间隔为 3.75kHz 时，NPUSC 会通过每个 Slot 时隙的前 3 个符号来进行传输。在多音模式下，NPUSC 会通过每个 Slot 时隙的第 2、3、4 个符号来进行传输。NPUSC 格式 2 的 DMRS 位置如图 6-30 所示。

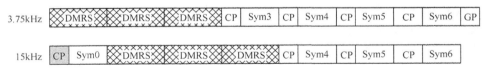

图 6-30　NPUSCH 格式 2 的 DMRS 位置

6.2.6　空口协议

NB-IoT 空口协议栈基于 LTE 设计，但是根据物联网的需求，去掉了一些不必要的功能，减少了协议栈处理流程的开销。图 6-31 所示是 NB-IoT 空口协议栈示意图。

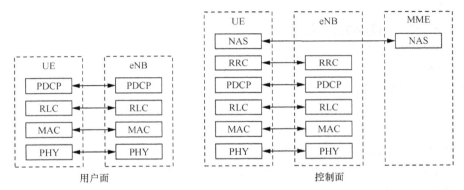

图 6-31　NB-IoT 空口协议栈

空口协议主要完成 UE 的小区接入与数据传输。

UE 接入小区时，通过小区搜索取得频率和符号同步，获取 SIB 信息，启动随机接入流程，建立 RRC 连接。当终端返回 RRC_IDLE 状态、需要进行数据发送或收到寻呼时，UE 会再次启动随机接入流程。

当需要变换小区时，UE 会进行 RRC 释放，进入 RRC_IDLE 状态，再重选至其他小区。当 UE 重选时，在无法找到 Suitable Cell 的情况下，其会持续搜寻，直到找到 Suitable Cell 为止。

数据传输时，采用控制面和用户面两种方案均可传输数据，同时还增加了连接挂起与恢复这一专用功能以适应物联网应用。

6.2.6.1　基于竞争的 NB-IoT 随机接入过程

基于竞争的接入流程如图 6-32 所示。

具体步骤如下。

（1）UE 发送随机接入前导

UE 通过 NPDSC 中的 SIB2-NB 获取与 NPRAC 相关的配

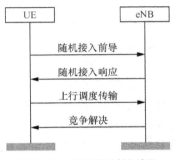

图 6-32　基于竞争的接入流程

置信息。根据 RSRP 测量结果和 SIB2-NB 中携带的 RSRP 测量门限，对比选择对应的覆盖等级，在覆盖等级对应的时频域资源段内，通过随机的方式在某个时域位置上向 eNB 发起随机接入请求。

（2）eNB 发送随机接入响应

UE 发送了前导后，在随机接入滑窗内不断监听 NPDCC，直到获得所需要的随机接入响应为止。eNB 收到 UE 的前导后，申请分配临时 C-RNTI 并进行上/下行调度资源申请。eNB 在 NPDCC 上发送随机接入响应（其可以同时为多个 UE 发送随机接入响应）。

（3）UE 进行上行调度传输

UE 在 NPUSC 上传输上行调度信息，传输块大小由随机接入响应中的信息指定，固定为 88bit。

（4）eNB 进行竞争解决

竞争解决成功后，则表示基于竞争的随机接入流程结束。如果竞争解决定时器超时，则 UE 将认为此次竞争解决失败。失败后，如果 UE 的随机接入尝试次数小于最大尝试次数，则重新进行一次随机接入尝试，否则随机接入流程失败。

6.2.6.2 RRC 连接建立流程

RRC 连接建立流程如图 6-33 所示。

具体步骤如下。

（1）UE 发送携带 RRC 的连接请求（RRC Connection Request）给 eNB。

（2）eNB 为 UE 建立上下文。

（3）eNB 进行 SRB1 资源的准入和资源分配。信令连接一律准入；若资源分配成功，则继续后续流程，否则连接请求会被拒绝。eNB 通过向 UE 发送 RRC 连接拒绝（RRC Connection Reject）消息拒绝 UE 接入。当 UE 的 RRC 连接请求被拒绝后，等待一定时间其会再次发送 RRC 连接请求。

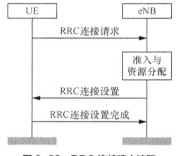

图 6-33 RRC 连接建立流程

（4）eNB 向 UE 回复 RRC 连接设置（RRC Connection Setup）消息，消息中携带 SRB1bis 资源配置的详细信息。

（5）UE 根据 RRC 连接设置消息指示的 SRB1bis 资源信息进行无线资源配置，然后发送 RRC 连接设置完成（RRC Connection Setup Complete）消息给 eNB。eNB 收到 RRC 连接设置完成消息后，RRC 连接建立完成。

6.2.6.3 数据传输方案

数据传输有两个方案：一个是控制面（CP）方案，另一个是用户面（UP）方案。

（1）CP 方案

CP 方案无须建立空口数据无线承载和 S1-U 连接，直接通过 NAS 消息传输数据，支持 IP 数据和非 IP 数据传输。SCEF 用来支撑非 IP 数据命令的传输。上行数据从基站发送到 MME 之后，有两条路可选：一条是发往 S-GW 后再发往 P-GW；另一条是发往 SCEF 后再直接发送给服务器。使用 CP 传输数据主要是通过 RRC 信令中的 NAS 专有消息来携带用户数据，如图 6-34 所示。

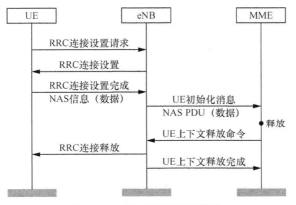

图 6-34　CP 方案数据传输流程

（2）UP 方案

传统 UP 方案数据传输流程如图 6-35 所示。

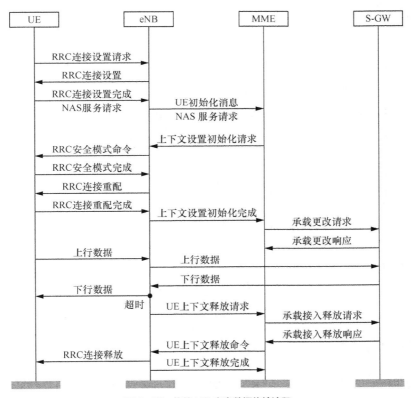

图 6-35　传统 UP 方案数据传输流程

　　新方案增加了挂起和恢复这两个功能，即前一次传输数据的用户面连接被挂起后，下次传输可恢复挂起的用户面连接，而无须新建用户面连接。图 6-36 为 UP 方案挂起流程，图 6-37为 UP 方案恢复流程。

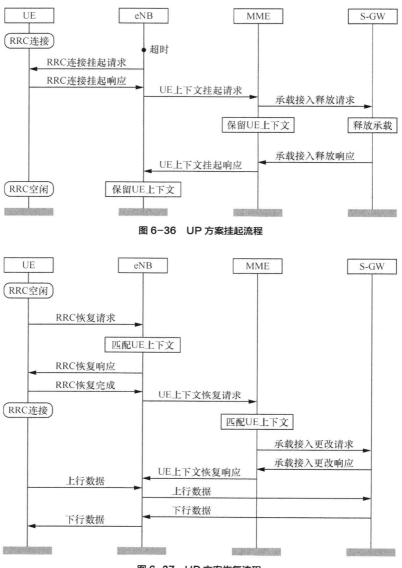

图 6-36 UP 方案挂起流程

图 6-37 UP 方案恢复流程

6.3 本章小结

本章主要介绍了两种应用场景下不同的物联网通信系统。

一是用于 PAN 的 ZigBee 系统，主要介绍了网络体系架构、IEEE 802.15.4 协议、物理层协议规范、MAC 层协议规范和网络层协议规范等内容。

二是用于广域网的 NB-IoT 系统，主要介绍了网络部署模式与架构、无线接入资源、下行链路物理传输、上行链路物理传输和空口协议等内容。

通过对系统的整体讲解，使读者可以理解关键技术在实际系统中的应用方法，从而全面掌握在前面章节中所学的内容。

6.4 习题

1. 结合 OSI 模型来分析 ZigBee 网络的体系架构及每层的主要功能。

2. 某工厂计划布设大量传感器来进行智能车间的建设，这些传感器通过 UDP 协议定时向远端服务器汇报数据。计划采用 ZigBee 构建无线传输网络，试给出网络拓扑结构及协议架构。

3. 某车间布设了大量的 2.4GHz 频段的 ZigBee 节点。内部装修时将原来的白炽灯更换为 LED 灯，导致大量节点通信不稳定。试分析本问题并给出合理的解决方案。

4. 某工程师采用 ZigBee 技术构建无线传感器网络，节点数目有 100 个，它们均匀分布在以网关为中心、覆盖半径为 300m 的范围内。假定节点采用 902MHz~928MHz 频段且通信范围的半径大约为 100m，请估算出传感器上报数据的小周期。

5. 在 ZigBee 网络中有些传感器节点要求数据传输时延小，试设计合适的 MAC 协议参数以保证满足这些需求。

6. 分析 NB-IoT 的 3 种部署模式的优缺点。

7. 简述用户终端实现同步并接入网络的流程。

8. 简述用户终端进行数据传输的信令传输流程。

9. 某工厂采用 NB-IoT 终端设备进行传感数据传输，每个节点平均每小时上报一次 20 字节的数据。请简要设计出网络结构、节点数目以及上/下行接入调度方案。

10. 某野外动物监测系统利用 ZigBee 和 NB-IoT 两个系统混合组网，以便分析动物对环境的适应情况与群体行为。请简要设计此网络拓扑结构，并简介其主要功能。

07

chapter

通信系统设计实践

物联网通信技术多样。计算机仿真已经成为分析和设计通信技术的主要工具。网络协议仿真可以通过建立网络设备、链路和协议模型，并模拟网络流量的传输，获得网络设计所需的性能数据。本章主要介绍物联网通信系统中常见协议的仿真实例，涉及物理层、数据链路层和网络层的多种协议算法的仿真实现。

本章学习目标：

（1）熟练掌握物联网物理层典型数字传输协议的仿真和性能评价方法；

（2）熟练掌握物联网数据链路层链路控制协议、接入协议的仿真和性能评价方法；

（3）深入理解物联网通信系统的工作原理，能够使用仿真工具根据需求分析、设计和仿真验证相关协议。

7.1 综述

物联网通信技术多样，但是要在理想环境下搭建一个规模较大的网络并开展实验还存在一定的困难。计算机仿真已经成为分析和设计通信技术的主要工具。针对不同的网络协议选取性能可靠的仿真软件，通过评价和分析各层协议，可以获得网络设计所需的性能数据。

本章主要介绍物联网通信系统中数字传输仿真实例和网络层、链路层仿真实例，涉及物理层、数据链路层和网络层的多种协议算法的仿真实现。

Simulink 是 MATLAB 提供的用于对动态系统进行建模、仿真和分析的工具包。Simulink 提供了专门用于显示输出信号的模块，可以在仿真过程中随时观察仿真结果。同时，通过 Simulink 的存储模块，仿真数据可以方便地保存到工作区或文件中，供用户在仿真结束后对数据进行分析和处理。Simulink 成为了一种通用的仿真建模工具，广泛应用于通信仿真、数字信号处理、神经网络、机械控制和虚拟现实等领域。本章 7.2 节主要采用 MATLAB 中的 Simulink 工具包仿真调制解调算法与信道编译码算法。

网络链路协议仿真采用实物验证的局限性在于成本很高，运用起来不灵活。而仿真工具在很大程度上可以弥补这一不足，因此得到了广泛应用。仿真工具可以根据需要设计所需的网络模型，快速研究网络在不同条件下的性能。网络仿真工具提供了一种方便、高效的验证和分析方法，在现代通信网络设计和研究中的作用越来越大。本章 7.3 节主要介绍网络链路层链路控制协议、多址接入协议和网络路由协议等的仿真。

7.2 数字传输仿真实例

通信系统仿真的基本步骤如下。

（1）建立数学模型：根据通信系统的基本原理，将整个系统简化到源系统，确定总的系统功能，并将各部分功能模块化，找出各部分之间的关系，画出系统流程框图。

（2）仿真系统：根据建立的模型，从 Simulink 通信模型库的各个子库中将所需要的单元功能模块复制到 Untitled 窗口，并按系统流程框图进行连接，以组建要仿真的通信系统模型。

（3）设置：参数设置包括运行系统参数（如系统运行时间、抽样速率等）设置和功能模块运行参数（如正弦信号的频率、幅度、初相，低通滤波器的截止频率、通带增益、阻带衰减等）设置。

（4）调整参数，分析仿真数据和波形：在系统模型的关键点处设置观测模块，用于观测仿真系统的运行情况，以便及时调整参数，分析结果。

本书中的实例使用的软件版本为 MATLAB 2018b。

7.2.1 通信的信道与噪声仿真

信道是通信系统的基本环节之一，信道的传输质量影响着信号的成功接收。在信号传输过程中，它会受到各种干扰，这些干扰统称为"噪声"。高斯白噪声是最常见的一种噪声，它存在于各种传输介质中，包括有线传输信道和无线传输信道。在无线信道中，信号在受到加性高斯白噪声干扰的同时，还会受到瑞利衰落的影响。这种影响表现为信号的一种衰落过程，它对无线信号的传输质量具有很大的影响。因此，无线通信系统的相关研究工作很多都是围绕着如何降低这一影响进行的。

下面通过一个实验示例介绍如何使用 Simulink 搭建简单数字基带传输系统，并对通信信道进行仿真。在本例中，将结合 2FSK 介绍高斯白噪声信道（AWGN Channel）模块的一个应用。2FSK 的频率间隔是 24kHz，信道的传输速率为 10 kbit/s。

实验内容和步骤如下。

图 7-1 所示是通信信道 Simulink 实验系统图，文件名为 commChannel.slx。

在本实验中，信源产生速率为 10 kbit/s、帧长度为 1s 的二进制数据，通过 2FSK 调制产生调制信号。调制信号通过高斯白噪声信道传输，信号的信噪比等于 SNR。信号解调后的数据与信源产生的原始数据进行比较，根据比较的结果计算误比特率。最后，根据信噪比 SNR 与误比特率的对应关系绘制对数曲线图。Simulink 各模块的参数设置如表 7-1~表 7-9 所示。

最后一个模块是该实验的核心模块：信道模块。本实验中使用了加性高斯白噪声产生器，它将噪声叠加到了信源产生的 2FSK 调制信号中。

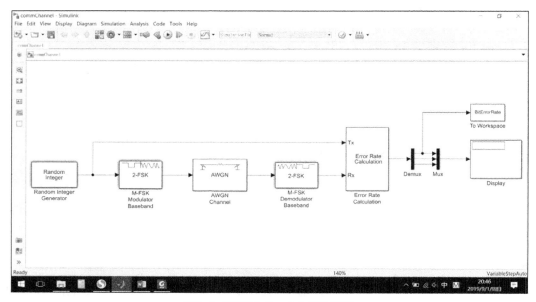

图 7-1　通信信道 Simulink 实验系统图

表 7-1　随机整数产生器（Random Integer Generator）参数设置

参数名称	参数值
Set size	2
Source of initial seed	Auto
Sample time	1/BitRate
Samples per frame	BitRate
Output data type	double
Simulate using	Interpreted execution

表 7-2　M-FSK 基带调制器（M-FSK Modulator Baseband）参数设置

参数名称	参数值
M-ary number	2
Input type	bit
Symbol set ordering	Binary
Frequency separation(Hz)	FrequencySeparation
Phase continuity	Continuous
Samples per symbol	SamplesPerSymbol
Rate options	Enforce Single-rate processing
Output data type	double

表 7-3　M-FSK 基带解调器（M-FSK Demodulator Baseband）参数设置

参数名称	参数值
M-ary number	2
Output type	bit
Symbol set ordering	Binary
Frequency separation(Hz)	FrequencySeparation
Samples per symbol	SamplesPerSymbol
Rate options	Enforce Single-rate processing
Output data type	double

表 7-4　误码率计算器（Error Rate Calculation）参数设置

参数名称	参数值
Receive delay	0
Computation delay	0
Computation mode	Entire frame
Output data	Port
Reset port	Unchecked
Stop simulation	Unchecked

表 7-5　解复用器（Demux）参数设置

参数名称	参数值
Number of outputs	3
Display option	bar
Bus selection mode	Unchecked

表 7-6　多路复用器（Mux）参数设置

参数名称	参数值
Number of inputs	3
Display option	bar

表 7-7　工作区写入模块（To Workspace）参数设置

参数名称	参数值
模块类型	To Workspace
Variable name	BitErrorRate
Limit data points to last	inf
Decimation	1
Save format	Array
Log fixed-point data as a fi object	Checked
Sample time	−1

表 7-8　显示器（Display）参数设置

参数名称	参数值
Format	short
Decimation	1
Floating display	Unchecked

表 7-9　加性高斯白噪声产生器（AWGN Generator）参数设置

参数名称	参数值
Initial Seed	67
Mode	Signal to noise ratio(SNR)
SNR(dB)	SNR
Input signal power，referenced to 1 ohm(watts)	1

将运行参数 Simulation→Model Configuration Parameters→Stop Time 设置为 Simulation Time（见图 7-2 与图 7-3）。所有以字符串命名的参数（如 SimulationTime、FrequencySeparation 等）都在工作区中创建相应的变量。在脚本程序中对这些字符串的数值进行定义。

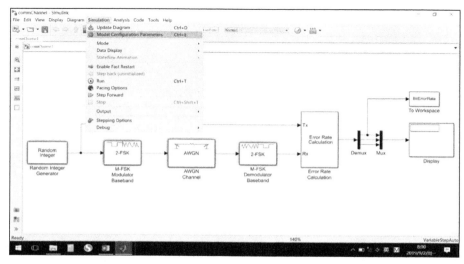

图 7-2　运行参数设置选项

图 7-3 运行参数设置

本 Simulink 程序需要运行多次才能够得到信道的信噪比与信号的误比特率之间的关系，为此须编写如下脚本运行程序（保存为文件 commChanmain.m）。

```
% snrVec 表示信噪比向量值，单位为 dB
snrVec = 0:15;
% 初始化误比特率向量
ber = zeros(length(snrVec),1);
% BFSK 调制的频率间隔等于 24kHz
FrequencySeparation = 24000;
% 信源产生信号的比特率等于 10kbit/s，产生 1s 的数据
BitRate = 10000;
% 仿真时间设置为 10s
SimulationTime = 10;
% BFSK 调制信号每个符号的抽样数等于 2
SamplesPerSymbol = 2;
% 循环执行仿真程序
for i = 1:length(snrVec)
    % 信道的信噪比（单位为 dB）依次取 snrVec 中的元素
    SNR = snrVec(i);
    % 运行仿真程序，将得到的误比特率保存在工作区变量 BitErrorRate 中
    sim('commChannel');
    % 计算 BitErrorRate 的均值，并将其作为本次仿真的误比特率
    ber(i) = mean(BitErrorRate);
end
% 绘制信噪比和误比特率的关系曲线图，纵坐标采用对数坐标
semilogy(snrVec,ber,'-r*');
grid
```

xlabel('信噪比（dB）')

ylabel('误比特率')

在 MATLAB 工作区中输入命令行"commChanmain"（注意把工作区的当前路径设置为文件 commChanmain.m 所在的目录），程序运行后得到的曲线如图 7-4 所示。

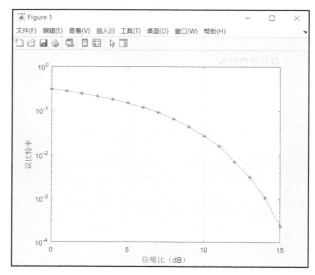

图 7-4　误比特率与信噪比的关系曲线图

从图 7-4 中可以看出，在 AWGN 信道中，2FSK 调制信号的误比特率会随着信噪比的增加而降低，当信噪比达到 14dB 时，误比特率低于 10^{-3}。

当采用相干检测时，2FSK 调制的误比特率 P_e 与信号的信噪比 SNR 之间有如下公式所示关系（注意：这里 SNR 的单位不是 dB）。

$$P_e = Q\left(\sqrt{\text{SNR}}\right) \tag{7-1}$$

其中，$Q(\cdot)$ 为误差函数。

7.2.2　DQPSK 调制和脉冲成型仿真

蓝牙中采用了 π/4-DQPSK 调制方式。在本实验中，设计一个 DQPSK 调制和解调系统的仿真模型。

在数字基带调制后，各个离散样值序列必须经过脉冲成型，形成脉冲序列，才能调制到载频以进行发射。在实际的传输系统中，很少会将方波作为基带脉冲波形，因为方波基带脉冲波形的功率谱形状为 sinc( )形状，旁瓣功率大，容易对其他频带产生干扰，也容易失真。奈奎斯特第一准则表明，理想整形滤波器是频域矩形整形滤波器，但它物理不可实现。实际中最常用的成型滤波器为升余弦成型滤波器，其可以减少码间串扰（ISI）的影响。

实验内容和步骤如下。

图 7-5 是 DQPSK 实验的 Simulink 系统图，文件名为 dqpskMod.slx。

在本实验中，首先令信源产生四进制数据（一个四进制数相当于两个二进制数，分别代表 DQPSK 调制器两个支路的输入信号），采用 DQPSK 基带调制器模块对这个数据（信号）进行调制，产生 DQPSK 基带调制信号。基带调制信号通过高斯白噪声信道传输，信号的信噪比等于 SNR。然后由 DQPSK 基带解调器模块对其进行解调。对解调输出整数形式的解调信号与信源产生的原始数据进行比较，根据比较的结果计算误符号率。最后根据信噪比 SNR 与误符号率的对应关系绘制对数曲线图。Simulink 各模块的参数设置如表 7-10~表 7-13 所示。之前出现过的模块，如果参数无须改动，则不再说明。

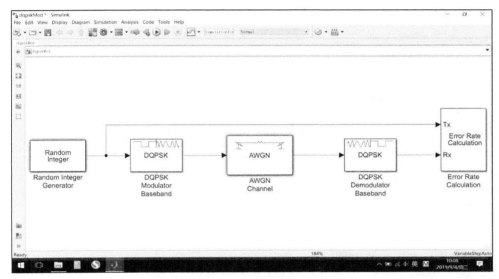

图 7-5 DQPSK 实验的 Simulink 系统图

表 7-10 随机整数产生器（Random Integer Generator）参数设置

参数名称	参数值
Set size	4
Source of initial seed	Auto
Sample time	SampleTime
Samples per frame	1
Output data type	double
Simulate using	Interpreted execution

表 7-11 DQPSK 基带调制器（DQPSK Modulator Baseband）参数设置

参数名称	参数值
Input type	Integer
Constellation ordering	Gray
Phase rotation(rad)	pi/4
Output data type	double

表 7-12 DQPSK 基带解调器（DQPSK Demodulator Baseband）参数设置

参数名称	参数值
Output type	Integer
Constellation ordering	Gray
Phase rotation(rad)	pi/4
Output data type	Inherit via internal rule

表 7-13 误码率计算器（Error Rate Calculation）参数设置

参数名称	参数值
Receive delay	0
Computation delay	0
Computation mode	Entire frame
Output data	Workspace
Variable name	ErrorVec
Reset port	Unchecked
Stop simulation	Unchecked

将运行参数 Simulation→Model Configuration Parameters→Stop Time 设置为 SimulationTime；与上例相同，在工作区中创建参数（如 SimulationTime、SampleTime 等）相应的变量。

首先由 M 文件 dqpskModmain.m 对仿真模型中的各个变量进行赋值；然后依次改变信号的信噪比，并循环执行仿真程序；最后根据仿真的结果绘制曲线。M 文件 dqpskModmain.m 的代码如下。

```
% dqpskModmain.m
% 设置调制信号的抽样间隔
SampleTime=1/50000;
% 设置仿真时间的长度
SimulationTime = 10;
% snrVec 表示信噪比向量值，单位为 dB
snrVec = 0:10;
% 初始化误符号率向量
ser = zeros(length(snrVec),1);
for i = 1:length(snrVec)
    % 信噪比依次取向量 snrVec 的数值
    SNR = snrVec(i);
    % 执行 DQPSK 的仿真模型
    sim('dqpskMod');
    % 从 ErrorVer 中获得调制信号的误符号率
    ser(i) = ErrorVec(1);
end
% 绘制信噪比与误符号率的关系曲线
semilogy(snrVec,ser,'-r*');
grid
xlabel('信噪比（dB）')
ylabel('误符号率')
```

在 MATLAB 工作区中输入命令行"dpskModmain"，运行仿真程序。在信噪比较高时如果仿真时间不够长，则仿真的误码率通常等于 0。因此，把随机整数产生器的抽样间隔

SampleTime 设置为 1/50 000，同时把仿真时间 SimulationTime 设置为 10s，从而在一个仿真循环中会产生 10^5 个调制信号，以此来提高仿真数据的精度，但是由此带来的另一个问题是仿真需要较长的执行时间。仿真结束之后得到一个图 7-6 所示的误符号率与信噪比的关系曲线图。

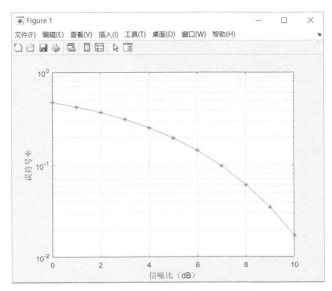

图 7-6 误符号率与信噪比的关系曲线图

图 7-7 是脉冲成型实验的 Simulink 系统图，信源产生十六进制数据，采用矩形 QAM 基带调制器对这个信号进行调制，产生 16-QAM 基带调制信号。基带调制信号通过无记忆非线性系统传输，无记忆非线性系统模拟非线性高功率放大器。用眼图仪观察输出信号，并对采用升余弦滤波器进行脉冲成型与否进行比较。Simulink 各模块的参数设置如表 7-14~表 7-19 所示。

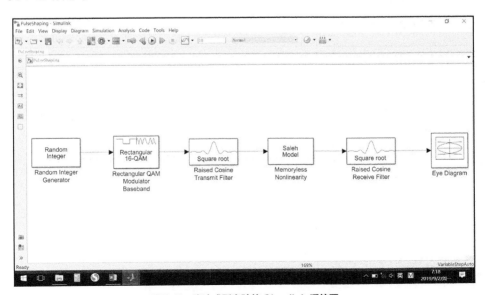

图 7-7 脉冲成型实验的 Simulink 系统图

表 7-14　随机整数产生器（Random Integer Generator）参数设置

参数名称	参数值
模块类型	Random Integer Generator
Set size	16
Source of initial seed	Auto
Sample time	0.001
Samples per frame	1
Output data type	double
Simulate using	Interpreted execution

表 7-15　矩形 QAM 基带调制器（Rectangular QAM Modulator Baseband）参数设置

参数名称	参数值
模块类型	Rectangular QAM Modulator Baseband
M-ary number	16
Input type	Integer
Constellation ordering	Gray
Normalization Method	Average Power
Average power，referenced to 1 ohm(watts)	1
Phase offset(rad)	0

表 7-16　升余弦发送滤波器（Raised Cosine Transmit Filter）参数设置

参数名称	参数值
模块类型	Raised Cosine Transmit Filter
Filter shape	Square root
Rolloff factor	0.2
Filter span in symbols	10
Output samples per symbol	8
Line amplitude filter gain	1
Input processing	Columns as channels(frame based)
Rate options	Enforce single-rate processing
Export filter coefficients to workspace	Unchecked

表 7-17　无记忆非线性（Memoryless Nonlinearity）系统参数设置

参数名称	参数值
模块类型	Memoryless Nonlinearity
Method	Saleh model
Input scaling(dB)	-10
AM/AM parameters[alpha beta]	[2.1587 1.1517]
AM/PM parameters[alpha beta]	[4.0033 9.1040]
Output scaling(dB)	0

表 7-18　升余弦接收滤波器（Raised Cosine Receive Filter）参数设置

参数名称	参数值
模块类型	Raised Cosine Receive Filter
Filter shape	Square root
Rolloff factor	0.2
Filter span in symbols	10
Input samples per symbol	8
Decimation factor	8
Decimation offset	0
Line amplitude filter gain	1
Input processing	Columns as channels(frame based)
Rate options	Enforce single-rate processing
Export filter coefficients to workspace	Unchecked

表 7-19　眼图仪（Eye Diagram）参数设置

参数名称	参数值
Display mode	Line plot
Enable measurements	Unchecked
Eye diagram to display	Real and imaginary
Color fading	Unchecked
Samples per symbol	8
Sample offset	0
Samples per trace	2
Trace to display	100

图 7-8 给出了用眼图仪直接观察调制后信号的眼图，在整数毫秒时刻，对于 16-QAM 调制存在 3 个清晰的"眼睛"。

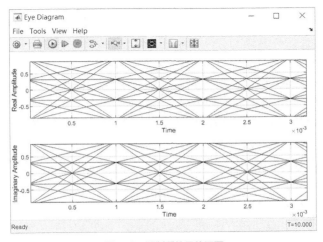

图 7-8　调制后信号的眼图

如果调制信号不经过升余弦发送滤波器和升余弦接收滤波器而直接放大，则可以观察到眼图在整数毫秒时刻会有多个"眼睛"。这是非线性放大器导致码间串扰的结果，如图7-9（a）所示。

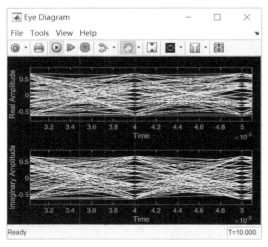 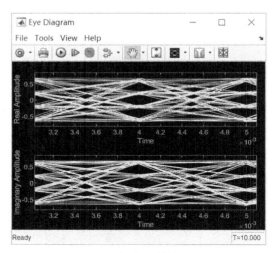

（a）未经匹配滤波　　　　　　　　　　　　　　　（b）经过匹配滤波

图7-9　接收信号的眼图

在应用了升余弦发送滤波器和升余弦接收滤波器之后，观察信号的眼图，发现匹配升余弦滤波器减少了ISI，又会有3只清晰的"眼睛"，如图7-9（b）所示。

7.2.3　卷积码编码和直接序列扩频通信仿真

NB-IoT中采用卷积码作为纠错码。卷积码在任何一段规定时间内产生的 n 个码元不仅取决于这段时间内输入的 k 个信息位，还取决于前 $N-1$ 段时间内的信息位，这个 N 就称为卷积码的约束长度。在MATLAB中，卷积码既可以用多项式来表示，也可以用Trellis图来表示，后者用途更广。下面举例来说明卷积码的编码器。卷积码编码器一般有一个或多个模二加法器（异或运算器），每个模二加法器都可以表示为一个多项式。图7-10所示是具有一个输入端和两个输出端，并且具有两个移位寄存器的卷积编码器。

卷积编码器的多项式表示由3部分组成：约束长度、生成多项式以及反馈连接多项式。卷积编码器的约束长度=移位寄存器个数+1，图7-10所示的卷积编码器约束长度等于3。卷积编码器的生成多项式按照如下方式确定：对于每一个模二加法器，按照从左到右的顺序依次检查每个移位寄存器（包括当前的输入信号），如果这个移位寄存器与模二加法器之间有连接，则标记为1，否则标记为0，由此可以得到一个二进制序列。把这个二进制序列转换成八进制数后，就可得到与这个模二加法器相对应的生成多项式。图7-10中的卷积编码器，对应于第1个模二加法器的二进制序列是110，对应于第2个模二加法器的二进制序列是111，它们分别对应八进制数中的6和7，因此这个卷积编码器的生成多项式是[6 7]。这个编码器没有反馈，它的编码效率是1/2，即输入1位信息元，输出2位码元。

在Simulink中，卷积编码器和译码器的参数都以Trellis图的方式表示。图7-11所示是与图7-10所示的卷积编码器相对应的Trellis图。在这个Trellis图中，卷积编码器有4个状态（00,01,10,11），并且具有1位输入信号和2位输出信号。Trellis图中的实线表示当前的输入信号是 0，虚线表示当前的输入信号是 1，实线和虚线上的数字是输出信号的十进制表示。例如，假设卷积编码器当前的状态是 01，当它的输入信号是 0 时，输出信号是 1（即二进制的 01），同时转换到 00 状态；而当输入信号是 1 时，输出信号是 2（即二进制的 10）。同时转换到 10 状态。

MATLAB 把多项式形式的卷积编码器转化成 Trellis 结构形式的函数如下：

trellis = poly2trellis（ConstraintLength，CodeGenerator，FeedbackConnection）

图 7-10 所示的卷积编码器的多项式转换成 Trellis 结构的函数如下：

$$trellis = poly2trellis(3，[6\ 7]) \tag{7-2}$$

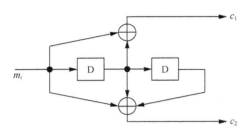

图 7-10　卷积编码器示例

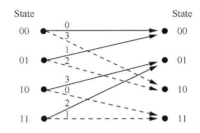

图 7-11　卷积编码器的 Trellis 图表示

由香农定理可知，在信道容量一定的情况下，增加传输带宽可以降低对信噪比的要求。直接序列扩频通信系统在发送端调制信号乘扩频序列（PN 序列）以进行扩频，频谱密度降低；在接收端解扩时扩频信号乘扩频序列以恢复调制信号，噪声乘扩频序列相当于做了一次扩频，频谱密度降低。所以在解调器的输入端信噪比会增加。ZigBee 采用了直接序列扩频技术。

实验内容和步骤如下。

图 7-12 所示是卷积码编码实验的 Simulink 系统图。

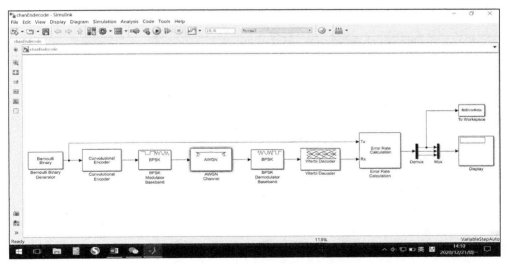

图 7-12　卷积码编码实验的 Simulink 系统图

在本实验中，信源产生一个 0、1 等概的二进制序列，经过卷积编码器对输入的二进制序列进行卷积编码，并采用 BPSK 调制方式调制信号，通过高斯白噪声信道传输，信号的信噪比等于 SNR。信号经 BPSK 解调后送入 Viterbi 译码器进行硬判决译码。译码后的数据与信源产生的原始数据进行比较，根据比较的结果计算误比特率。最后，根据信噪比 SNR 与误比特率的对应关系绘制对数曲线图。Simulink 各模块的参数设置如表 7-20~表 7-28 所示。

表 7-20　贝努利二进制序列产生器（Bernoulli Binary Generator）参数设置

参数名称	参数值
Probability of zero	0.5
Source of initial seed	Auto
Sample time	0.0001
Samples per frame	10 000
Output data type	double
Simulate using	Interpreted execution

表 7-21　卷积编码器（Convolutional Encoder）参数设置

参数名称	参数值
Trellis structure	poly2trellis(3，[6 7])
Operation mode	Truncated(reset very frame)
Specify initial state via input port	Unchecked
Output final state	Unchecked
Puncture code	Unchecked

表 7-22　BPSK 基带调制器（BPSK Modulator Baseband）参数设置

模块类型	BPSK Modulator Baseband
Phase offset(rad)	0

表 7-23　BPSK 基带解调器（BPSK Demodulator Baseband）参数设置

参数名称	参数值
Decision type	Hard decision
Phase offset(rad)	0

表 7-24　Viterbi 译码器（Viterbi Decoder）参数设置

参数名称	参数值
Trellis structure	poly2trellis(3，[6 7])
Puncture code	Unchecked
Enable erasures input port	Unchecked
Decision type	Hard decision
Error if quantized input values are out of range	Unchecked
Traceback depth	35
Operation mode	Truncated

表 7-25 误码率计算器（Error Rate Calculation）参数设置

参数名称	参数值
Receive delay	0
Computation delay	0
Computation mode	Entire frame
Output data	Port
Reset port	Unchecked
Stop simulation	Unchecked

表 7-26 解复用器（Demux）参数设置

参数名称	参数值
Number of outputs	3
Display option	bar
Bus selection mode	Unchecked

表 7-27 多路复用器（Mux）参数设置

参数名称	参数值
Number of inputs	3
Display option	bar

表 7-28 工作区写入模块（To Workspace）参数设置

参数名称	参数值
Variable name	BitErrorRate
Limit data points to last	inf
Decimation	1
Save format	Array
Log fixed-point data as a fi object	Checked
Sample time	−1

　　在这个实验中，所有以字符串命名的参数（如 SNR 等）都在工作区中创建相应的变量。在脚本程序中对这些字符串的数值进行定义。

　　本 Simulink 程序需要运行多次才能够得到信道的信噪比与信号的误比特率之间的关系，为此须编写如下脚本运行程序（保存为文件 chanEndecodermain.m）。

```
% chanEndecodermain.m
% snrVec 表示信噪比向量值，单位为 dB
snrVec = -10:5;
% 初始化误比特率向量
ber = zeros(length(snrVec),1);
% 循环执行仿真程序
```

```
for i = 1:length(snrVec)
    % 信道的信噪比(单位为 dB)依次取 snrVec 中的元素
    SNR = snrVec(i);
    % 运行仿真程序，将得到的误比特率保存在工作区变量 BitErrorRate 中
    sim('chanEndecode');
    % 计算 BitErrorRate 的均值，并将其作为本次仿真的误比特率
    ber(i) = mean(BitErrorRate);
end
% 绘制信噪比和误比特率的关系曲线图，纵坐标采用对数坐标
semilogy(snrVec,ber,'-r*');
grid
xlabel('信噪比（dB）')
ylabel('误比特率')
```

在 MATLAB 工作区中输入命令行"chanEndecodermain.m"（注意把工作区的当前路径设置为文件 chanEndecodermain.m 所在的目录），程序运行结束后得到一个图 7-13 所示的曲线图。

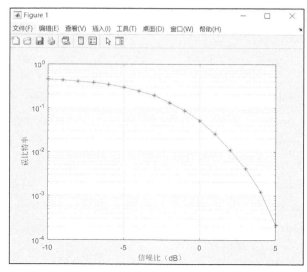

图 7-13　误比特率与信噪比的关系曲线图

Viterbi 译码器反馈深度（Traceback Depth）应设置为约束长度的 5~8 倍，这样效果会更好。

图 7-14 所示是直接序列扩频通信技术实验的 Simulink 系统图。

在本实验中，信源产生一个 0、1 等概的二进制序列，用 BPSK 调制方式调制，对调制后的序列进行重复输出，并在时域上扩展 63 倍。同时，PN 序列产生器生成周期长度为 63 的 m 序列，经极性变换变成双极性 PN 序列，这两个序列逐位相乘进行扩频，原来的每 1 个比特扩频后用 63 个比特表示。扩频信号通过 AWGN 信道传输。接收端用同样的双极性 PN 序列与 AWGN 信道输出信号相乘结果以进行解扩，然后使用积分长度为 63 的积分器对每 63 位叠加求和，变为 1 位，在时域上压缩为原来的 1/63。再利用比例运算器进行归一化运算，对输出信

号经 BPSK 解调后的数据与信源产生的原始数据进行比较，根据比较的结果计算误比特率。Simulink 各模块的参数设置如表 7-29~表 7-38 所示。

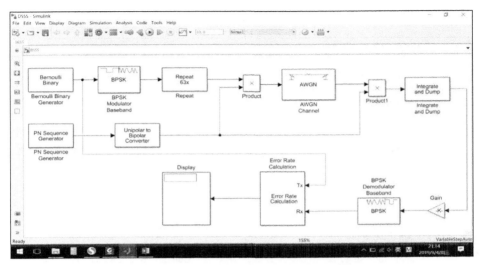

图 7-14　直接序列扩频通信技术实验的 Simulink 系统图

表 7-29　贝努利二进制序列产生器（Bernoulli Binary Generator）参数设置

参数名称	参数值
Probability of zero	0.5
Source of initial seed	Parameter
Initial seed	61
Sample time	1/100 000
Samples per frame	10
Output data type	double
Simulate using	Interpreted execution

表 7-30　PN 序列生成器（PN Sequence Generator）参数设置

参数名称	参数值
Generator polynomial	[1 0 0 0 0 1 1]
Initial states	[0 0 0 0 0 1]
Output mask source	Dialog parameter
Output mask vector(or scalar shift value)	0
Output variable-size signals	Unchecked
Sample time	1/100 000
Samples per frame	630
Reset on nonzero input	Unchecked
Enable bit-packed outputs	Unchecked
Output data type	double

表 7-31　BPSK 基带调制器（BPSK Modulator Baseband）参数设置

参数名称	参数值
Phase offset(rad)	0

表 7-32　极性转换器（Unipolar to Bipolar Converter）参数设置

参数名称	参数值
M-ary number	2
Polarity	Negative
Output data type	Inherit via internal rule

表 7-33　重复器（Repeat）参数设置

参数名称	参数值
Repetition count	63
Input processing	Columns as channels(frame based)
Rate options	Enforce single-rate processing

表 7-34　乘法运算器（Product）参数设置

参数名称	参数值
Number of inputs	2
Multiplication	Element-wise(.*)

表 7-35　积分清零器（Integrate and Dump）参数设置

参数名称	参数值
Integration period(number of samples)	63
Offset(number of samples)	0
Output intermediate values	Unchecked

表 7-36　比例运算器（Gain）参数设置

参数名称	参数值
gain	1/63
Multiplication	Element-wise(K.*u)

表 7-37　BPSK 基带解调器（BPSK Demodulator Baseband）参数设置

参数名称	参数值
Decision type	Hard decision
Phase offset(rad)	0

表 7-38　误码率计算器（Error Rate Calculation）参数设置

参数名称	参数值
Receive delay	0
Computation delay	0
Computation mode	Entire frame
Output data	Port
Reset port	Unchecked
Stop simulation	Unchecked

7.3　网络链路层仿真实例

　　物联网系统协议实现复杂，节点数目较多，实现的可靠性和有效性的验证也很复杂，图7-15 给出了一个典型的物联网系统实例。实际中通常采用计算机仿真和实物仿真相结合的方式，解决大规模物联网系统构建困难的问题，以节约成本。

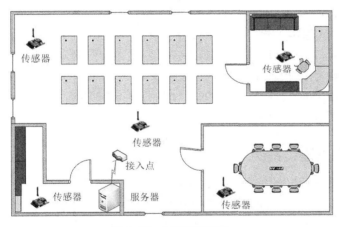

图 7-15　物联网系统实例

7.3.1　仿真工具介绍

　　网络仿真是网络协议测试、评估和验证手段之一。当前主流网络仿真软件包括 Opnet、NS2（Network Simulator version 2）、OMNeT++（Objective Modular Network Testbed in C++）等。

　　OMNeT++是一个免费的、开源的多协议网络仿真软件，在网络仿真领域中占有十分重要的地位，是近年来在科学和工业领域里逐渐流行的一种基于组件的、模块化的、开放的网络仿真平台。OMNeT++作为离散事件仿真器，具备强大且完善的图形界面接口，可以用于物联网通信网络建模、协议仿真建模、排队网络建模、硬件体系架构验证和评估复杂软件系统多方面的性能等方面。它采用离散时间方法进行系统仿真和建模，将模块映射为依靠交换信息进行的通信实体。

　　OMNeT++本身并不是所有现实系统的模拟器，但它提供了基础底层架构。这种基础底层架构主要包括一组用于仿真模型的组件体系架构，模型由可重复使用的元件（即模块）组成。写好的模块可以重复使用，并且能够以各种方式进行组合。

OMNeT++的文件组成如下。

（1）网络拓扑描述文件：由 NED（Network Description）语言编写的网络拓扑，使用参数、门、信道链接等来描述模块。

（2）消息定义文件：OMNeT++本身提供的消息类型具备一些简单的参数，用户可以根据具体要求，通过本文件定义新的消息成员变量。

（3）简单模块源：简单模块的行为定义文件，包括用 C++语言编写的*.cc 源文件和*.h 头文件。

（4）仿真内核：OMNeT++提供的仿真类库代码。

（5）用户接口：该接口用于执行仿真运行时的测试、演示等工作。

OMNeT++的仿真流程主要是将系统映射到相互通信的模块体系中，以创建模型。模块可以嵌套，多个模块可以组成一个复合模块。一个典型的仿真流程包含以下步骤。

步骤 1：用 NED 语言定义模型的结构。

步骤 2：利用 OMNeT++内置的内核及类库，采用 C++语言编译生成模型的活动组件。

步骤 3：提供一个包含配置和参数的 omnetpp.ini 文件，一个配置文件可以用不同的参数来描述若干个仿真过程。

步骤 4：构建仿真程序并运行。

步骤 5：将仿真结果写入输出向量和输出标量文件，使用 IDE 中提供的分析工具来进行可视化。输出结果是普通的文本，能基于这些文本利用 R、MATLAB 或其他工具进行绘图。

本书中的实例使用的软件版本为 OMNeT++5.4。由于 OMNeT++是开源软件，因此可以通过访问官方网站来下载软件安装包。

7.3.2　一个简单的通信案例

首先用一个简单的通信案例来介绍网络仿真流程。

仿真要求实现两个节点之间的双向数据传输。如图 7-16 所示，网络中共有 2 个节点，节点 1 的实例名为 node0，节点 2 的实例名为 node1，两个节点之间有一条双向数据链路。初始时，节点 1 向节点 2 发送一个数据包，节点 2 收到后，再发回给节点 1，如此反复。节点仿真的过程包括协议的分析与描述、OMNeT++代码编写、OMNeT++仿真运行、仿真结果分析等。

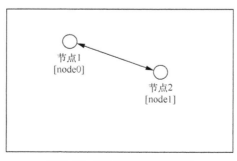

图 7-16　双向数据传输网络场景

通信协议可以使用规范描述语言（Specification and Description Language，SDL）来描述，SDL 是一种用来说明和描述系统的国际通用的标准化语言。SDL 的数学模型是扩展有限状态机（EFSM），是一种高层泛用型的通信系统描述语言，通信协议是它主要的应用领域之一。

图 7-17 给出了 SDL 常用图形符号。椭圆框表示状态，在一侧带有凸出或者凹陷三角标志的框表示用户发送或者接收到的事件，棱形框表示判别，矩形框表示任务。图 7-18 给出了本例的协议传输流程描述。图 7-19 给出了简单传输实例的 SDL 描述。

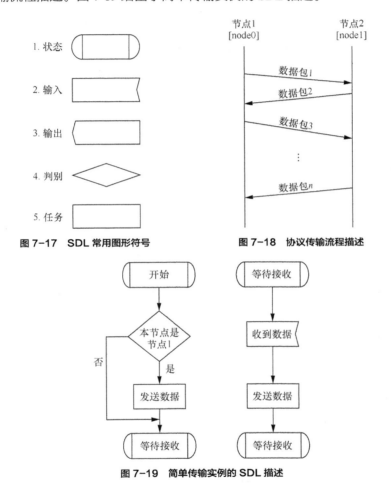

图 7-17　SDL 常用图形符号　　　　图 7-18　协议传输流程描述

图 7-19　简单传输实例的 SDL 描述

在 OMNeT++实现中，主要处理函数为 initialize()函数和 handleMessage()函数。具体实现步骤如下。

（1）启动 OMNeT++。双击运行 mingwenv.cmd，在出现提示符后输入 omnetpp 命令以打开 OMNeT++IDE 开发环境，如图 7-20 所示。

（2）打开 simulation 视图： Windows→erspective→open perspective→simulation。

（3）新建项目工程。在菜单栏中打开 File→new→OMNeT++ Project。在弹出的窗口中将新工程项目命名为 testCom，如图 7-21 所示，输入完成后单击 Finish 按钮。

（4）新建简单子模块工程，右击→new→Network Description File（NED），新建一个 NED 文件，命名为 testCom.ned（文件名可自定义），如图 7-22 所示。

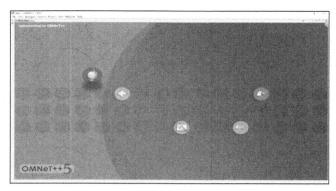

图 7- 20 OMNeT++ IDE 开发环境

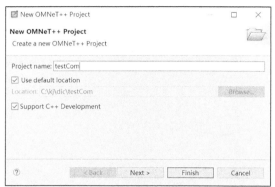

图 7-21 新建项目工程

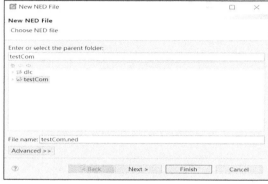

图 7- 22 新建 NED 文件

建立新的子模块。选取 Design 窗口，通过直接拉取右侧菜单中的简单模块控件方式完成模块定义。

也可以选取 Source 窗口，通过代码方式描述模块。简单节点模块的 NED 描述代码如下。

```
simple TestNode
{
    gates:
        input in;
        output out;
}
```

新建仿真网络。在右方 Types 下选择 Network。将刚才建立的两个简单模块图标拖入 Design 视图，并建立它们之间的双向连接。在网络中添加 2 个实体子模块，即须先添加网络，如图 7-23 中灰框所示，再添加单个节点。

也可以通过直接添加网络的代码来描述仿真网络结构：

```
network mynetwork
{    @display("bgb=250,250");//定义仿真场景的大小
    submodules:
        node0: TestNode {//仿真节点 1
            @display("p=50,50");//仿真节点 1 的位置
        }
```

```
node1: TestNode {//仿真节点 2
    @display("p=150,120");//仿真节点 2 的位置
}
connections:
    node0.out --> {    delay = 100ms; } --> node1.in;
    node0.in <-- {    delay = 100ms; } <-- node1.out;
}
```

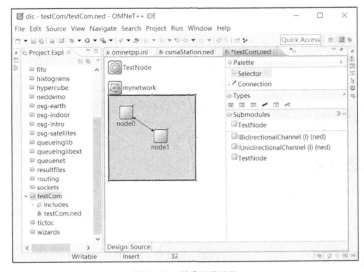

图 7-23　仿真网络结构

（5）新建源文件（New→SourceFile）。创建 TestNode.cc 文件以定义节点的通信规则，完成设计的功能。

TestNode 代码如下。代码给出了模块的定义，并根据 SDL 图可实现两个节点的通信功能。

```cpp
#include <string.h>
#include <omnetpp.h>
using namespace omnetpp;
class TestNode : public cSimpleModule
{    protected:
    virtual void initialize() override;
    virtual void handleMessage(cMessage *msg) override;
};
Define_Module(TestNode);
void TestNode::initialize()
{
    if (strcmp("node0"，getName()) == 0) {
        cMessage *msg = new cMessage("testMsg");
        send(msg，"out");
    }
```

```
    }
    void TestNode::handleMessage(cMessage *msg)
    {
        send(msg，"out"); // send out the message
    }
```

（6）创建仿真初始化 .ini 文件并进行仿真参数设置，主要设置仿真网络名称和仿真时间。仿真网络名称选取步骤（4）中设置的名称，仿真时间选择 10s。

```
    [General]
    network = mynetwork
    sim-time-limit = 10s
```

（7）在项目文件夹上右击选择 build project，编译项目。

（8）编译成功后，在.ini 文件上右击 Run As 以运行仿真，选择 OMNeT++仿真。稍等片刻，出现仿真界面，单击上方菜单栏中的运行按钮，即可看到节点通信的仿真演示，同时右侧菜单栏中会显示所有消息的处理详情。

7.3.3　物联网链路控制协议仿真

物联网链路控制协议主要包含数据分帧、重组与检错技术以及差错控制协议。分帧可采用面向字符的分帧协议，常见的检错技术主要是 CRC 编码，差错控制协议可采用停等式 ARQ 协议。

1. 实验内容

实现停等式 ARQ 协议仿真。网络中两个节点拓扑如图 7-24 所示，检错编码采用 CRC32，差错控制协议采用停等式 ARQ 协议（见第 04 章）。

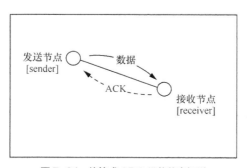

图 7-24　停等式 ARQ 网络仿真场景

分析节点的协议流程，可得停等式 ARQ 规范描述如图 7-25 所示。

仿真中简化了对数据传输错误的检测，在实际协议中，接收节点收到数据后，需要通过检错编码检测数据是否错误。如果数据无误，则向接收节点回复 ACK 信息。

2. 实验步骤

第 1 步，建立仿真模型。

（1）打开 OMNeT++软件，建立新 OMNeT++工程，填写项目名称，然后直接单击 finish 按钮。

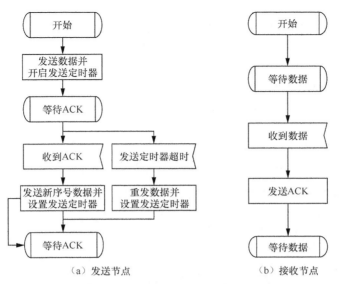

图 7-25　停等式 ARQ 规范描述

（2）新建 NED 文件，建立两个具有收发功能的节点模型，建立数据链路，传输时延设置为 100ms。在新建的项目文件夹（左侧边框）上右击，选择 new→Network Description File.Ned 文件，该文件中在 source 中的代码如下。

```
simple sender //定义发送节点模块
{    parameters:
          @display("i=block/process");
     gates:
          input in;
          output out;
}
simple receiver //定义接收节点模块
{    parameters:
          @display("i=block/process");
     gates:
          input in;
          output out;
}
network arqnet //定义网络仿真场景
{    @display("bgb=774,582");
     submodules:
          sender: sender {
               parameters:
                    @display("i=,cyan;p=545,141");
          }
          receiver: receiver {
```

```
            parameters:
                @display("i=,gold;p=350,274");
        }
    connections:
        sender.out --> {   delay = 100 ms; } --> receiver.in;
        sender.in <-- {   delay = 100 ms; } <-- receiver.out;
}
```

切换回 Design 窗口，生成的网络仿真场景如图 7-26 所示。

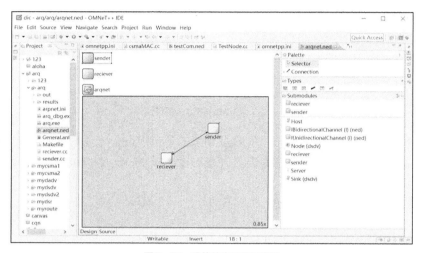

图 7-26　网络仿真场景示意图

（3）根据协议流程，编写模块工程（相关程序见附件）。

（4）添加.ini 文件，在工程目录上右击，选择 new→initialization file。选择网络 arqnet（该名称与网络仿真的名称一致），仿真时间为 100s。可以直接用代码描述该操作，参考代码如下：

[General]

network = arqnet

sim-time-limit = 100s

（5）开始仿真。

在.ini 文件上右击选择 Run As→omnet++ simulation。

在图 7-27 所示的仿真控制栏中单击运行按钮，中间窗口为协议执行的动画过程，右侧窗口为仿真输出。当发送失败时仿真输出的信息如图 7-28 所示。

第 2 步，添加性能指标。

添加性能指标可以评估协议性能。本实验中，将数据帧平均响应时间作为性能指标。

首先，定义数据帧平均响应时间 t_{avg} 的计算公式如下：

$$t_{avg} = \frac{\sum_{i=1\cdots n}(t_{ack(i)} - t_{tx(i)})}{n} \qquad (7\text{-}3)$$

式中，$t_{tx(i)}$ 为发送第 i 包数据的时间，$t_{ack(i)}$ 为收到第 i 包数据的 ACK 的时间。

在发送模块（sender.cc 文件）中添加统计量发送时间（txtime），收到 ACK 时间（ack_time），仿真结束时计算平均响应时间（avg_time）。

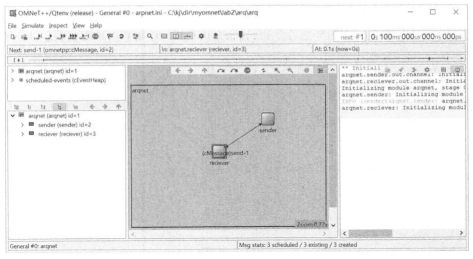

图 7-27　停等式 ARQ 仿真示意图

```
** Event #26  t=2.6  arqnet.sender (sender, id=2)  on ack (omnetpp::cMessage, id=64)
INFO (sender)arqnet.sender: Received:ack
INFO (sender)arqnet.sender: Timer cancelled.
** Event #27  t=2.7  arqnet.reciever (reciever, id=3)  on send-14 (omnetpp::cMessage, id=67)
INFO (reciever)arqnet.reciever: (omnetpp::cMessage)send-14recv ,send ack.
** Event #28  t=2.8  arqnet.sender (sender, id=2)  on ack (omnetpp::cMessage, id=69)
INFO (sender)arqnet.sender: Received:ack
INFO (sender)arqnet.sender: Timer cancelled.
** Event #29  t=2.9  arqnet.reciever (reciever, id=3)  on send-15 (omnetpp::cMessage, id=72)
INFO (reciever)arqnet.reciever: (omnetpp::cMessage)send-15recv ,send ack.
** Event #30  t=3  arqnet.sender (sender, id=2)  on ack (omnetpp::cMessage, id=74)
INFO (sender)arqnet.sender: Received:ack
INFO (sender)arqnet.sender: Timer cancelled.
** Event #31  t=3.1  arqnet.reciever (reciever, id=3)  on send-16 (omnetpp::cMessage, id=77)
INFO (reciever)arqnet.reciever: "Losing"message (omnetpp::cMessage)send-16
** Event #32  t=4  arqnet.sender (sender, id=2)  on selfmsg timeoutEvent (omnetpp::cMessage, id=0)
INFO (sender)arqnet.sender: Timeout expired,re-sending message
** Event #33  t=4.1  arqnet.reciever (reciever, id=3)  on send-16 (omnetpp::cMessage, id=79)
INFO (reciever)arqnet.reciever: (omnetpp::cMessage)send-16recv ,send ack.
** Event #34  t=4.2  arqnet.sender (sender, id=2)  on ack (omnetpp::cMessage, id=81)
INFO (sender)arqnet.sender: Received:ack
INFO (sender)arqnet.sender: Timer cancelled.
```

图 7-28　发送失败时仿真输出的信息

仿真时间设置为 100s。编译成功后运行程序。仿真完成后单击确认，在工程文件夹中打开结果输出文件夹 result，查看仿真结果，如图 7-29 所示。

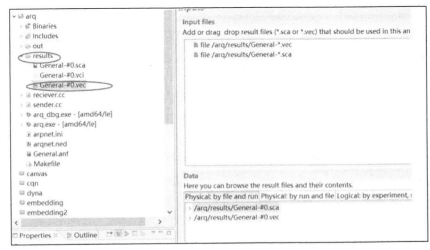

图 7-29　查看仿真结果

在 Browse data 页面中选择 avg_time，可以查看统计信息。将信道错误率分别调整为 0.01、0.1、0.2、0.3、0.4，多次仿真后所得数据的汇总结果如图 7-30 所示。随着误码率的升高，数据帧平均响应时间随之增加。

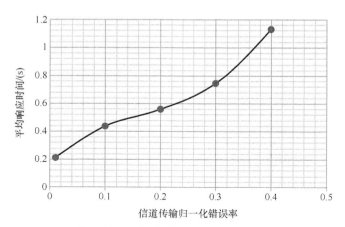

图 7-30　不同信道错误率下的平均响应时间

7.3.4　物联网多址接入协议仿真

多址接入协议主要解决多个用户如何共享信道的问题。在物联网系统中，常见的随机多址协议包括 ALOHA 协议和 CSMA 协议。

1. 实验内容

通过 OMNet++ IDE 软件仿真 ALOHA 协议，并对比纯 ALOHA 与时隙 ALOHA 协议的传输性能。ALOHA 协议分为纯 ALOHA 和时隙 ALOHA 两种。协议具体介绍参见第 04 章。试比较纯 ALOHA 与时隙 ALOHA 之间的性能差异。

2. 实验步骤

（1）启动软件，打开自带目录 ALOHA 项目文件夹。阅读并熟悉协议操作流程。主要处理流程在源文件 server.cc 与 host.cc 中。

（2）打开 omnet.ini 文件，设置仿真参数。

在参数文件中，首先在[General]中定义网络和节点的一般属性，包括时隙数量、时隙长度和信道速率等。接着分别定义主节点（host）和从节点（server）的传输属性、host 的数据包长度、随机位置和有关动画的设置。

在.ini 文件上右击，选择 RunAs，再选择[PureAloha1]网络，运行仿真，如图 7-31 所示。在纯 ALOHA 场景下，设置业务模型为指数业务，到达时间参数为 2s。在时隙 ALOHA 场景下，设置业务模型指数业务，到达时间参数设为 0.5s。

在仿真界面中，选择 run until time，将仿真结束时间设为 100s。

（3）仿真并观察结果。在 results 中查看数据。网络成功传输的指标，即信道利用率（Channel Utilization），其具体定义可查考源代码。将.ini 文件中的业务强度参数分别改为 {0.5s,1s,2s,3s,4s,5s,10s,15s,20s}，分别仿真纯 ALOHA 和时隙 ALOHA 协议，比较两者信道利用率的差异。

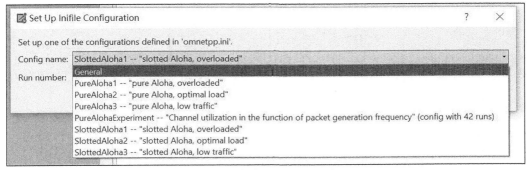

图 7-31　选择不同的接入协议进行仿真

将上述两组数据绘制在一张图表内，并分析说明纯 ALOHA 与时隙 ALOHA 的通信性能以及两者之间存在差异的原因。

由图 7-32 可以看到，纯 ALOHA 和时隙 ALOHA 的信道利用率均随业务强度的增大而先增大再减小，当业务强度超过系统的承载能力时，信道利用率便会下降，系统性能便会变坏。纯 ALOHA 的信道利用率约为时隙 ALOHA 的两倍，0.3508 和 0.1808 与理论值 1/2e 和 1/e 是接近的。总体来说，纯 ALOHA 和时隙 ALOHA 的性能均有待提高，因为当它们性能最好时信道利用率也只有 0.3508。

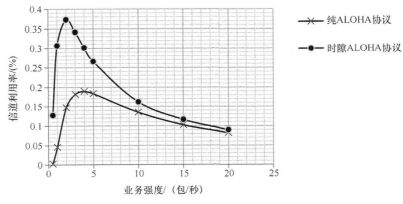

图 7-32　不同接入协议的性能比较

7.3.5　网络路由协议仿真

网络路由协议仿真主要实现物联网中比较常见的 DSDV 协议。实现多跳分布式网络的路由发现和路由自组织的基本功能，即自适应路由，要求使用 OMNet++ IDE 软件，并理解随机路由和 DSDV 协议的原理。为了便于理解，在 DSDV 协议仿真过程中，通过观察给出了路由表格，省略了邻节点交换拓扑信息和路由信息的部分。

1．实验内容

网络中共有 6 个节点，节点网络拓扑如图 7-33 所示。

在随机路由协议中，数据包的转发是随机的，节点收到数据后，如果目的地址不是自己的节点地址，则节点会在邻节点中随机选择一个进行数据转发，直到数据被发送到目的节点为止。

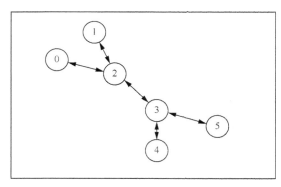

图 7-33 节点网络拓扑

在 DSDV 协议中，网络中的节点通过维护路由表来获得去往指定节点的路由信息，例如在网络中，节点 0 的路由表的部分信息如表 7-39 所示。当数据到达时，通过在表格中查找指定目标节点的下一跳节点，进而确定数据转发的下一个接收节点。

表 7-39 节点 0 的路由表的部分信息

目的节点	下一跳节点	跳数
0	0	0
1	2	2
2	2	1
3	2	2
4	2	3
5	2	3

在本实验中，DSDV 的仿真定义了 3 种结构：消息结构、节点结构、基站结构。其中，消息结构定义了所发送消息的内容和格式。节点结构在初始化时定义了两个定时器。第 1 个定时器会触发一个自消息，使节点可搜索到通信范围内的节点，然后将它们存入邻节点集合中。第 2 个定时器会触发另一个自消息，使节点可对外进行路由发现。

节点 0（node0）首先发起路由发现过程，并向邻节点扩散路由请求消息。在函数 handleMessage (cMessage* msg)中定义了 3 种消息：路由请求消息（REQ_MSG）、路由应答消息（REP_MSG）和数据包消息（DATA_MSG）。

如果节点收到路由请求，则进行路由更新，然后按照策略进行转发。检查当前收到的请求包是否重复接收，将重复的请求直接丢弃。

节点收到路由应答后，会将路由应答包中的信息同自己路由表中的信息进行比较。首先查看本地路由表中是否有该信息，如果没有该信息，就在路由表中添加对应信息项。如果路由信息已经存在，就比较序号，并对路由表进行更新，保留花销最小的路由。

节点更新后，要通知周围节点路由已变动。

2. 实验步骤

本实验会比较随机路由和路由表驱动的网络信息，在同样的网络拓扑下实现多种路由算法，并比较各路由算法的性能。

（1）新建仿真工程。

（2）设置网络拓扑。

新建 NED 文件，建立图 7-33 所示的网络拓扑。为了方便比较，设置 2 个仿真网络，一个用来仿真随机路由的传输场景，一个用来仿真 DSDV 路由的传输场景。

DSDV 路由协议网络模块的 NED 参考代码如下。

```
simple NodeDSDV//定义路由节点模块
{      parameters:
            @display("i=block/routing");
    gates:
        inout gate[];
}
network routing_dsdv
{
    types://设置链路时延
        channel Channel extends ned.DelayChannel {
            delay = 100ms;
        }
    submodules://连接网络拓扑
        noder[6]: NodeDSDV;
    connections:
        noder[0].gate++ <--> Channel <--> noder[2].gate++;
        noder[2].gate++ <--> Channel <--> noder[1].gate++;
        noder[2].gate++ <--> Channel <--> noder[3].gate++;
        noder[4].gate++ <--> Channel <--> noder[3].gate++;
        noder[3].gate++ <--> Channel <--> noder[5].gate++;
}
```

（3）定义数据包头结构。

路由协议中的数据包需要添加源节点、目标节点等信息，需要重新定义消息结构。通过 File→New→Message Definition(msg)，新建数据包，并将其命名为 XXX.msg，如图 7-34 所示。在数据包中新添加的下一跳（next）信息用于指明下一个接收节点，只有当自己是接收节点或者目标节点（destination）时，才需要处理数据包，否则将数据包丢弃。

编译工程，OMNet++会自动生成数据包处理源文件和头文件，文件中包含对数据包头数据的读写等常规操作。随机路由协议与 DSDV 路由协议的仿真实现与两者性能的对比介绍如下。

（1）随机路由协议仿真实现。

首先，添加随机路由协议模块，新建源文件 noderandom.cc，添加模块定义和代码。此模块的主要功能是产生数据包，目标节点为网络中的随机节点。在网络中随机转发这个数据包，直到数据包传输到目的地址为止。源代码见附录。

（2）DSDV 路由协议仿真实现。

添加 DSDV 路由协议模块，新建源文件 nodedsdv.cc，添加模块定义和代码，如图 7-35 所示。

图 7-34 信息包格式定义

```
//网络所有节点的路由表（节点0的信息已经给出，其余的路由信息需要同学根据网络拓扑填写）
int myRouteTablenode0[6][6][4]= \
        {{{0,0,1,8},{1,2,2,8},{2,1,1,8},{3,2,2,8},{4,2,3,8},{5,2,3,8}}, \
```

图 7-35 仿真中路由表定义

操作部分代码见附录。

在.ini 文件中添加随机路由协议和表驱动路由协议仿真场景，代码如下。运行仿真时，会出现选项，选择需要的路由协议。仿真场景如图 7-36（a）所示。

　　　　[Config random]

　　　　network = routing_random

　　　　[Config DSDV]

　　　　network = routing_dsdv

（3）比较两个协议的性能，即比较两种路由协议的数据包平均跳数。

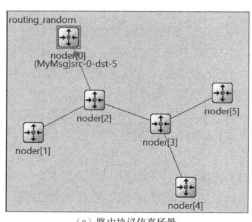

（a）路由协议仿真场景

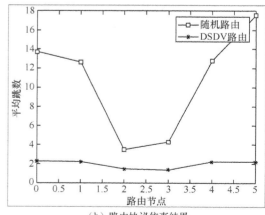

（b）路由协议仿真结果

图 7-36　路由协议仿真结果

从图 7-36（b）中可以看出，随机路由的平均跳数大于 DSDV 路由的平均跳数，这是由于在非网络的汇聚节点上，因为随机的缘故，信息有更低的概率会被转发到目的地，所以其效率会更差；而在 DSDV 路由协议下，所有节点的结果均较好且相差很少，因为在路由表的引导下，信息很难在网络中进行多余的转发，所以其平均效率会更高。

7.4 本章小结

本章主要介绍物联网通信系统中数字传输和数据链路层协议的仿真实例。

第一部分通过数字传输仿真实例，介绍了基本信道噪声仿真设置，以及如何对信道调制、编码扩频技术进行仿真。

第二部分通过网络及链路层仿真实例，介绍了基本网络仿真的工具与流程，并对差错控制协议、多址接入协议和网络路由协议进行了仿真。

通过仿真实例，读者能够掌握关键技术的仿真方法，从而能够进一步深入理解物联网通信技术的相关内容，并获得一定的工程开发能力。

7.5 习题

1. 首先，按照 7.1.1 小节所介绍的实验内容和步骤，通过 MATLAB 脚本程序将实验仿真结果和 2FSK 理论误比特率曲线绘制在一张图中。然后，在都市环境中，一般会将移动通信信道看作多径瑞利衰落信道。请分析 2FSK 在多径瑞利衰落信道中的传输性能。瑞利衰落信道模拟两径衰落的情况，两径信号的时延分别为 0μs 和 2μs，它们的相对增益分别为 0dB 和−3dB。最后，假设信道由两部分组成，分别是单输入单输出衰落信道（SISO Fading Channel）和加性高斯白噪声产生器（AWGN Generator）。其中，单输入单输出衰落信道的主要参数设置如表7-40 所示，请给出该场景下的仿真结果。

表 7-40　单输入单输出衰落信道（SISO Fading Channel）参数设置

参数名称	参数值
Discrete path delays(s)	[0 2e−6]
Average path gains(dB)	[0 −3]
Normalize average path gains to 0 dB	Checked
Fading distribution	Raleigh
Maximum Doppler Shift (Hz)	30
Doppler spectrum	doppler('Jake')
Initial Seed	67

2. 首先，按照 7.1.2 小节所介绍的实验内容和步骤，通过 MATLAB 脚本程序将 DQPSK 实验仿真结果和 QPSK 仿真结果绘制在一张图中，并进行性能比较。其次，用 MATLAB 绘制不同滚降因子升余弦成型滤波器的冲激响应曲线。

3. 首先，按照 7.1.3 小节所介绍的实验内容和步骤，对约束长度都等于 9，码率（编码效率）分别等于 1/2 和 1/3 的卷积码进行硬判决译码仿真，将仿真结果绘制在一张图中并进行性能比较。其中，码率为 1/2 的卷积编码器的 2 个生成多项式用八进制数表示为 753 和 561，码率为 1/3 的卷积编码器的 3 个生成多项式用八进制数表示为 557、663 和 711。然后，对同一个卷积码分别进行软判决译码和硬判决译码仿真，将仿真结果绘制在一张图中并进行性能比较（注意：软判决译码时解调器的参数设置与硬判决译码时不同）。最后，绘制直接序列扩频通信系统信噪比 SNR 与误比特率的对应关系对数曲线图。

4. 试完成一个三节点通信仿真，网络拓扑如图 7-37 所示。节点 1 发送数据，经过节点 2 中转，发送到节点 3；节点 3 收到数据后，再通过节点 2 发回给节点 1。循环发送过程直到仿真结束。

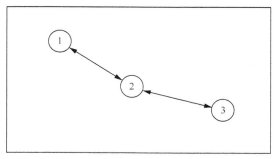

图 7-37　习题 4 网络拓扑

5. 在实际系统中，通常会将检错编码 CRC32 与停等式 ARQ 协议进行结合，以实现数据差错控制。试设计并实现上述协议，同时给出在不同信道误码率下数据帧的平均响应时间。

6. 在滑窗 ARQ 协议中，发送节点将发送窗口中的数据依次发送，不需要等待 ACK。当收到接收节点确认 ACK 后，滑动发送窗口中对应的序号。试设计并实现滑窗 ARQ 协议。

7. CSMA 协议包括以下几个要点：载波侦听——发送节点在发送信息帧之前，必须侦听媒体是否处于空闲状态；多路访问——具有两种含义，一种表示多个节点可以同时访问媒体，另一种表示一个节点发送的信息帧可以被多个节点所接收；冲突检测——发送节点在发出信息帧的同时，还必须监听媒体，以判断是否发生冲突（即在同一时刻，有无其他节点也在发送信息帧）。试设计并实现 CSMA 系统，将仿真结果与之前的结果进行比较。

8. 综合本章所介绍的多个协议，设计具有完整的网络协议与数据链路控制协议的无线节点。其中，差错控制编码使用 CRC32 校验，差错控制协议使用滑窗 ARQ（滑窗值为 4），多址接入协议为 CSMA，路由协议为 DSDV，全网节点数为 6（网络拓扑如图 7-33 所示）。

仿真要求如下：

（1）试设计并实现 DSDV 协议，分析网络的路由开销；

（2）当网络中的节点失效时，如何验证路由协议的自动恢复？

附录：仿真代码

物联网链路控制协议仿真 CRC 实现代码

```
namespace inet {
const uint32_t crc32_tab[] = {
    0x00000000, 0x77073096, 0xee0e612c, 0x990951ba, 0x076dc419, 0x706af48f,
    0xe963a535, 0x9e6495a3, 0x0edb8832, 0x79dcb8a4, 0xe0d5e91e, 0x97d2d988,
    0x09b64c2b, 0x7eb17cbd, 0xe7b82d07, 0x90bf1d91, 0x1db71064, 0x6ab020f2,
    0xf3b97148, 0x84be41de, 0x1adad47d, 0x6ddde4eb, 0xf4d4b551, 0x83d385c7,
    0x136c9856, 0x646ba8c0, 0xfd62f97a, 0x8a65c9ec, 0x14015c4f, 0x63066cd9,
    0xfa0f3d63, 0x8d080df5, 0x3b6e20c8, 0x4c69105e, 0xd56041e4, 0xa2677172,
    0x3c03e4d1, 0x4b04d447, 0xd20d85fd, 0xa50ab56b, 0x35b5a8fa, 0x42b2986c,
    0xdbbbc9d6, 0xacbcf940, 0x32d86ce3, 0x45df5c75, 0xdcd60dcf, 0xabd13d59,
    0x26d930ac, 0x51de003a, 0xc8d75180, 0xbfd06116, 0x21b4f4b5, 0x56b3c423,
    0xcfba9599, 0xb8bda50f, 0x2802b89e, 0x5f058808, 0xc60cd9b2, 0xb10be924,
    0x2f6f7c87, 0x58684c11, 0xc1611dab, 0xb6662d3d, 0x76dc4190, 0x01db7106,
    0x98d220bc, 0xefd5102a, 0x71b18589, 0x06b6b51f, 0x9fbfe4a5, 0xe8b8d433,
    0x7807c9a2, 0x0f00f934, 0x9609a88e, 0xe10e9818, 0x7f6a0dbb, 0x086d3d2d,
    0x91646c97, 0xe6635c01, 0x6b6b51f4, 0x1c6c6162, 0x856530d8, 0xf262004e,
    0x6c0695ed, 0x1b01a57b, 0x8208f4c1, 0xf50fc457, 0x65b0d9c6, 0x12b7e950,
    0x8bbeb8ea, 0xfcb9887c, 0x62dd1ddf, 0x15da2d49, 0x8cd37cf3, 0xfbd44c65,
    0x4db26158, 0x3ab551ce, 0xa3bc0074, 0xd4bb30e2, 0x4adfa541, 0x3dd895d7,
    0xa4d1c46d, 0xd3d6f4fb, 0x4369e96a, 0x346ed9fc, 0xad678846, 0xda60b8d0,
    0x44042d73, 0x33031de5, 0xaa0a4c5f, 0xdd0d7cc9, 0x5005713c, 0x270241aa,
    0xbe0b1010, 0xc90c2086, 0x5768b525, 0x206f85b3, 0xb966d409, 0xce61e49f,
    0x5edef90e, 0x29d9c998, 0xb0d09822, 0xc7d7a8b4, 0x59b33d17, 0x2eb40d81,
    0xb7bd5c3b, 0xc0ba6cad, 0xedb88320, 0x9abfb3b6, 0x03b6e20c, 0x74b1d29a,
    0xead54739, 0x9dd277af, 0x04db2615, 0x73dc1683, 0xe3630b12, 0x94643b84,
    0x0d6d6a3e, 0x7a6a5aa8, 0xe40ecf0b, 0x9309ff9d, 0x0a00ae27, 0x7d079eb1,
    0xf00f9344, 0x8708a3d2, 0x1e01f268, 0x6906c2fe, 0xf762575d, 0x806567cb,
    0x196c3671, 0x6e6b06e7, 0xfed41b76, 0x89d32be0, 0x10da7a5a, 0x67dd4acc,
    0xf9b9df6f, 0x8ebeeff9, 0x17b7be43, 0x60b08ed5, 0xd6d6a3e8, 0xa1d1937e,
    0x38d8c2c4, 0x4fdff252, 0xd1bb67f1, 0xa6bc5767, 0x3fb506dd, 0x48b2364b,
    0xd80d2bda, 0xaf0a1b4c, 0x36034af6, 0x41047a60, 0xdf60efc3, 0xa867df55,
    0x316e8eef, 0x4669be79, 0xcb61b38c, 0xbc66831a, 0x256fd2a0, 0x5268e236,
    0xcc0c7795, 0xbb0b4703, 0x220216b9, 0x5505262f, 0xc5ba3bbe, 0xb2bd0b28,
    0x2bb45a92, 0x5cb36a04, 0xc2d7ffa7, 0xb5d0cf31, 0x2cd99e8b, 0x5bdeae1d,
    0x9b64c2b0, 0xec63f226, 0x756aa39c, 0x026d930a, 0x9c0906a9, 0xeb0e363f,
    0x72076785, 0x05005713, 0x95bf4a82, 0xe2b87a14, 0x7bb12bae, 0x0cb61b38,
    0x92d28e9b, 0xe5d5be0d, 0x7cdcefb7, 0x0bdbdf21, 0x86d3d2d4, 0xf1d4e242,
    0x68ddb3f8, 0x1fda836e, 0x81be16cd, 0xf6b9265b, 0x6fb077e1, 0x18b74777,
    0x88085ae6, 0xff0f6a70, 0x66063bca, 0x11010b5c, 0x8f659eff, 0xf862ae69,
    0x616bffd3, 0x166ccf45, 0xa00ae278, 0xd70dd2ee, 0x4e048354, 0x3903b3c2,
    0xa7672661, 0xd06016f7, 0x4969474d, 0x3e6e77db, 0xaed16a4a, 0xd9d65adc,
```

0x40df0b66，0x37d83bf0，0xa9bcae53，0xdebb9ec5，0x47b2cf7f，0x30b5ffe9，
0xbdbdf21c，0xcabac28a，0x53b39330，0x24b4a3a6，0xbad03605，0xcdd70693，
0x54de5729，0x23d967bf，0xb3667a2e，0xc4614ab8，0x5d681b02，0x2a6f2b94，
0xb40bbe37，0xc30c8ea1，0x5a05df1b，0x2d02ef8d

```
};
uint32_t CRC32(const unsigned char *buf, unsigned int bufsize)
{
    const uint8_t *p = buf;
    uint32_t crc = ~0U;
    while (bufsize--)
        crc = crc32_tab[(crc ^ *p++) & 0xFF] ^ (crc >> 8);
    crc = crc ^ ~0U;
    //交换字节次序
    return (crc >> 24) | ((crc >> 8) & 0x0000FF00) | ((crc << 8) & 0x00FF0000) | (crc << 24);
}
}       //结束
```

B　物联网链路控制协议停等式 ARQ 仿真代码

B.1　接收节点

```
#include <string.h>
#include <omnetpp.h>
using namespace omnetpp;
class receiver:public cSimpleModule
{
protected:
    virtual void handleMessage(cMessage *msg);
};
Define_Module(receiver);
void receiver::handleMessage(cMessage *msg)
{
    if(uniform(0,1)<0.1)
    {
        EV<<"\"Losing\"message"<<msg<<endl;
        bubble("message lost");
        delete msg;
    }
    else
    {
        EV<<msg<<"recv,send ack.\n";
        delete msg;
        send(new cMessage("ack"),"out");
    }
```

```
        }
```

B.2　发送节点

```
#include <string.h>
#include <omnetpp.h>
using namespace omnetpp;
class sender:public cSimpleModule
{
private:
        simtime_t    txtime;
        simtime_t    ack_time;
        simtime_t    avg_time;
        cHistogram Avg_Time_Stats;
        cOutVector Avg_Time_Vector;
        int seq;//sequence number
        cMessage *timeoutEvent;//timeout self-message
        simtime_t timeout; //timeout
        cMessage *message;
public: sender();
        virtual ~sender();
protected:
        virtual void initialize();
        virtual void handleMessage(cMessage *msg);
        virtual void sendCopyOf(cMessage *msg);
        virtual cMessage *generateNewMessage();
        virtual void finish();        //omnet 仿真结束后自动调用 finish()
};
Define_Module(sender);
sender::sender()
{
    timeoutEvent=NULL;
    message = NULL;
}
sender::~sender()
{
    cancelAndDelete(timeoutEvent);
    delete message;
}
void sender::initialize()
{
    txtime = 0;
    ack_time = 0;
    avg_time = 0;
    WATCH(txtime);
    WATCH(ack_time);
    Avg_Time_Stats.setName("avg_timeStats");
```

```
        Avg_Time_Vector.setName("avg_time");
        //初始化变量
        seq=0;
        timeout= 1.0;
        timeoutEvent = new cMessage("timeoutEvent");
        //generate and send initial message
        EV<<"Sending initial message\n";
        message = generateNewMessage();
        sendCopyOf(message);
        scheduleAt(simTime()+timeout,timeoutEvent);
}
void sender::handleMessage(cMessage *msg)
{
    if(msg==timeoutEvent)        //超时后重传数据包
    {
        EV<<"Timeout expired,re-sending message\n";
        sendCopyOf(message);
        scheduleAt(simTime()+timeout,timeoutEvent);
    }
    else    //接收到 ACK
    {
        ack_time=simTime();
        avg_time=ack_time-txtime;
        Avg_Time_Vector.record(avg_time);
        Avg_Time_Stats.collect(avg_time);
        EV<<"Received:"<< msg->getName()<<"\n";
        delete msg;
        EV<<"Timer cancelled.\n";
        cancelEvent(timeoutEvent);
        delete message;
        //发送新的数据包
        message=generateNewMessage();
        sendCopyOf(message);
        scheduleAt(simTime()+timeout,timeoutEvent);
    }
}
cMessage *sender::generateNewMessage()
{
    //generate a message
    char msgname[20];
    sprintf(msgname,"send-%d",++seq);
    cMessage *msg = new cMessage(msgname);
    txtime=simTime();
    return msg;
}
void sender::sendCopyOf(cMessage *msg)
```

```
{
    cMessage *copy = (cMessage *)msg->dup();
    send(copy,"out");
}
void sender::finish()
{
    EV<<"avg ， mean:"<< Avg_Time_Stats.getMean() <<endl;
    EV << "avg ， min: " << Avg_Time_Stats.getMin() << endl;
    EV << "avg ， max: " << Avg_Time_Stats.getMax() << endl;
    EV << "avg ， stddev: " << Avg_Time_Stats.getStddev() << endl;
    recordScalar("#tx time"， txtime);
    recordScalar("#ack time"， ack_time);
    Avg_Time_Stats.recordAs("avg time");
}
```

C 网络随机路由协议与表驱动路由仿真代码

C.1 网络随机路由协议

```
#include "Node.h"
using namespace omnetpp;
Define_Module(rNode);
/*
```

函数名：initialize()；功能：用于初始化节点，且在仿真开始时从路由器 0 开始产生随机的 msg。

```
*/
void rNode::initialize()
{
    arrivalSignal=registerSignal("arrival");
    if(getIndex()==0)
    {
        myMsg *msg= generateMessage();
        scheduleAt(0.0,msg);
    } //从节点 0 开始产生信息
}
/*
```

函数名：handleMessage()；功能：在节点"路由器"接收到新的信息（即 msg）时，用于处理新到来的信息。如果数据包（msg）的目的地就是当前路由器，则将当前数据包的转发次数统计进路由器的 Statistic 中，并产生新的 msg；如果目的地不是当前路由器，则重新路由该数据包（forwardMessage）。

```
*/
void rNode::handleMessage(cMessage *msg)
{
    myMsg *ttmsg=check_and_cast<myMsg *>(msg);
```

```
        if(ttmsg->getDestination()==getIndex())
    {
            int hopcount =ttmsg->getHopCount();
            emit(arrivalSignal,hopcount);
            //如果信息的目标节点就在此网络中，则将信息的跳数记入统计信息
            EV<<"Message "<<ttmsg<<" arrived after "<<hopcount<<" hops.";
            bubble("ARRIVED,starting new one!");
            //然后通知仿真软件信息已经到达
            delete ttmsg;
            EV<<"Generating another message: ";
            //信息到达后产生新的信息以进行仿真
            myMsg *newmsg=generateMessage();
            EV<<newmsg<<endl;
            forwardMessage(newmsg);        //路由
    }
    else
    {
            forwardMessage(ttmsg);
    }        //没到，直接转发
}
/*
    函数名：generateMessage();功能：产生新的数据包(msg)，源节点取当前节点所在的数
组号，目标节点随机生成，须且保证目标节点不是当前节点；返回一个 myMsg 类型的指针。
    */
myMsg *rNode::generateMessage()
{
        int src=getIndex();
        int n=getVectorSize();
        int dest=intuniform(0,n-2);
        if(dest>=src)        dest++;
        char msgname[20];
        sprintf(msgname,"src-%d-dest-%d",src,dest);
        myMsg *msg=new myMsg(msgname);
        msg->setSource(src);
        msg->setDestination(dest);
        return msg;
}
/*
    函数名：forwardMessage();功能：产生新的数据包或数据包到达非目标节点时进行的路
由算法，此函数为随机路由。将数据包中的跳数+1 后随机选择一个出口将其发送。
    */
void rNode::forwardMessage(myMsg *msg)
{
        msg->setHopCount(msg->getHopCount()+1);
        //信息中的跳数+1
        int n=gateSize("gate");
```

```
int k=intuniform(0,n-1);
//从随机端口发出该信息
EV<<"Forwarding message "<<msg<<" on gate["<<k<<"]\n";
send(msg,"gate$o",k);
}
```

C.2 表驱动路由

```
#include "Node.h"
using namespace omnetpp;
Define_Module(dsdvNode);
int myRouteTable[6][6][4]={
        {{0,0,0,8},{1,2,2,8},{2,2,1,8},{3,2,2,8},{4,2,3,8},{5,2,3,8}},
        {{0,2,2,8},{1,1,0,8},{2,2,1,8},{3,2,2,8},{4,2,3,8},{5,2,3,8}},
        {{0,0,1,8},{1,1,1,8},{2,2,0,8},{3,3,1,8},{4,3,2,8},{5,3,2,8}},
        {{0,2,2,8},{1,2,2,8},{2,2,1,8},{3,3,0,8},{4,4,1,8},{5,5,1,8}},
        {{0,3,3,8},{1,3,3,8},{2,3,2,8},{3,3,1,8},{4,4,0,8},{5,3,2,8}},
        {{0,3,3,8},{1,3,3,8},{2,3,2,8},{3,3,1,8},{4,3,2,8},{5,5,0,8}}
};      //路由表
/*
```

函数名：handleMessage()；功能：在节点"路由器"接收到新的信息（即 msg）时，用于处理新到来的信息。如果数据包(msg)的目的地就是当前路由器，则将当前数据包的转发次数统计进路由器的 Statistic 中，并产生新的 msg；如果数据包的下一跳数据是当前路由器，则进行下一步路由；如果目的地和下一跳均不是当前路由器，则不做任何处理。

```
*/
void dsdvNode::handleMessage(cMessage *msg)
{
    myMsg *ttmsg=check_and_cast<myMsg *>(msg);
    if(ttmsg->getDestination()==getIndex())
    {
        int hopcount =ttmsg->getHopCount();
        emit(arrivalSignal,hopcount);
        //如果信息的目标节点就在此网络中，则将信息的跳数记入统计信息
        EV<<"Message"<<ttmsg<<" arrived after "<<hopcount<<" hops.";
        bubble("ARRIVED,starting new one!");
        //然后通知仿真软件信息已经到达
        delete ttmsg;
        EV<<"Generating another message: ";
        myMsg *newmsg=generateMessage();
        //消息到达后产生新的消息以进行仿真
        EV<<newmsg<<endl;
        forwardMessage(newmsg);
    }
    else if(ttmsg->getNext()==getIndex())
    {
        forwardMessage(ttmsg);
    }    //本节点是路由过程中的节点，通过本节点转发数据包
```

```
        else     delete ttmsg;
    }
    /*
```

函数名：forwardMessage()；功能：产生新的数据包或数据包到达非目标节点时进行的路由算法，此算法为 DSDV 路由算法，将数据包中的跳数+1 后，查找当前节点中指定目的地的下一跳位置，然后将下一跳数据写入数据包，随后在所有出口发送该包，并在接收端模拟定向路由。

```
    */
    void dsdvNode::forwardMessage(myMsg *msg)
    {
        myMsg *copymsg;
        msg->setHopCount(msg->getHopCount()+1);
        //信息中的跳数+1
        int n=myRouteTable[getIndex()][msg->getDestination()][1];
        //取得路由表中要前往目标节点的下一跳位置
        msg->setNext(n);
        //修改信息的下一跳位置
        int k=gateSize("gate");
        for(int i=0;i<k;i++)
        {
            copymsg=msg->dup();
            EV<<"Forwarding message "<<copymsg<< " on gate["<<i<<"]\n";
            send(copymsg,"gate$o",i);
        }     //将数据包从所有端口发出，并在接收端模拟定向路由
        delete msg;
    }
```

参考文献

[1] 曾宪武. 物联网通信技术[M]. 西安：西安电子科技大学出版社，2014.

[2] TANENBAUM A S. 计算机网络：第 4 版[M]. 潘爱民，译. 北京：清华大学出版社，2004.

[3] 李建东，盛敏. 通信网络基础：第 2 版[M]. 北京：高等教育出版社，2004.

[4] 朱刚，谈振辉，周贤伟. 蓝牙技术原理与协议[M]. 北京：北方交通大学出版社，2002.

[5] 张翼英，杨巨成，李晓卉，等. 物联网导论：第 2 版[M]. 北京：中国水利水电出版社，2016.

[6] 韩毅刚，冯飞，杨仁宇，等. 物联网概论：第 2 版[M]. 北京：机械工业出版社，2018.

[7] 张鸿涛，徐连明，刘臻. 物联网关键技术及系统应用：第 2 版[M]. 北京：机械工业出版社，2016.

[8] NICK H. 短距离无线通信基础[M]. 王熠晨，任品毅，译. 西安：西安交通大学出版社，2018.

[9] 冯暖，周振超，杨玥，等. 物联网通信技术（项目教学版）[M]. 北京：清华大学出版社，2017.

[10] 马建仓，罗亚军，赵玉亭. 蓝牙核心技术及应用[M]. 北京：科学出版社，2003.

[11] 严紫建，刘元安. 蓝牙技术[M]. 北京：北京邮电大学出版社，2001.

[12] 戴博，袁弋非，余媛芳. 窄带物联网（NB-IoT）标准与关键技术[M]. 北京：人民邮电出版社，2018.

[13] 夏玮玮，刘云，沈连丰. 短距离无线通信技术及其实验[M]. 北京：科学出版社，2016.

[14] 黄玉兰. 物联网射频识别（RFID）核心技术详解：第 3 版[M]. 北京：人民邮电出版社，2016.

[15] 解运洲. NB-IoT 技术详解与行业应用[M]. 北京：科学出版社，2017.

[16] 王新梅，肖国镇. 纠错码[M]. 西安：西安电子科技大学出版社，2001.

[17] 樊昌信，曹丽娜. 通信原理：第 6 版[M]. 北京：国防工业出版社，2013.

[18] RAPPAPORT T S. 无线通信原理与应用：第 2 版[M]. 周文安，付秀花，王志辉，等译. 北京：电子工业出版社，2006.

[19] 邓华. MATLAB 通信仿真及应用实例详解[M]. 北京：人民邮电出版社，2003.

[20] 姚仲敏，苗凤娟，姚志强，等. ZigBee 无线传感器网络及其在物联网中的应用[M]. 哈尔滨：哈尔滨工业大学出版社，2018.